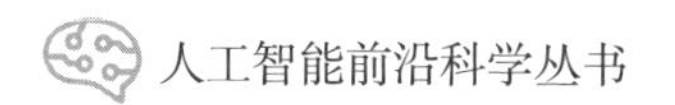
人工智能前沿科学丛书

人工智能的治理之道
基于区块链的新范式

褚君浩院士　主编

高奇琦　等　著

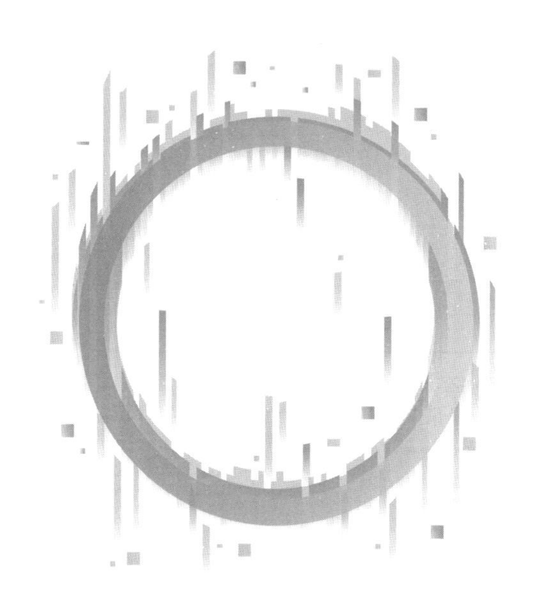

上海科学技术文献出版社
Shanghai Scientific and Technological Literature Press

图书在版编目（CIP）数据

人工智能的治理之道：基于区块链的新范式 / 高奇琦等著．—上海：上海科学技术文献出版社，2022
（人工智能前沿丛书 / 褚君浩主编）
ISBN 978-7-5439-8499-8

Ⅰ．①人… Ⅱ．①高… Ⅲ．①区块链技术—应用—人工智能—研究 Ⅳ．① TP18

中国版本图书馆 CIP 数据核字 (2021) 第 274176 号

选题策划：张　树
责任编辑：王　珺
封面设计：留白文化

人工智能的治理之道：基于区块链的新范式
RENGONG ZHINENG DE ZHILI ZHIDAO: JIYU QUKUAILIAN DE XINFANSHI
褚君浩院士　主编　高奇琦　等著
出版发行：上海科学技术文献出版社
地　　址：上海市长乐路 746 号
邮政编码：200040
经　　销：全国新华书店
印　　刷：商务印书馆上海印刷有限公司
开　　本：720mm×1000mm　1/16
印　　张：14
字　　数：231 000
版　　次：2022 年 2 月第 1 版　2022 年 2 月第 1 次印刷
书　　号：ISBN 978-7-5439-8499-8
定　　价：78.00 元
http://www.sstlp.com

序

人工智能是人类第四次工业革命的重要引领性核心技术。

人类第一次工业革命是热力学规律的发现和蒸汽机的研制，特征是机械化；第二次工业革命是电磁规律的发现和发电机、电动机、电报的诞生，特征是电气化；第三次工业革命是因为相对论、量子力学、固体物理、现代光学的建立，使得集成电路、计算机、激光、存储、显示等技术飞速发展，特征是信息化。现在人类正在进入第四次工业革命，其特征是智能化。智能化时代的重要任务是努力把人类的智慧融入物理实体中，构建智能化系统，让世界变得更为智慧、更为适宜人类可持续发展。智能化系统具有三大支柱：实时获取信息、智慧分析信息、及时采取应对措施。而传感器、大数据、算法和物理系统规律，以及控制、通信、网络等提供技术支撑。人工智能是智能化系统的重要典型实例。

人工智能研究仿人类功能系统，也就是通过研究人类的智能与行为规律，发现人类是如何认知外在世界、适应外在世界的秘密，从而掌握规律，把人类认知与行为的智慧融入一个实际的物理系统，制备出能够具有人类功能的系统。它能像人那样具备观察能力、理解世界；能听会说、善于交流；能够思考并能推理；善于学习、自我进化；决策、操控；互相协作，也就是它能够看、听、说、识别、思考、学习、行动，从简单到复杂，从事类似人的工作。人类的智能来源于大脑，类脑机制是人工智能的顶峰。当前人工智能正在与各门科学技术、各类产业、医疗健康、经济社会、行政管理等深度融合，并在融合和应用中发展。

“人工智能前沿科学丛书”旨在用通俗的语言，诠释目前人工智能研究的概貌和进展情况。上海科学技术文献出版社及时组织出版的这套丛书，主笔专家均为人工智能研究领域各细分学科的著名学者，分别从智能体构建、人工智能中的搜索与优化、构建适应复杂环境的智能体、类脑智能机器人、智能运动控制系统，以及人工智能的治理之道等方面讨论人工智能发展的若干进展。在丛书中可以了解人工智能简史、人工智能基本内涵、发展现状、标志性事件和无人驾驶汽车、智能机器人等人工智能产业发展情况，同时也讨论和展望了人工智能发展趋势，阐述人工智能对科技发展、社会经济、道德伦理的影响。

该丛书可供各领域学生、研究生、老师、科技人员、企业家、公务员等涉及人工智能领域的各类人才以及对人工智能有兴趣的人员阅读参考。相信该丛书对读者了解人工智能科学与技术、把握发展态势、激发兴趣、开拓视野、战略决策等都有帮助。

中国科学院院士

中科院上海技术物理研究所研究员、复旦大学教授

2021年11月

目　录

第四部分　全球治理变革与区块链的潜能

导 语

科技创新驱动政府治理体系建设

一、西方政府治理体系的形成和完善

政府治理的核心功能是秩序功能、赋权功能和创新功能。在西方，政府治理体系的形成与科技革命密切相关。

第一，在形成初期，西方政府的核心功能更多集中在秩序功能上。在西方的现代化初期，政府经典形式是小政府。西方的自由主义政治理念认为，最好的政府就是最小的政府，其实这是对早期政府功能的描述。诺奇克、哈耶克等西方思想家都曾高度赞美这种小政府形态。早期政府被认定为是守夜人，其发挥的主要功能是秩序功能。

第二，在第二次工业革命的基础上，政府的功能更多向赋权功能扩展。第二次工业革命主要是电力革命和内燃机革命。电力革命促进城市规模扩大，例如电梯使得摩天大楼成为可能，电车扩展了城市各个单元之间的人员交通，电报和广播等通信方式将人们的城市生活紧密联系在一起。因此，现代政府功能的完善与城市管理联系在一起，这一点也可以解释为何早期的现代政府理论与市政学密切关联。同时，内燃机带来的交通革命使政府对边缘地带的控制力增强，促进了乡村和城市的互动。这使得政府拥有更强的征税能力，从而使更大规模的政府成为可能。

城市化以及大规模人员流动又增加了秩序维持的困难，这就需要政府进一步扩大其功能，以维持稳定的社会秩序。另一方面，在工业化的基础上，社会生活更加繁荣。随着对物资各方面的需求进一步增强，人们各方面的权利意识也在进一步发展，此时政府的赋权功能变得极为必要。在此背景下，西方发达国家普遍产生了福利型政府。福利型政府是建立在政府强大征税能力上的再分配型政府。这种再分配能力可以在一定程度上消解社会的相对贫富分化，对社会稳定起到极大的促进作用。于是，大政府在二十世纪三四十年代逐渐成为西方发达国家的重要形态。无论是美国，还是欧洲的发达国家，基本上采用了这种形态。

第三，政府创新功能的扩展在很大程度上受到信息革命的影响。这种大政府形态在经过几十年的发展之后，到20世纪70年代末也逐渐暴露出一些新问题，如过强的征税能力使得政府权力不断扩张，而政府公职人员过多则导致民众的赋税过重。此时，西方以撒切尔夫人和里根为代表的新自由主义运动应运而生。在政府理论上则体现为新公共管理运动。这与第三次工业革命（即信息革命）的发生有密切关系。伴随着微型计算机的发展和互联网的到来，个人越来越多地成为信息的重要节点，这种特征与大政府时期的科层制整体结构明显不同。个体越来越成为信息的中心，这种信息化导致的扁平化支撑了新公共管理运动的发生。这使得政府的另一重要功能——创新功能变得极为重要。因此，政府治理体系的完善建立在秩序功能、赋权功能和创新功能相结合的基础上。即便是在西方，政府治理体系的基本形成也是二十世纪八九十年代之后的事情。

二、中国政府治理体系的形成和完善

中国政府在新中国成立时就建立了基本的秩序系统。同时，在“为人民服务”的理念之下，中国政府也在尝试着建立一种新型的赋权系统。但是，由于当时中国的经济基础比较薄弱，政府在没有充足物品的情况下，无法对社会大众进行充分赋权。比如，在新中国成立后的一段时间内，工人群体可以享受一定的社会福利，而农民群体就很少有机会可以享受这些福利。改革开放之后，市场经济的活跃使得社会商品变得越来越丰富。在这样的基础上，中国才基本实现温饱，并逐渐向小康迈进。在社会公共物品逐渐丰富的背景下，社会赋权才得以展开。中国首先免除了农民的农业税，然后逐渐建立起更加完善的社会保障系统，如失业救济系统和卫生保健系统。

在政府赋权功能进一步发展的基础之上，政府仍然要面对不断出现的新型公共服务。因此，创新功能逐渐成为政府推动公共服务质量提升的重要动力。二十一世纪前十年开始，创新就逐渐成为中国政府公共服务的核心概念。简言之，改革开放以来的四十多年，中国政府的功能从秩序到赋权再到创新，逐渐完善。政府治理体系构建的重点发生了重要变化。当然，中国的政府治理体系仍然有进一步完善的空间。

目前中国和美国都同步站在智能革命的门槛上。虽然第四次工业革命尚未完全展开，但是敏锐的观察者似乎已经感受到了智能革命给政府治理体系带来的巨大重构性效应。在人工智能、区块链等新兴技术发展的基础上，未来的政府形态和工作流程都可能会发生巨大变化。例如，政府的审批流程在目前人工智能等新技术的基础之上可能面临重要调整。目前政府也都在围绕着这一变化在做准备，如“最多跑一次”等政府工作创新都是围绕着这些重要变化展开。在人工智能、大数据的基础上，智慧城市建设目前也成为现在政府治理的一个重要内容。如何运用算法和技术来推动政府治理难题的解决，这是一个全新的命题。

同时，更加深刻的问题是：未来政府治理的形态究竟会如何变化？例如，政府与社会大众的沟通方式可能会发生革命性变化。传统的方式是，公民前往行政服务的窗口去办理，而现在各地推动的“一网通办”，使得一些市民已经逐步习惯用手机应用的方式来办理相关政务服务。例如，上海的“随申办”和广东的“粤省事”等已经在数年的推动之中产生了广泛积极效应。未来还有可能会产生更为创新性的公民与政府的互动方式。例如，公民可以通过家里的智能音箱更加便捷地与政府进行互动。在办理身份证等相关事务时，公民可以向智能音箱进行询问，如需要到哪里办理、需要携带哪些证件等。机器通过自然语言处理技术（NLP）捕捉公民需求，而这种交互方式似乎对公民更加友好和便捷。

应该说，目前中国在数字政府的建设以及运用等方面已经走到了世界前列。一方面，因为在第三次工业革命后期（特别是移动互联网的建设过程中）中国的巨大市场规模和应用优势逐渐发挥作用，这使得中国在移动互联网领域取得了重大进展。在移动支付的基础上，中国大量的移动应用走到了世界前列。另一方面，企业的这种创新性行为在某种程度上又影响到了政府。例如，上海大数据中心在建设时就提出，“要使得市民像淘宝购物一样来享受公共服务”，这便是一种对政府产生影响的数字时代新型企业家精神。这种创新努力会极大地推动政府治理体系的进一步完善。

三、未来中国政府治理体系完善需特别注意的问题

目前，中国与西方的发达国家同步都走在政府治理体系完善的最前列。特别是，北京、上海、深圳、杭州等城市在数字政府建设方面都走到实践前沿。而这种创新努力与中国近年来的科技蓬勃发展有密切关系。尤其是，中国活跃的市场以及以应用为导向的实践推动，都为这种数字背景下的政务服务创新提供了扎实基础。

然而，政府治理体系的进一步完善还会面临一些新的问题，主要体现在如下几点。

第一，中国的自主科技能力需要进一步强调。因为政府越来越建立在大数据、人工智能等新技术基础之上，所以科技能力的自主、可控和安全就会变得至关重要。如果这些技术的核心代码或基础架构完全掌握在西方某些霸权性国家手中，那么数字政府的建设和繁荣则可能建立在“海市蜃楼”之上。一旦某些国家对中国采取“卡脖子”等行为，那么就会对中国的数字政府建设形成重大损伤。

第二，对弱势群体的公共服务要提供足够的救济渠道。我们在依靠科技创新来推动政府治理体系建设的同时要回到人本身，不能任由科技来完全主导这一过程。科技是一种手段，而不能成为目的。科技运用的基本初衷是为了使政府可以更好地为民众服务。因此，不能为了运用技术而运用技术，而最终科技的应用还要回到人本身。我们在大力推动科技运用和政府治理创新时，应该考虑到弱势群体的想法。例如，老年人对新技术手段并不敏感，那么我们在设计“一网通办”等创新型公共服务时就要充分地考虑到这一点，在创新型公共服务上增加一些对弱势群体的救济渠道，而不能让弱势群体在这一过程中感受到强烈的被剥夺感。

第三，政府对平台型企业的技术依赖要逐步降低。由于智能革命的重要成果都要依靠算法和算力来支撑，而在未来平台型企业在算法和算力上会进一步形成优势，这就使得政企关系会变得非常微妙。一方面，出于效率和成本等考虑，政府需要依靠平台型企业来运行规模巨大的数字设施，但另一方面这些巨型数字设施并不能完全交给企业来运行。企业最基本的考虑是利润，因为企业首先是对股东负责，而不是对社会大众负责。然而，政府则要首先为社会大众考虑。因此，这就需要对政府和企业之间的关系做一个有效平衡。

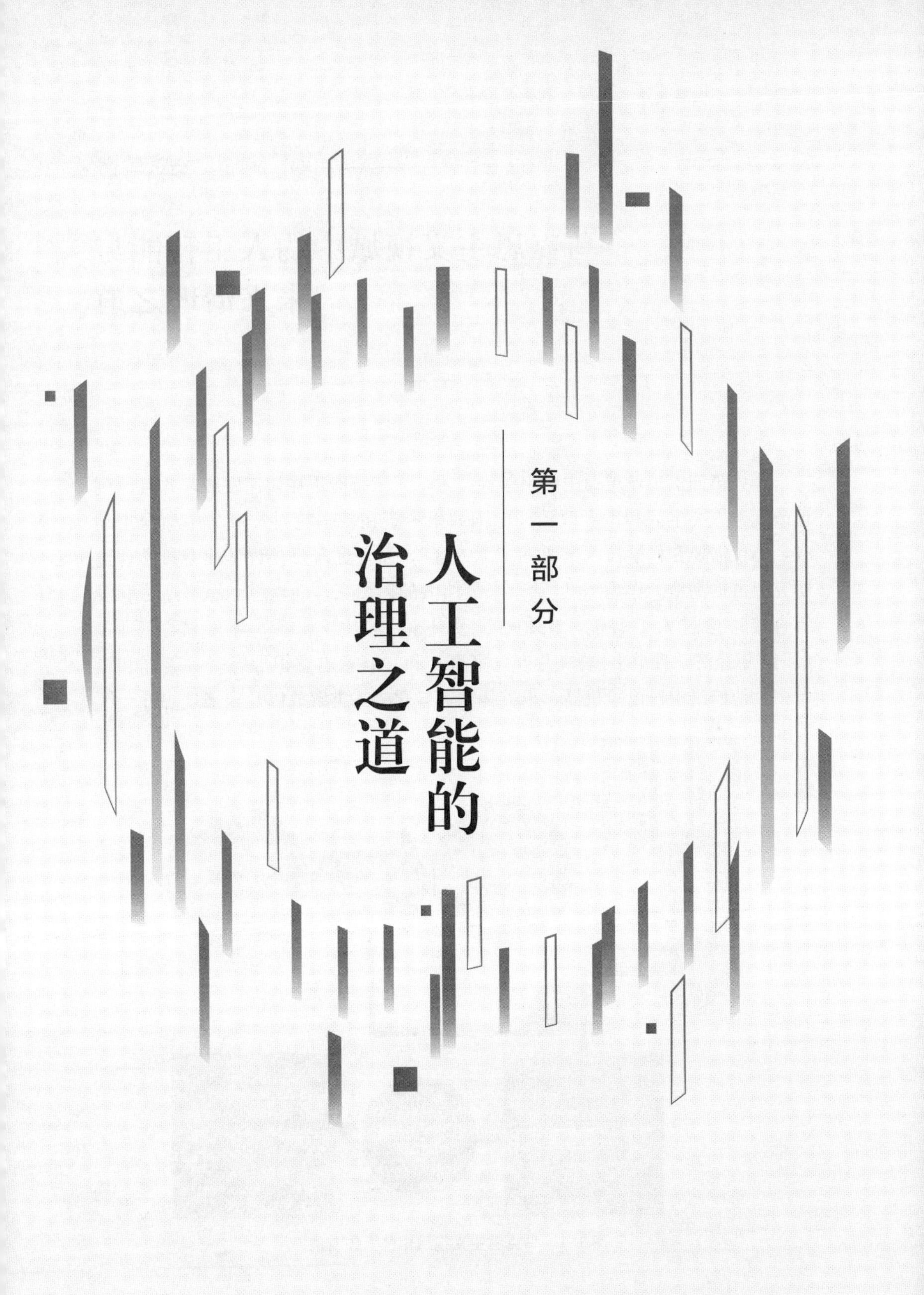

第一部分

人工智能的治理之道

第一章

马克思主义视域中的人工智能与未来治理之道

作为第四次工业革命中的引领性技术，人工智能正在快速发展，并且深刻地改变着人类生活和世界政治。中国如果希望在新一轮科技革命中赢得主动权，不仅需要在科学技术上勇闯“无人区”，而且更需要在哲学社会科学理论研究上占据高地。作为19世纪以来最伟大的思想家，马克思和恩格斯尽管没有直接讨论过人工智能，但是在《资本论》《1857—1858年经济学手稿》《1844年经济学哲学手稿》《共产党宣言》和《德意志意识形态》等著作和篇章中，他们集中讨论了机器、机器体系、异化、人类解放以及未来理想社会等

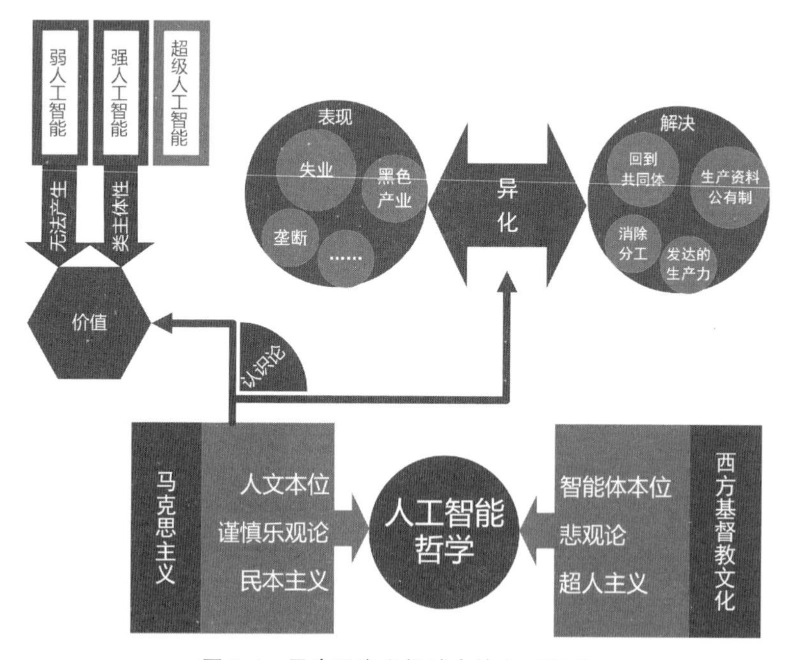

图1.1　马克思主义视域中的人工智能

重要主题。在这些主题的讨论中，马克思的贡献最大，特别是在关于机器和机器体系的讨论中，马克思贡献了几乎所有的原创性观点。在异化、人类解放以及未来理性社会等主题中，恩格斯也有一些精彩论述。这些讨论对我们今天研究人工智能及其对未来治理的影响具有重大的理论启示意义。

一、劳动的结晶：机器是否产生价值？

伴随着大量无人工厂的出现，人们会经常发问的问题是：人工智能能否产生价值或剩余价值？对这些问题的回答，要回到马克思的劳动价值论和剩余价值论的经典观点之中。具体来看，关于机器能否产生价值或剩余价值，马克思形成了如下观点：

第一，只有劳动者的劳动才能产生价值，而机器所从事的并不是劳动，因此并不产生价值。在马克思看来，商品价值的本质是“体现了的、凝固了的或所谓结晶了的社会劳动”。[①] 马克思在这里强调的是社会劳动，而不是个体劳动。一个人所从事的是个体劳动，而只有放在整个社会分工的角度来理解，个体劳动才能变成社会劳动。在马克思看来，一个人为自己生产的消费品是产品，而不是商品。商品本身具有社会属性，它所指的是处在社会流通中的产品。在生产过程中，机器的属性是不变资本，其不产生价值。马克思区分了可变资本和不变资本。不变资本主要是指转变为生产资料的那部分资本，其中包括原料、辅助材料、劳动资料等，这部分资本在生产过程中并不改变自己的价值量。可变资本则主要是指转变为劳动力的资本，这部分资本会产生剩余价值，而剩余价值是变化的。[②] 简言之，劳动力是可变资本，可以产生剩余价值。而机器是不变资本，不产生剩余价值。

第二，机器是生产剩余价值的手段，并加剧了资本对劳动者的剥削。马克思创新性地将劳动力看成是一种商品，[③] 并指出整个资本主义的秘密就在于以

① 《马克思恩格斯文集》第 3 卷，北京：人民出版社 2009 年版，第 47 页.

② 《马克思恩格斯文集》第 5 卷，北京：人民出版社 2009 年版，第 243 页.

③ 恩格斯在 1868 年《卡尔·马克思〈资本论〉第一卷书评——为〈民主周报〉作》中有一段重要的表述：“在现代社会关系中，资本家在商品市场上找到了一种商品，这种商品具有特别的性质，这就是，它的使用是新价值的泉源，是新价值的创造。这个商品，就是劳动力。”《马克思恩格斯文集》第 3 卷，第 81 页.

劳动力为基础榨取剩余价值。机器本来是解放劳动者生产力的一种方式，但是在实际生产过程当中，机器却对劳动者形成了进一步的压迫："使资本增强了对他人劳动的贪欲。"[①]

第三，机器的无形损耗实际上以生产相对剩余价值的方式对劳动者形成压迫。马克思指出，机器的损耗有两种。一种是有形损耗，是在机器的使用过程当中产生的。另一种损耗是无形损耗，因为有更新的机器会更加便宜地生产出来，那么原先的机器即便是不使用，也会产生损耗。马克思看来，这种无形损耗会迫使资本家更大程度地使用机器并延长工作日，而这种对机器的过度使用会反过来对工人形成压迫。马克思还提出"相对剩余价值"这一概念，并认为机器可以"生产相对剩余价值"。[②] 在马克思看来，机器本身不产生剩余价值，但机器产生的是相对剩余价值，因为它可以使劳动力贬值，同时使产生劳动力必要条件的成本降低。

第四，机器对劳动者压迫的本质是机器的资本主义应用。在马克思看来，机器本身是没有对错的，但是由于机器被用于资本主义生产过程，那么就对劳动者形成了剥削。因此，机器是资本家对劳动者剥削的帮凶。按照马克思的观点，"机器的资本主义应用"大幅延长了工人的劳动时间，同时也增加了失业人口，因此在失业的压力下那些获得就业机会的人就会被迫接受资本的强制。这些都是由于机器的资本主义应用所导致的。[③]

从上述观点中可以看到，马克思所讨论的机器与目前主导产业界的弱人工智能在特征上是非常相近的。人工智能可以分为弱人工智能、强人工智能和超级人工智能。目前主导产业界的专用人工智能就是弱人工智能，也被称为窄人工智能或模块化人工智能，其在特定领域拥有丰富的专业知识。强人工智能也被称为通用人工智能，其能够更加灵活地运用知识体系来处理更为抽象和复杂的理解性问题。[④] 超级人工智能则是在"在几乎所有领域远远超过人类的认知能力"的智能。[⑤] 目前在产业界应用的人工智能依然是弱人工智能。强人工智

① 《马克思恩格斯文集》第5卷，北京：人民出版社2009年版，第463页.

② 《马克思恩格斯文集》第5卷，北京：人民出版社2009年版，第467页.

③ 《马克思恩格斯文集》第5卷，北京：人民出版社2009年版，第469页.

④ Kareem Ayoub and Kenneth Payneb, "Strategy in the Age of Artificial Intelligence," *Journal of Strategic Studies*, Vol. 39, No. 5 - 6 (November 2015), pp. 793 - 819.

⑤ 尼克·波斯特洛姆:《超级智能：路线图、危险性与应对策略》，张体伟、张玉青译，北京：中信出版社2015年版，第29页.

能乃是下一步学术界和产业界着力发展的目标。例如，一些前沿项目如类脑智能等就希望在整体上实现类似于人的综合问题解决能力的智能。超级人工智能则是某些科学家或产业先行者规划的强人工智能之后的发展目标。目前来看，对于弱人工智能，仍然可以适用马克思关于机器的这些结论。在关于人工智能的学术讨论中，研究者会习惯地把人工智能称为机器。关于人工智能的伦理研究往往也被称之为机器伦理学（Machine Ethics）。[1] 因此，马克思关于机器的分析和论断，可以对我们思考人工智能的发展提供宝贵的启示：

第一，人工智能发展的初衷是希望可以更大程度地解放人类，但目前的一些错误运用以及不当实践却可能反过来对人们形成巨大压力。从马克思的经典视角来看，弱人工智能不产生价值，也不产生剩余价值。弱人工智能基本等同于机器，因此弱人工智能与人之间不存在社会关系。弱人工智能作为不变资本进入生产过程，而弱人工智能被使用的条件是其价值低于所替代劳动力的价值。在资本主义条件下，弱人工智能是生产剩余价值的手段，并加剧了资本对劳动者的剥削。在马克思看来，机器本来可以解放人，但实际上反过来又对劳动者形成了巨大压迫，使得劳动者无论是在生产过程中，还是在生产过程之外，都无法逃脱这种压力。人工智能的发展也是如此，其使得工人不得不努力工作以跟上机器的节奏，并且处在随时失业的边缘恐怖之中。正是这种边缘恐怖让劳动者不断地处在高强度的工作之中，这也是马克思反复强调的工人不自由的源头。马克思的这一观点可以提醒我们要时刻思考发展人工智能的初心。

第二，政治制度对于人工智能的发展至关重要。马克思认为，机器压迫劳动者的关键是机器的资本主义应用。马克思写道："在资本主义制度内部，一切提高社会劳动生产力的方法都是靠牺牲工人个人来实现的"。[2] 马克思描述的这一情况在智能时代会更加明显。人工智能的发展会导致就业失重的情况。人们对就业的准备和思考是按照之前的经验进行的，因此在新的条件下会出现类似于真空中失重的情况。而这种失重可能成为社会不稳定的重要来源。[3] 因此，政治制度就会变得极为重要。如何建立一种对不同社会群体，特别是弱势群体包容的政治制度，在离心化倾向非常明显的智能时代就变得非常必要。

① Michael Anderson and Susan Leigh Anderson, eds., *Machine Ethics*, NY: Cambridge University Press, 2011.

② 《马克思恩格斯文集》第5卷，北京：人民出版社2009年版，第743页.

③ 高奇琦：《人工智能II：走向赛托邦》，北京：电子工业出版社2019年版，第50—53页.

二、自动的机器体系对价值的复杂影响

上文分析了马克思关于机器的相关讨论，而马克思关于机器体系的阐述则具有更为丰富的内涵，对于我们理解未来着重发展的通用人工智能有非常重要的意义。在一些马克思主义研究者看来，《1857—1858年经济学手稿》是目前马克思主义研究中尚未充分开发的思想资源。[①] 马克思在这份手稿中充分讨论了“自动的机器体系”这一概念。

马克思关于机器体系的讨论主要形成了如下观点：

第一，机器体系不再是纯粹的工具性存在，而是具有某种类主体性。马克思引用了尤尔《工厂哲学》的一段论述：“这个术语的准确的意思使人想到一个由无数机械的和有自我意识的器官组成的庞大的自动机，这些器官为了生产同一个物品而协调地不间断地活动，并且它们受一个自行发动的动力的支配。”[②] 在这段尤尔的论述中出现了“自我意识”和“受一个自行发动的动力的支配”等表述，而这些表述与目前通用人工智能发展的方向是一致的。通用人工智能目前的进展就是希望可以让智能体拥有自我意识，并且进行自我认知和决策。[③] 马克思对尤尔的评述是：“加入资本的生产过程以后，劳动资料经历了各种不同的形态变化，它的最后的形态是机器，或者更确切地说，是自动的机器体系（即机器体系；自动的机器体系不过是最完善、最适当的机器体系形式，只有它才使机器成为体系），它是由自动机，由一种自行运转的动力推动的。”[④] 马克思在这段表述中表达了几点内涵：一、机器会从最初的劳动资料最终转向自动的机器体系，而机器体系是机器的“最完善”“最适当”的形态。马克思对于这样的转向是接纳和认同的。二、机器体系是一种由“自行运转的动力推动”的自动体系。简言之，马克思所描述的“自动的机器体系”，几乎

① 安启念认为，马克思在《1857—1858年经济学手稿》中关于“自动的机器体系”及其影响的论述，乃至整个《1857—1858年经济学手稿》至今没有得到应有的重视。参见安启念：《马克思关于“自动的机器体系”的思想及其当代意义——兼论马克思主义哲学时代化的文本依据问题》，《马克思主义与现实》，2013年第3期.

②《马克思恩格斯全集》第31卷，北京：人民出版社1998年版，第88页.

③ Kareem Ayoub and Kenneth Payneb, “Strategy in the Age of Artificial Intelligence,” *Journal of Strategic Studies*, Vol. 39, No. 5 - 6 (November 2015), pp. 793 - 819.

④《马克思恩格斯全集》第31卷，北京：人民出版社1998年版，第90页.

可以等同于当下讨论的通用人工智能。

如果说在之前的论述中，马克思将机器看成是一种工具化的存在，那么在这里马克思更多是从类存在的意义上讨论机器体系。在马克思看来，工人在传统机器（工具）和机器体系中的地位是不同的。对此马克思写道：在传统机器（工具）中，工人是主人，是意识的掌握者，而机器是工具，是工人的器官。而机器体系“本身就是能工巧匠，它通过在自身中发生作用的力学规律而具有自己的灵魂”,[①] 而工人则沦落为工具。马克思把机器体系看成是具有自己灵魂的存在，这就类似在某种意义上具备意识的通用人工智能。与前一阶段关于机器的论述相比，马克思关于机器体系的观点更具前瞻性，对目前的通用人工智能讨论具有更加直接的启示意义。

第二，对象化劳动对活劳动构成了支配和否定。按照马克思的经典观点，只有人才能从事劳动，机器并不从事劳动。然而，为了进一步解释机器体系这一新现象，马克思拓展了劳动的外延，并提出对象化劳动的概念。马克思作了新的区分，劳动者从事的是活劳动，而机器所从事的是对象化劳动。并且，在马克思看来，在未来的机器体系中，对象化劳动会对活劳动构成支配：“在机器体系中，对象化劳动在劳动过程本身中与活劳动相对立而成为支配活劳动的力量。”[②] 并且，对象化劳动在机器体系中的发展不仅对活劳动表现为支配，还表现为占有和否定。[③] 对象化劳动是马克思的劳动价值论的一个重要发展。对象化劳动是指劳动对象所从事的劳动。机器之前是劳动对象，是生产资料，但是在新的条件下，机器成为劳动的新型主体。

第三，劳动资料向机器体系的转化意味着未来生产力的变革性发展，而科学技术在机器体系背后发挥巨大作用，并成为未来生产力发展的关键。马克思已经看到，机器体系的发展对必要劳动的否定是历史趋势。[④] 马克思在这里看到了机器体系所蕴含的变革性力量。马克思并没有带着失望的心情来描述这一机器体系的变化，反而认为其中蕴含了新的机遇。马克思已经看到了科学的巨大作用以及在其基础上机器体系对生产力的巨大推动作用。[⑤] 可以说，对象化

---

①《马克思恩格斯全集》第 31 卷，北京：人民出版社 1998 年版，第 91 页.
②《马克思恩格斯全集》第 31 卷，北京：人民出版社 1998 年版，第 91 页.
③《马克思恩格斯全集》第 31 卷，北京：人民出版社 1998 年版，第 92 页.
④《马克思恩格斯全集》第 31 卷，北京：人民出版社 1998 年版，第 92 页.
⑤《马克思恩格斯全集》第 31 卷，北京：人民出版社 1998 年版，第 99 页.

劳动理论为"科学技术是第一生产力"这一观点奠定了基础。[①] 正基于此，发展人工智能就成为我国能否抓住新一轮科技革命和产业变革的战略问题。正如习近平总书记所指出的："加快发展新一代人工智能是我们赢得全球科技竞争主动权的重要战略抓手，是推动我国科技跨越发展、产业优化升级、生产力整体跃升的重要战略资源。"[②] 无论是从马克思的理论洞见而言，还是从现实的发展战略而言，必须要把人工智能引领的科技进步作为推动未来生产力发展的关键驱动力。

第四，最大限度地否定必要劳动时间使得未来产品的价值不断下降，这为未来社会的按需分配提供基础。在生产力极大提高的背景下，商品几乎完全由机器来生产，那商品中所蕴含的无差别社会必要劳动时间就会越来越少，其价值也就会越来越小。马克思写道："随着大工业的发展，现实财富的创造较少地取决于劳动时间和已耗费的劳动量……而是取决于科学的一般水平和技术进步"。[③] 这一观点可以理解为是马克思对其劳动价值论的一个新发展。劳动价值论认为，价值是由直接劳动时间的量来决定的，但是由于大工业的发展，现实财富的创造已经越来越少地取决于劳动实践，而是越来越多地取决于科学技术，这是马克思自己做出的一个重要理论发展。在这样的背景下，所有的商品就会趋向于免费。这种商品价值趋于免费的趋势是马克思在设计未来共产主义社会按需分配时的一个重要物质基础。因此，马克思在谈到劳动资料向机器体系转化这一问题时，既强调了这种转化对劳动者的巨大压力，同时也强调了这种转化所暗含的革命潜能。简言之，只有在这种生产力高度发展的前提下，共产主义社会才能来临。随着人工智能时代的到来，商品趋向于免费的趋势也变得可以预见。

第五，机器体系的资本主义应用会对劳动者形成更大的压迫，并产生更为严重的社会危机。机器体系在科学技术的助力之下成为劳动者的异己力量，即"只要工人的活动不是［资本的］需要所要求的，工人便成为多余的了"。[④] 在马克思看来，机器体系的发展实际上对工人形成了一种潜在的剥夺效应，而工

---

① 刘大椿：《马克思科技审度的三个焦点》，《天津社会科学》2018 年第 1 期.

② "习近平在中共中央政治局第九次集体学习时强调加强领导做好规划明确任务夯实基础　推动我国新一代人工智能健康发展"，《人民日报》，2018 年 11 月 1 日.

③《马克思恩格斯全集》第 31 卷，北京：人民出版社 1998 年版，第 100 页.

④《马克思恩格斯全集》第 31 卷，北京：人民出版社 1998 年版，第 93 页.

人变成了多余的存在。之前资本家靠剥夺工人的剩余价值来获得利润，而在机器体系下工人连被剥夺剩余价值的机会也丧失了。因此，在资本主义条件下，机器体系并不是为了解放劳动者而出现的，同时资本家使用机器体系的目的是为了更大程度地压迫劳动力。马克思同样看到了机器体系可能造成的严重失业问题，并明确指出了机器体系对工人的替代。马克思写道："机器体系的这种道路是分解——通过分工来实现，这种分工把工人的操作逐渐变成机械的操作，而达到一定地步，机器就会代替工人。"[①] 在第四次工业革命中，这种机器体系对人的替代会更加显著。埃里克·布莱恩约弗森（Erik Brynjolfsson）和安德鲁·麦卡菲（Andrew McAfee）针对这种趋势就曾指出："他们会使用机器人，而不是人类劳动力……而那些没有资产的人们将只能够出卖自己的劳动力，而且他们的劳动力还将变得毫无价值。"[②]

第六，如果运用得当，机器体系的发展可以为人类自由时间的增加以及最终解放提供物质基础。马克思认为，这种机器体系导致的最终结果是，人的自由时间增加，而这一点则为个人的全面发展提供基础。马克思写道："在必要劳动时间之外，为整个社会和社会的每个成员创造大量可以自由支配的时间。"[③] 在马克思的理论体系中，自由时间是极为重要的。由于缺乏自由时间，劳动者不得不被绑在其劳动岗位，无法进行知识和技能的提升，也无法从事自己所希望从事的工作。然而，在自由时间充分利用的基础上，劳动者可以逐步实现最终解放。马克思指出："这将有利于解放了的劳动，也是使劳动获得解放的条件。"[④] 从这个意义上讲，马克思的描述是完全面向未来的。用葛兰西的话概括来说："马克思从精神上开创了一个历史时代。"[⑤]

从上述讨论中可以看到，机器体系与通用人工智能的特征非常相似。马克思关于机器体系的讨论不仅在当时具有超前性，即使在当下仍然有非常强的未来意义。马克思已经讨论到机器体系的主体性，而目前关于通用人工智能的讨论都在强调智能体本身的主体性。马克思将机器体系作为一种主体性的存在加

---

①《马克思恩格斯全集》第 31 卷，北京：人民出版社 1998 年版，第 99 页.

② 埃里克·布莱恩约弗森、安德鲁·麦卡菲：《第二次机器革命》，蒋永军译，北京：中信出版社 2016 年版，第 248 页.

③《马克思恩格斯全集》第 31 卷，北京：人民出版社 1998 年版，第 103 页.

④《马克思恩格斯全集》第 31 卷，北京：人民出版社 1998 年版，第 96—97 页.

⑤ 安东尼奥·葛兰西：《狱中札记》，曹雷雨等译，郑州：河南大学出版社 2014 年版，第 459 页.

以讨论，并且其关于对象化劳动对活劳动的支配和否定，以及强调劳动资料向机器体系的转化等观点都因应了目前学术界讨论的一个重要观点，即通用人工智能是学术界和产业界的发展方向。只不过马克思并没有使用通用人工智能这一概念。实际上，在马克思的话语体系中，机器体系就类似于今天的通用人工智能。更重要的是，马克思一方面看到了机器体系由于资本主义应用而对社会的巨大冲击以及对劳动者更大程度的压迫，同时马克思也看到机器体系对未来人类解放的巨大潜能。

三、智能革命中的异化与新型共同体的构建

在前两个部分中，我们根据马克思的观点讨论了机器和机器体系的资本主义应用及其对劳动者形成的新型压迫。在这些批判中，马克思使用最多、最深刻的概念是"异化"。马克思的异化思想对于我们理解当下日益出现的人工智能异化问题有重要帮助，因为人工智能的发展同样可能会导致异化。发展人工智能的目的原本是要帮助我们提高治理绩效、解决社会治理问题，但是，人工智能的应用则可能会产生一系列异化后果。这些异化主要表现在：

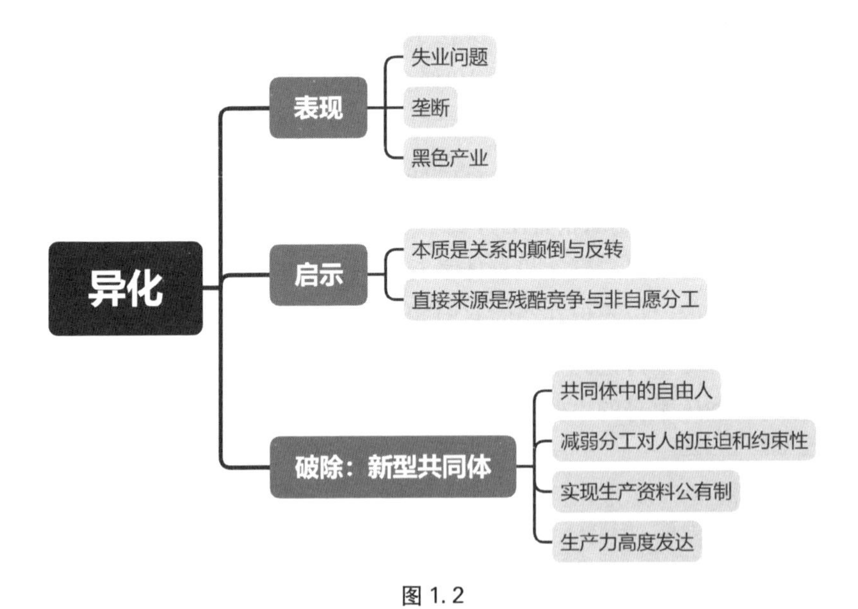

图 1.2

第一，人工智能的运用可能会导致较为严重的失业问题。人工智能系统的使用会进一步降低劳动者的收入，并且使劳动者处于失业的边缘。在人工智能的发展过程中，许多劳动者的生活状况并没有得到改善，而是受到进一步的压力。人工智能的发展会使得失业问题加剧，而失业又加剧社会的分裂，并在社会就业的两极当中形成巨大的张力，长此以往这样的异化问题就会演变为社会危机。汉森等人的研究则表明这一风险往往被大众忽视。汉森等人认为，由机器驱动的数据生产以及解释这些数据的工具和技术，是由在相对不透明的政府或商业组织中工作的高度专业化的人员创造的，并且其方法不受传统科学审查的限制。因此，人工智能对社会造成的真正失业风险很可能在较长一段时间不会被大众所察觉。①

第二，人工智能的发展进一步强化了大型企业的权力。大型企业在社会中发挥越来越重大的作用。马克·安德烈耶维奇（Mark Anderjevic）认为，大数据的发展可能加剧数字时代的权力失衡。他用大数据鸿沟（big data divide）来描述收集、存储和挖掘大量数据的人与数据收集目标之间的不对称关系。② 阿里尔·扎拉奇（Ariel Ezrachi）和莫里斯·斯图克（Maurice Stucke）也指出，随着财富获取能力的增强，资金将集中流向少数几个超级平台。当一些超级平台企业将触角延伸到虚拟助手、物联网、智能设备时，其数据优势就会演化为一种竞争优势和市场力量。③

第三，人工智能应用并没有使得人们的自由时间增多。一方面，人工智能的应用在某些方面可以节省人们的时间，例如打车软件可以通过高效率的信息匹配，节省人们的等待时间。另一方面，人们又会花费大量的时间在一些新的应用之中（例如快手、抖音等），并形成新的沉溺行为。这些沉溺行为为新型平台企业带来巨大的流量，也为其进行资本融资提供靓丽的业绩数据支持。但对于个人而言，结果却是大量自由时间的吞噬。现代社会形成了一种填充机制。现代人在消费主义的指引下将流行产品的更新作为其填充休闲时间的标志，然而却走向了另一种形式的虚无。④ 肖恩·赛耶斯（Sean Sayers）写道：

---

① Hans Krause Hansen and Tony Porter, "What Do Big Data Do in Global Governance?" *Global Governance*, Vol. 23, 2017, p. 32.

② Mark Anderjevic, "The Big Data Divide," *International Journal of Communication*, Vol. 8, 2014, pp. 1673 - 1689.

③ 阿里尔·扎拉奇、莫里斯·斯图克：《算法的陷阱：超级平台、算法垄断与场景欺骗》，余潇译，北京：中信出版社 2018 年 5 月版，第 315—316 页.

④ 高奇琦："填充与虚无：生命政治的内涵及其扩展"，《政治学研究》2016 年第 1 期.

"在大量的现代休闲活动中，人们只是作为消费者，以一种被动的方式参与其中。"[①] 让・鲍德里亚（Jean Baudrillard）也讨论了休闲时间的异化问题："休闲变成了异化了的劳动的意识形态本身"。[②] 人们并没有积极主动地、以更有价值的方式去利用增加的休闲时间，同时在消费逻辑的主导下这些休闲的内容和习惯都不是个体主动选择的，而是被动强加的。当然，这种强加建立在一种更为文明的、柔性的消费理性的模式之上。

第四，人工智能会被率先使用在一些黑色产业中。人工智能技术作为一种工具是中立的，但却极为容易被不法分子所利用。例如，智能语音系统被用来拨打骚扰电话进行推销。再如，犯罪团伙会运用深度伪造技术（Deepfake）生成虚假视频或音频进行诈骗、勒索、舆论操纵、社会危机制造等。此外，剑桥分析在美国大选中操纵数据，同样也是一个明显的例证。

马克思和恩格斯对异化问题有非常深刻的讨论，并且对其提出了完整的解决方案。而从他们对异化问题的论述中，我们可以获得对于人工智能异化问题的解决之道。具体而言，马克思和恩格斯对于异化问题的深刻论述及其启示包括以下这些方面：

第一，异化最本质的表现是关系的颠倒和反转。马克思在《1844 年经济学哲学手稿》中指出："对象化竟如此表现为对象的丧失，以致工人被剥夺了最必要的对象——不仅是生活的必要对象，而且是劳动的必要对象。"[③] 这种颠倒和反转对于我们理解今天的人工智能有重要的意义。人工智能本来是人们改造世界的工具，但人工智能在发展中越来越变成了目的。正如算法是帮助人们解决问题或者辅助决策的优化方案，但是算法越来越成为决策的主导，而人们对算法的依赖成为一种常态。日本学者松尾丰也提醒我们要对人工智能时代的技术垄断有所警惕。在他看来，如果人工智能中的某些算法被特定企业控制和"暗箱化操作"，那么这对其他企业和公众都是不公平的。[④] 另外，人们在

---

① 肖恩・赛耶斯：《马克思主义与人性》，冯颜利译，北京：东方出版社 2008 年版，第 70 页.

② 让・鲍德里亚：《消费社会》，刘成富、全志钢译，南京：南京大学出版社 2000 年版，第 173 页。鲍德里亚还指出："在计算和资本的秩序之中，这显然是某种方式的颠倒：我们通过它而客观化，我们被作为交换价值的它所操纵，是我们变成了金钱的粪土，是我们变成了时间的粪土。"让・鲍德里亚：《消费社会》，第 172 页.

③《马克思恩格斯文集》第 1 卷，北京：人民出版社 2009 年版，第 157 页.

④ 松尾丰：《人工智能狂潮：机器人会超越人类吗?》，赵函宏、高华彬译，北京：机械工业出版社 2018 年版，第 186—187 页.

使用人工智能时，本来希望获得更多的自由时间，但是人们的自由时间并没有增多，反而会花费大量的时间在一些新的应用当中。人们成为新型软件沉溺行为的奴隶。人本来是劳动过程中的主体，但是随着机器的不断发展，人逐渐由主体转变为客体，而机器则由客体转变为主体。这实际上是马克思讲的异化的本质，就是机器的主体化和人的客体化。

第二，残酷竞争和非自愿分工是异化的最直接来源，而资本主义私有制则是残酷竞争和非自愿分工的根源。因为这种分工不是自愿的，那么长此以往劳动者就会感到一种外在的强制，即“一种异己的、同他对立的力量，这种力量压迫着人”。[①] 这种非自愿分工在某种意义上是残酷竞争的结果。在资本主义的竞争条件下，劳动者为了避免竞争失败，就不得不接受这种非自愿分工，以致于在长期的竞争文化中，这种非自愿行为似乎会逐渐自愿化。而马克思却认为这种竞争的过度发展无疑导致人的异化，即人的存在目的和意义逐渐丧失。在马克思和恩格斯看来，资本主义制度让个人利益过度彰显，同时又把社会的共同利益完全消灭掉，这是一种异化的、病态的社会现状，因此他们要努力追求一种“人类与自然的和解以及人类本身的和解”。[②]

我们需要思考的是，人工智能是否会进一步加剧这种残酷竞争和非自愿分工。在资本主义私有制的背景下，人工智能无疑会导向更加残酷的竞争。恩格斯也明确指出，在资本主义私有制条件下的竞争导致了人类社会的孤立和对立，即“私有制把每一个人隔离在他自己的粗陋的孤立状态中”。[③] 如果管控不当，人工智能的技术发展会进一步凸显资本主义所有制背景下的个人主义。如果对此不加限制，那么人工智能在应用中就会出现马太效应，即强者愈强、弱者愈弱。如果社会中缺乏对共同利益进行协调的机制，那么残酷竞争就会成为常态，而非自愿分工也会成为自然之物。

对于异化的破除，马克思和恩格斯的解决方案是新型共同体。其中包含了如下观点：

第一，要破除异化，就要让人回到共同体中，成为共同体中的自由人。在共同体中的自由并不是随心所欲或摆脱自然，而是在掌握自然规律的基础上积极主动地实现目标。恩格斯在《反杜林论》中指出了自由的本质：人的自由并

①《马克思恩格斯文集》第 1 卷，北京：人民出版社 2009 年版，第 537 页.
②《马克思恩格斯文集》第 1 卷，北京：人民出版社 2009 年版，第 63 页.
③《马克思恩格斯文集》第 1 卷，北京：人民出版社 2009 年版，第 72—73 页.

不在于摆脱规律的影响，而是在自然规律的影响范围内进行有意识的、较为主动性的活动，即“认识这些规律，从而能够有计划地使自然规律为一定的目的服务”。[①]

按照这种思路，破除人工智能的异化，一方面要进一步掌握发展人工智能的规律，另一方面则要回到人本身。目前人工智能的发展正处在第三波浪潮之中，而这一波智能技术的主要进步集中在神经网络和深度学习的算法上。[②] 然而，目前这一算法最大的问题在于算法黑箱，即内部的不可解释性。[③] 因此，要进一步发展相关的技术，例如将知识图谱和知识工程作为未来的发展方向，以及推动人工智能从数据驱动的智能转向知识驱动的智能。否则，人类不断增长的惰性会使得黑箱算法的主导越来越常见，并可能最终演化为算法独裁。算法独裁最终导致人的自主性的完全丧失，因此问题解决的关键是回到人。这个“人”并不是个体的人，而是处于共同体中并获得了充分自由的人。个体的力量非常有限，而只有在共同体中每个个体才能得到充分的自由发展。而共同体则能够通过制度性的协调，使每个个体能够更加自由地从事自己希望从事的事情。因此，破除智能异化的关键是构建这种新型的共同体。

第二，要减弱或消除分工对人带来的压迫和约束性。马克思批判的重心并不是机器或者科学技术，而是运用机器体系的资本主义制度和逻辑。由于资本家要获得更大的剩余价值，因此他们会竭力对工人进行剥削。正是资本的操纵使得人的自由成为稀缺品。在马克思看来，私有制导致了资本家贪欲的不断上升，而且这种贪欲还具有扩散性的特征，导致整个社会无法以互助友爱的方式运行。因此，马克思希望实现的是一种简单的、平凡的，但是又温暖的共同体，即“任何人都没有特殊的活动范围，而是都可以在任何部门内发展，社会调节着整个生产”。[④] 这是一个能够保障人们基本生活，避免人被基本的生活需要所牵引或奴役的公有制社会。马克思所描述的共同体社会可以使得每一个体都得到自由的、全面的、充分的发展。在这样一个社会里，每个个体不再受

---

① 《马克思恩格斯全集》第 26 卷，北京：人民出版社 1998 年版，第 120 页.

② 松尾丰：《人工智能狂潮：机器人会超越人类吗?》，赵函宏、高华彬译，北京：机械工业出版社 2018 年版，第 40 页.

③ 阿米尔·侯赛因：《终极智能：感知机器与人工智能的未来》，北京：中信出版集团 2018 年版，第 48—49 页.

④ 《马克思恩格斯文集》第 1 卷，北京：人民出版社 2009 年版，第 537 页.

到非自愿分工的绝对约束，而可以自由地从事自己选择的职业。

在智能时代，传统的教育模式和内容会面临巨大挑战。之前教育的重心是把劳动者培养成专业人士。这样一种专业区分会影响到劳动者一生的职业选择，而初期的职业教育或路径选择则决定了这个人的职业轨迹。同时，劳动者一旦选择某个职业后，他将很难从一个岗位换到另一岗位。同时，即便是自己内心对目前从事的职业和岗位并不认同，但是迫于生活的压力，劳动者也不得不按照要求来履行岗位职责，这就是马克思所指出的由分工导致的不自由。在智能时代，教育方向会发生根本性的变化，即转向培养全面发展的人。未来岗位和职业调整会非常频繁，而且在今天的社会中已经出现了类似的元素。例如，在打车平台或直播平台中，从业者可以更加自由地选择自己的工作时间，这样可以在一定程度上摆脱传统工业化生产对人的时间约束。

第三，实现生产资料的公有制是共同体的必要条件。马克思强调，生产资料公有是共同劳动的前提。正因为生产资料公有，那么劳动产品才能共享。同时，在劳动过程之中，个人劳动力不再是“单枪匹马”的个体行为，而是社会劳动整体行为的一部分。因为社会产品是社会共同拥有的，即“这个联合体的总产品是一个社会产品”，[①] 所以社会成员可以将部分社会产品重新投入生产，这样可以并进而提高劳动生产率。另一部分的社会产品则以生活消费的形式被社会成员享有，这意味着可以在社会成员中进行更加公平和更具可调节性的分配。这一点对于智能时代有着重要意义。

在智能时代，生产资料公有制是重要前提。在智能革命基础上生产力得到高度发展，这已经成为必然趋势。但问题是，如果智能革命产生的巨大生产力仅仅掌握在少数精英手中，那么人类社会就会变成分裂的社会。精英与劳动者对未来世界的思考方式完全不同。例如，埃隆·马斯克（Elon Musk）、杰夫·贝索斯（Jeff Bezos）目前最重要的计划是火星移民，但是移民火星以及在火星上维持生命这一系列的成本花费，并不是普通劳动者所能承担的。因此，在超人哲学的主导下，精英与劳动者之间的剧烈对抗会成为常态。正如马尔库塞指出的：“在发达资本主义的现阶段，组织起来的劳工当然要反对无补于就业的自动化。”[②] 只有对社会产品的整体性调节才能有效解决这一问题。

---

① 《马克思恩格斯文集》第5卷，北京：人民出版社2009年版，第96页.

② 赫伯特·马尔库塞：《单向度的人——发达工业社会意识形态研究》，上海：上海译文出版社2014年版，第35—36页.

整体性调节可以对整个社会的公共产品进行弹性分配。例如，通过征收人工智能税，对失业的劳动者进行补偿。失业的劳动者可以利用补偿金通过学习重新进入工作岗位，也可以在不就业或自由就业的状态下保障其基本生活。在整体性调节的保障下，智能时代的社会公平更容易实现。智能革命越发展，生产资料公有制的意义越明显。当然，在实现生产力高度发达的目标之前，保持一定程度的私有产权有利于社会激励机制的建立。更为重要的是，生产资料公有制是未来理想社会的远景目标，与当前中国社会以公有制为主体，多种所有制经济共同发展的经济结构是一致的。

第四，未来共同体建立在生产力高度发达的基础上。马克思和恩格斯在《德意志意识形态》中指出："如果没有这种发展，那就只会有贫穷、极端贫困的普遍化"。[①] 在之后的人类社会发展史中，巴黎公社、苏联的计划经济模式以及"大跃进"等尝试将马克思和恩格斯的未来社会构想加以实践，也都遭遇了一些困难，然而这并非马克思和恩格斯的观点错误或方向错误。马克思和恩格斯明确指出，这样的共同体必须建立在生产力高度发达的基础之上，必须建立在机器体系对价值重新定义的时代背景之下。而现在看来，此前的种种社会实践都远远没有达到马克思所认为的"生产力高度发达"的前提。

综上而言，马克思和恩格斯的思想对我们理解智能时代下的异化问题有重要帮助。马克思批判的关键是异化，而异化的本质是一种关系的错位或颠倒。机器本来是劳动者的生产工具，但机器却异化为目的，并成为压迫劳动者的工具。同时，马克思又客观地分析了机器体系对未来生产力提高的巨大潜能。异化的本质是在资本主义条件下人的机器化。而在马克思和恩格斯看来，要解决异化问题，关键要回到人本身，即回到共同体中间去。因此，未来的关键是要以共同体的意识来理解智能时代下的社会。人工智能会形成巨大的离心力，会把社会的精英阶层和大众阶层撕裂，那么共同体意识在其中就发挥凝结的作用，把整个社会紧密地联系在一起。因此，中国提出的全面建成小康社会的理念和精准扶贫的政策就变得至关重要。相较而言，西方已经出现了社会分裂的明显态势。在智能革命加剧的结构性失业的大背景下，人工智能的离心作用会进一步加大对资本主义社会的分裂，并可能导致更大程度的社会危机。只有通

---

① 《马克思恩格斯文集》第1卷，北京：人民出版社2009年版，第538页.

过建构新的共同体意识和采取切实的共同体建设，才能够真正破除异化难题，推动人工智能的健康发展以助力人类的解放实践。

四、人工智能哲学与人类的解放实践

在未来共同体中，实现的解放不是单个人的解放，也不是某一群体的解放，而是作为种类的人的解放。这种解放是“以宣布人是人的最高本质**这个**理论为立足点的解放。”[①] 换言之，人的解放最终是人的本质的解放。马克思在《〈黑格尔法哲学批判〉导言》中指出：“这个解放的**头脑**是**哲学**，它的**心脏**是**无产阶级**。”[②] 马克思这里的哲学是指关于未来世界的思想和观念，而无产阶级则代表最为先进的生产力和实践主体。要最终实现人的解放，不仅要生产力达到高度发达的阶段，同时要观念发生根本性的变化。只有新型生产力和生产关系的结合，人类的最终解放才可能实现。

要实现人类解放，一方面需要有理论进行指导，另一方面则需要有主体进行实践。在马克思看来，这里的理论就是哲学，也就意味着我们要形成人工智能时代的新哲学，而且这里的哲学主要是指政治哲学。目前，人工智能在发展中已经形成了较为丰富的认知哲学，[③] 并成为科学哲学的重要组成部分。然而，这种认知哲学并不是本文所要讨论的重点。西方政治哲学中关于人工智能的讨论已经出现一些成果，然而，从马克思主义的角度来看，西方的人工智能哲学实际上存在严重的问题，这主要表现为如下三个特征：

第一，智能体本位，即极为强调智能体的主体性，而相对忽视人的主体性。例如，作为西方机器伦理学界的代表性学者，温德尔·瓦拉赫（Wendell Wallach）和科林·艾伦（Colin Allen）希望设计主体性极强的人工道德智能体

---

① 《马克思恩格斯文集》第1卷，北京：人民出版社2009年版，第18页.

② 《马克思恩格斯文集》第1卷，北京：人民出版社2009年版，第18页.

③ 重要成果参见 John Pollack, How to Build a Person: A Prolegomenon, Cambridge: MIT Press, 1989; Paul Thagard, Computational Philosophy of Science, Cambridge: MIT Press, 1988; John Haugeland, Artificial Intelligence: The Very Idea, Cambridge: MIT press, 1985; Hubert Dreyfus, What Computers Still Cannot do (revised version), Cambridge: MIT Press, 1992; Jack Copeland, Artificial Intelligence: A Philosophical Introduction, Cambridge: Blackwell Publishers, 1993; Margeret Boden, ed., The Philosophy of Artificial Intelligence, New York: Oxford University Press, 1990; 徐英瑾：《心智、语言和机器——维特根斯坦哲学和人工智能科学的对话》，北京：人民出版社2013年版.

(artificial moral agent) 即道德机器，使得机器可以明辨是非。[①] 他们希望，智能体可以独立进行道德判断，并通过"道德图灵测试"(moral Turing Test)。[②] 再如，在西方非常有影响的是阿西莫夫的"机器人三法则"也过于强调机器人的主体性。其中的第一法则强调"机器人不得伤害人类或坐视人类受到伤害"，第三法则又强调"机器人必须保护自己"。这两条都在强调机器人的主体性。正因为这种对主体性的过度强调，才导致这两条法则与其第二法则"机器人必须服从人类的命令"之间形成了巨大张力。近年来，美国等西方国家发布了一系列人工智能的相关准则，例如阿西洛马 23 原则、谷歌 AI 原则、英国上议院特别委员会的 AI 代码五项原则、欧盟的 AI 伦理指导方针，这些原则几乎都较为强调智能体的主体性，而对人类主体性的强调明显不足。

第二，悲观论，即强调人工智能发展的最终结果将是人类的灭亡。西方学者在描述人工智能的政治后果时，几乎都是完全悲观的。例如，卡普兰则非常悲观地描述了这样一个未来图景："地球可能会变成一座没有围墙的动物园，一个实实在在的陆地动物饲养所，那里只有阳光和孤独，我们的机械看管者为了维护正常的运转偶尔会推动我们一下，而我们会为了自身的幸福高举双手欢迎这样的帮助。"[③] 另如，阿约巴和佩尼布认为，尽管专业人员的预估值从 20 年到几百年不等，但长期来看，人工智能可以发展出与人类相匹配甚至远远超过人类的智能。[④] 再如，伊凡娜·达姆扎诺维克（Ivana Damnjanović）认为，技术奇点很可能在未来五十年到两百年内发生，而超级人工智能的发展会产生严重的政治问题。[⑤] 这些观点无疑都对人工智能的未来影响表现出了非常悲观的倾向。

---

① Wendell Wallach and Colin Allen, *Moral Machines*, *Teaching Robots Right from Wrong*, New York: Oxford University Press, 2009, pp. 3 - 11.

② Colin Allen, Gary Varner and Jason Zinser, "Prolegomena to any Future Artificial Moral Agent," *Journal of Experimental Theory of Artificial Intelligence*, Vol. 12, No. 3 (November 2000), p. 251.

③ 杰瑞·卡普兰：《人工智能时代：人机共生下财富、工作与思维的大未来》，李盼译，杭州：浙江人民出版社 2016 年版，第 200 页.

④ Kareem Ayoub and Kenneth Payneb, "Strategy in the Age of Artificial Intelligence," *Journal of Strategic Studies*, Vol. 39, No. 5 - 6, 2016, p. 816.

⑤ Ivana Damnjanović, "Polity Without Politics? Artificial Intelligence Versus Democracy: Lessons From Neal Asher's Polity Universe," *Bulletin of Science*, *Technology & Society*, Vol. 35, No. 3 - 4, 2015, pp. 76 - 83.

第三，超人主义，即通过激进的方式来推动人类进化，并使其将来可以与人工智能有更好地竞争。人类在脑机接口、可穿戴设备以及人体增强等技术的支持下，拥有更强大的能力，同时，在基因编辑以及生物工程等技术的辅助下，人体可以更快地进行进化，这样就可以与人工智能充分地进行竞争。[①] 这种超人主义背后的思想可以溯源到尼采哲学。尼采超人哲学蔑视人民的力量，把整个人类的未来发展都寄托在少数超人身上。在这种前提设定下，超人高于人，犹如人高于动物，而人则是超人和动物之间过渡的绳索。[②] 西方人工智能的产业推动者们都在实践尼采的超人哲学。诸如马斯克、贝索斯这样的产业精英在推动人工智能发展时，很大程度上并没有考虑绝大多数人的想法。

智能体本位、悲观论和超人哲学都受到西方基督教文化的影响。在西方基督教文化中，上帝是第一位的，人匍匐在上帝脚下。只是在近代启蒙运动以来，人的主体性才凸显，因此人的主体性是相对短暂的。在未来发展中，人的主体性被机器的主体性所取代，在西方主流文化看来是极为正常之事。在基督教文化中，只有上帝是永恒的，而其他（包括人的主体性）都是短暂的。悲观论也可以找到基督教的思想源头，毕竟世界末日乃是基督教中的主题叙事。因此在西方文化看来，人工智能的发展最终就是走向世界末日。超人哲学的实践则类似于耶稣拯救世界的一个世俗版本。人工智能的产业精英把自己想象成耶稣，从而希望可以通过各种激进的方式来拯救世界。

相较之下，从马克思主义出发的人工智能哲学乃是一种人本哲学。马克思高度关注和强调人在社会中的主体性的作用。这里的核心是创造性实践的过程。在这一过程之中，人的本质直观地呈现出来："正是在改造对象世界中，人才真正地证明自己是类存在物。"[③] 这种人工智能新哲学将主要体现在如下几个方面。

第一，人文本位，即将人的主体性以及人本原则作为人工智能哲学的基础。因此，笔者提出了"人工智能新三原则"：一、智能体永远是辅助；二、人类决策占比不低于黄金比例；三、人类应时刻把握着人工智能发展的节奏，

① 尼克·波斯特洛姆：《超级智能：路线图、危险性与应对策略》，张体伟、张玉青译，北京：中信出版社 2015 年版，第 43—52 页.

② 弗里德里希·尼采：《扎拉斯图特拉如是说》，孙周兴译，上海：上海人民出版社 2009 年版，第 9—12 页.

③《马克思恩格斯全集》第 3 卷，北京：人民出版社，1998 年版，第 274 页.

并随时准备好暂停或减速。[①] 强调智能体辅助的原则是希望可以突出人类对自身命运的主导。同时，人类决策占比不低于黄金比例也是希望人类不能将所有的决策都交给算法，而是要有一个限度。当然，如何衡量决策比例是一个高度复杂的技术操作问题。同时，人工智能的发展也不应该总是线性的。就像核武器一样，如果这一技术的发展最终会导致人类的灭亡，那么及时暂停和减速将是必要的。

第二，谨慎乐观论，即对人工智能的发展未来表示乐观，但同时对这种乐观持谨慎态度。马克思对人类社会的未来是乐观的，因此提出了新型共同体这样一种未来社会的构想，而人工智能的发展为这样一种未来社会提供物质基础。这种对未来的判断是乐观的，但同时这种乐观也不是盲目的。在人工智能的发展过程中，需要辅之以严格的伦理原则和法律制度，需要用长期的制度性行为来保障人工智能的健康发展，确保其目的是为人类解放服务而不是增加人类社会的冲突和紧张。

第三，民本主义。这种立场是与西方的超人主义相对应的。人工智能的发展会产生巨大的离心机效应，而人类社会的利益分化与冲突会进一步显现，因此需要一种向心力的哲学。以人民为中心的民本主义哲学更多强调从弱势群体角度出发来思考问题，可以更好地协调各方面的利益，以保障人工智能的健康和良性发展。例如，在这一观念指引下，未来智能税的征收就显得尤为必要。通过征收智能税，对失业群体进行补偿，这样就可以使失业群体的基本生活得到保障，避免失业者对未来的智能社会做出颠覆性举动。

在马克思的思想当中，人类的解放需要哲学，但同时哲学需要以生产力作为基础。因此，哲学要把无产阶级当作自己的物质武器，但同时生产力也要把哲学作为自己的精神武器，只有物质和精神相结合，人类解放才有可能实现。关于无产阶级的解放潜能，马克思的观点主要集中在如下：

第一，无产阶级是在生产力高度发展的前提下由原来的中产阶级转化或演变成的群体。马克思在《〈黑格尔法哲学批判〉导言》中对无产阶级做出如下解释："组成无产阶级的不是自然形成的而是人为造成的贫民，不是在社会的重担下机械地压出来的而是由于社会的急剧解体、特别是由于中间等级的解体

① 高奇琦："全球善智与全球合智：人工智能全球治理的未来"，《世界经济与政治》2019 年第 7 期.

而产生的群众”。[①] 如何理解“从中产积极转变为无产阶级”这一观点呢？人工智能发展导致的剧烈社会变化会帮助我们理解这一点。史蒂芬·霍金（Stephen Hawking）2016年在英国《卫报》专栏中阐述了自己对未来人工智能发展的担忧。霍金表示，人工智能的崛起很有可能会让失业潮进一步波及至中产阶级。[②] 牛津大学经济学家卡尔·弗雷（Carl Frey）和计算机科学家迈克尔·奥斯本（Michael Osborne）就技术创新对失业的影响进行了量化研究。其研究结论是，在接下来的十年到二十年的时间中，47%的美国就业人群很可能会受到失业问题的困扰。极化现象会成为就业市场的常态，其意味着中等收入的劳动者会逐步减少，而高收入机会和低收入机会则会相对增加。[③] 简言之，在未来，此前社会中占绝大多数的中产阶级会逐渐流向社会两端。对此，布莱恩约弗森和麦卡菲写道：“随着劳动力市场两极分化日益加剧，中产阶层出现了持续的空心化，那些之前从事中等技能知识工作的人们也开始寻找更低技能和工资水平的工作。”[④] 同时，只有很少一部分会变成高收入工作者，而绝大多数会变成低收入工作者，也就是马克思意义上的无产阶级的形成。所以这样的无产阶级是由原先的中产阶级转变而来。他们并非传统意义上的无产者，而是具有思想和革命热情的变革者。这一阶级变化的出现正是机器大生产和生产力高度发达所导致的。机器的大规模应用导致社会商品价值的不断流失，而此前通过劳动获得大量社会价值的中产阶级，在机器体系的背景下，获得的价值逐渐减少。由于活劳动变成了附属品，而对象化劳动则成为主导，劳动价值在社会总价值中的比例就会不断减少甚至趋近于消失。在按需分配的社会背景下，大量的中产阶级变成无产阶级，而无产阶级就会成为革命的力量。

第二，无产阶级承担的不仅是自身群体的解放，而是整个人类的解放。在

---

① 《马克思恩格斯文集》第1卷，北京：人民出版社2009年版，第17页.

② Stephen Hawking, “This is the Most Dangerous Time for Our Planet,” *The Guardian*, December 1, 2016, available at https://www.theguardian.com/commentisfree/2016/dec/01/stephen-hawking-dangerous-time-planet-inequality.

③ Carl Frey and Michael Osborne, “The Future of Employment: How Susceptible are Jobs to Computerisation?” September 17, 2013, available at https://www.oxfordmartin.ox.ac.uk/downloads/academic/The_Future_of_Employment.pdf.

④ 埃里克·布莱恩约弗森、安德鲁·麦卡菲：《第二次机器革命》，蒋永军译，北京：中信出版社2014年版，第276页.

《〈黑格尔法哲学批判〉导言》中，马克思指出，人的解放有两条路径：一种是“局部的纯政治的革命”，另一种是“**彻底的**革命、**普遍的人的**解放”。[①] 那么，“局部的纯政治的革命”的基础是什么呢？马克思认为，“就是**市民社会的一部分**解放自己，取得**普遍**统治，就是一定的阶级从自己的**特殊地位**出发，从事社会的普遍解放。”[②] 但马克思认为这种普遍解放是不可能实现的。马克思认为，真正的解放要由无产阶级来完成。马克思指出：“工人的解放还包含普遍的人的解放”。[③] 马克思反复强调，工人解放只是整个人类解放的先导，而工人解放所蕴含的整体性含义就是对整个人类奴役制的解放。在智能时代，工人的解放是先导，之后整个人类的解放得以发生。无产阶级之所以承担如此重要的使命，就是因为无产阶级代表了新兴的生产力。无产阶级的本质特征并不是无产，而是无产阶级代表最新的生产力。无产阶级实际上代表了一个社会最为先进的生产力，并由于亲身参与实践所以洞知未来产业和社会政治经济发展的变化。同时，无产阶级在未来有更多的自由时间，可以出于对整个社会和国家的考虑，会从整体的视角来出发思考人类问题。

五、智能革命时代的世界历史与人类命运共同体

要将马克思的人类解放构想要付诸实践，就需要引入马克思关于世界历史的讨论。人工智能的革命性影响不仅体现在一个国家的国内治理实践之中，而且也反映在世界范围内的全球治理实践之中。马克思这里使用的“世界历史”概念与当下的“全球治理”内涵非常接近。马克思对世界历史的讨论对我们从整体上思考智能革命与全球治理的关系具有重要意义。马克思关于世界历史的观点，主要为如下几点：

第一，工业革命对世界历史的形成具有推动作用。在《德意志意识形态》中，马克思和恩格斯肯定了工业革命对世界历史的开创意义，“因为它消灭了各国以往自然形成的闭关自守的状态。”[④] 这其中包含了马克思全球化和全球治理思想的内涵。马克思和恩格斯讨论了在发达国家工业革命的背景下，不发

① 《马克思恩格斯文集》第1卷，北京：人民出版社2009年版，第14页.
② 《马克思恩格斯文集》第1卷，北京：人民出版社2009年版，第14页.
③ 《马克思恩格斯文集》第1卷，北京：人民出版社2009年版，第167页.
④ 《马克思恩格斯文集》第1卷，北京：人民出版社2009年版，第566页.

达国家被动卷入的情景。[①] 也正是因为不发达国家的被动卷入，世界历史得以形成。人工智能是第四次工业革命的核心，而智能革命对世界历史和全球治理的形成也具有重要的推动作用。在马克思看来，世界历史就是将世界作为一个整体进行思考和行动。而全球治理则将把人类社会的问题放在全球的整体思维中加以考虑，并勾画其解决方案。智能革命所带来的生产力变革以及全球范围内互动的增加，都使得全球治理更加可能和可行。从马克思意义上讲，人工智能的新一轮工业革命使得世界历史更为可能。

第二，世界历史背景下的交往体现为相互依赖背景下的冲突。马克思和恩格斯讨论了国际产业竞争对不发达地区的影响："由广泛的国际交往所引起的同工业比较发达的国家的竞争，就足以使工业比较不发达的国家内产生类似的矛盾"。[②] 这一点在人工智能时代表现得更加明显。智能革命最初在工业发达国家兴起，但是作为结果，那些发展中国家更容易受到智能革命的影响和冲击。布莱恩约弗森和麦卡菲认为，长期来看，受到自动化冲击最大的不是发达国家，而是劳动力密集型的发展中国家。[③]

在实际运行过程中，世界历史表现为相互依赖背景下的不断冲突，而这种冲突在智能革命的背景下会更加常见。例如，西方发达国家（特别是美国）希望进一步控制智能技术的主导权和话语权，不希望这一技术向发展中国家转移。美国针对华为、中兴的一系列事件，都表明了美国的这一特征。西方国家的这种霸权逻辑有其深层次的文化根源。美国历史学家阿诺尔德·汤因比（Arnold Toynbee）对西方文化和基督教的这种排斥性也有评述："在精神领域里，西方理性主义者与西方基督徒都有一种居高临下的态度，"他们"蔑视其他所有的宗教"。[④] 西方发达国家的技术限制和发展中国家的进步动机之间就形成了巨大的紧张关系，而交往则是解决这一冲突的根本性解决方式。交往体现在以开放和平等的态度来看待人工智能的技术进步。一方面，发达国家要更加开放，要接纳发展中国家在新兴领域的技术进步，另一方面，发展中国家要抓住新工业革命的机遇，积极进取并取得跨越式发展。

① 《马克思恩格斯文集》第 1 卷，北京：人民出版社 2009 年版，第 567 页.
② 《马克思恩格斯文集》第 1 卷，北京：人民出版社 2009 年版，第 568 页.
③ 埃里克·布莱恩约弗森、安德鲁·麦卡菲：《第二次机器革命》，蒋永军译，北京：中信出版社 2014 年版，第 252 页.
④ 阿诺尔德·汤因比：《历史研究》，刘北成、郭小凌译，上海：上海人民出版社 2010 年版，第 367 页.

第三，在生产力高度发展的背景下，会发生世界性的制度变革。在《德意志意识形态》一书中，马克思和恩格斯强调，未来理想社会的创建一方面是以生产力的高度发展为重要前提，另一方面要"以生产力的普遍发展和与此相联系的世界交往为前提"。[①] 这就是马克思所讲的世界历史和生产力普遍发展之间的辩证关系。马克思和恩格斯指出："各个相互影响的活动范围在这个发展进程中越是扩大，各民族的原始封闭状态由于日益完善的生产方式、交往以及因交往而自然形成的不同民族之间的分工消灭得越是彻底，历史也就越是成为世界历史。"[②] 马克思和恩格斯在这里强调了各民族之间交往的重要性。通过这种交往，各民族之间的世界分工彻底消灭，并且在此基础上人类历史演变为世界历史。

未来世界制度性变革的基础是生产力的高度发展，而人工智能是新一轮科技革命的关键技术。未来生产力高度发达的关键，在很大程度上取决于该国在人工智能技术上的发展。从这一意义上讲，中国在人工智能的发展上就具有非常重要的历史使命。中国是代表发展中国家来参与世界范围内人工智能新话语权的竞争。在工业革命发展史上，发展中国家第一次进入最为前沿的领域并与发达国家来展开竞争。在前三次工业革命中，主导者都是西方发达国家，而这一次中国代表发展中国家来参与竞争。这里反复强调中国代表发展中国家，这就意味着中国在技术的相关问题上需要更加开放性地对待发展中国家。马克思和恩格斯指出："一切历史冲突都根源于生产力和交往形式之间的矛盾。"[③] 将来需要将中国的前沿技术更广泛、更深入地同发展中国家共同进行应用、分享和治理，这也是中国提出的"一带一路"倡议和人类命运共同体思想的基本出发点。习近平指出："'一带一路'建设秉持的是共商、共建、共享原则，不是封闭的，而是开放包容的；不是中国一家的独奏，而是沿线国家的合唱"。[④] 中国长期强调自己是第三世界的一员。[⑤] 虽然在改革开放后，中国在国际场合中

---

① 《马克思恩格斯文集》第1卷，北京：人民出版社2009年版，第538—539页.

② 《马克思恩格斯文集》第1卷，北京：人民出版社2009年版，第540—541页.

③ 《马克思恩格斯文集》第1卷，北京：人民出版社2009年版，第567—568页.

④ 习近平："迈向命运共同体　开创亚洲新未来"，《人民日报》2015年3月29日，第1版.

⑤ 1974年2月22日毛泽东在同赞比亚总统卡翁达谈话时提出了关于三个世界划分的理论。毛泽东说："我看美国，苏联是第一世界，中间派，日本、欧洲、澳大利亚、加拿大，是第二世界。咱们是第三世界。""第二世界，欧洲、日本、澳大利亚、加拿大"，"亚洲除了日本，都是第三世界。整个非洲都是第三世界，拉丁美洲也是第三世界"。参见《毛泽东文集》第八卷，北京：人民出版社1999年版，第441—442页.

较少地使用第三世界这一表述，但中国仍然强调自己是发展中国家的代表。中国反复强调，要让发展中国家分享中国改革开放带来的红利。同样，中国在新技术革命中取得的领先位置和先进成果也会同发展中国家共享，这就是马克思意义上的世界历史上的最终变革。

第四，最终理想世界是每个人都得到充分自由发展的新型共同体。马克思和恩格斯写道，“而各个人的世界历史性的存在，也就是与世界历史直接相联系的各个人的存在”。[①] 马克思和恩格斯所描述的是通过消灭私有制以及分工，最终使得人们完成一个自由人联合体的过程。在人的解放过程当中，每一个单个的人都需要被关注，即“每一个单个人的解放的程度是与历史完全转变为世界历史的程度一致的”[②]。因此，新型共同体还需要回到对人的关心。从本质上看，人类命运共同体要使每个个体都得到充分的发展。从本质上讲，人类命运共同体是全球范围的“自由人的联合体”。而人工智能恰恰可以提供物质基础，因为人工智能首先是一个普遍性的生产力革命，同时人工智能可以更有效地赋能弱势群体。例如，低视力人群在人工智能技术的辅助下会降低其脆弱性。[③] 再如，个性较为鲜明的个体可以充分利用智能技术来进一步拓展自己的兴趣爱好以及能力。今日头条和抖音就采用了一种强化算法，这种算法如果运用在学习领域，就可以使得人们可以更加高效率地获取相关知识，并产生新的学习革命。阿马蒂亚·森（Amartya Sen）意义上的能力平等在人工智能时代更加可行。[④]

整体而言，交往理论的关键是要在全世界范围内形成高度发达的生产力，因此，各国不能狭隘地看待技术进步。不能把技术进步看成是某一国家或某一群体的私有利益，而要将其看成是整个人类整体的公共利益。如果掌控不好，人工智能的发展可能会在未来国际社会中形成巨大的技术鸿沟。而要避免这一鸿沟，就需要用开放共享的态度来看待技术，要让发展中国家的科学家、工程师和民众更加容易接触到这些技术。人工智能的一些自身特点是有利于学习

---

① 《马克思恩格斯文集》第1卷，北京：人民出版社2009年版，第539页.

② 《马克思恩格斯文集》第1卷，北京：人民出版社2009年版，第541页.

③ Zhi Heng Tee, Li-minn Ang and Kah Phooi seng, “Smart Guide System to Assist Visually Impaired People in an Indoor Environment,” *IEEE Technical Review*, Vol. 27, No. 6 (2010), p. 455.

④ Amartya Sen, *Inequality Reexamined*, Cambridge, Mass: Harvard University Press, 1992, pp. 39-40.

的，但是如果发达国家以控制智能技术为目的，通过专利技术来限制智能技术的传播，就会导致一个割裂世界的出现，那么发展中国家的技术发展就更加遥遥不可及。但是，如果用开放的态度看待这些技术进步，用交往的心态来理解世界历史，人工智能助力人类命运共同体的实践就更加可行。人工智能的发展恰恰可以有助于形成这样一个更加紧密的世界，并且，人工智能的充分发展将为人类命运共同体的实践提供更为坚实的物质基础。将来在生产力高度发展的前提下，人类社会在平等互助的基础上进行交往，马克思意义上的“自由人联合体”就会更大范围地扩展。在某种意义上讲，人类解放与人类命运共同体的内涵是一致的。

结语

在马克思和恩格斯的经典文本中虽然未出现人工智能这一用语，但是在马克思和恩格斯对机器、机器体系、异化、人类解放等主题的分析中，包含了丰富的人工智能思想。马克思和恩格斯的人工智能思想与他们的哲学观、政治经济学理论以及科学社会主义存在着内在的紧密关联。马克思主义政治经济学理论的基础是劳动价值论。马克思希望通过这一理论来抵抗资本主义对劳动者的压迫。这一理论反映了是一种以人为本的人文关怀和态度。马克思关于机器体系的讨论则看到了科学技术改变未来社会的巨大潜能，同时也看到了机器体系可能对劳动者所形成的新的压迫。这种对新的压迫的关心是马克思以人为本的思想的一种延续。这种压迫实际上就是马克思意义上的异化，而在智能革命时代人工智能同样可能会出现异化。异化的本质是人主体性的缺失。而要避免异化，关键就是要回到人本身，回到共同体中重新找到人。这种整体观在智能革命时代至关重要。我们应该积极地推动人工智能的发展，使得人工智能对生产力推动的巨大作用充分发挥出来，同时还要牢记马克思对机器体系资本主义应用的批判，避免机器体系滥用导致的智能异化。

马克思主义视域下的人工智能思想，首先从马克思主义政治经济学入手，最终要回到马克思主义哲学和科学社会主义。要破除异化，马克思提供的方案是哲学和无产阶级的合力。对于未来社会变革而言，哲学是理论，而无产阶级则是主体。构建新时代的人工智能哲学意义重大，而无产阶级则成为推动未来社会变革的关键力量。未来社会变革的最终目标是人类解放，是通过世界历史的交往过程来实现。无论是国内社会还是国际社会，都需要在生产力高度发达的前提下，通过开放、共享的思维来分享科技进步的成果，而不是被资本主义的少数精英控制科技进步为其特殊利益服务。社会主义制度恰恰可以提供一种整合机制。全面建成小康社会的理念和精准扶贫政策等把我们整个社会凝结在一起，这对人工智能来临之后形成的紧张关系有较好的消除作用。在这样一个背景下，通过社会主义的长期实践和人类命运共同体的建设，马克思主义经典著作理想中的人类解放和自由社会的形成就更加成为可能。通过这种开放性的交往过程，人工智能带来的生产力红利就可以从内到外来扩展，最终实现的目标是人类命运共同体。人类命运共同体是人类解放的另一种重要表述，其目的就是让每一个人都进入自由和全面发展的状态。

第二章

从安全困境到全球治理：量子科技的国际政治博弈

2020年10月16日，中共中央总书记习近平在中共中央政治局第二十四次集体学习中强调，要充分认识推动量子科技发展的重要性和紧迫性，加强量子科技发展战略谋划和系统布局，把握大趋势，下好先手棋。[①] 而在此之前，也就是同年的8月28日，美国成立了国家量子计划咨询委员会（NQIAC），旨在保持其在量子信息科学领域的国际领先地位。[②] 与此同时，欧盟、德国、英国、日本、俄罗斯、印度等也纷纷盯上了量子信息技术，并将其作为科技领域重点关注的焦点之一，规划布局和投资支持力度也在进一步加大。可以说，量子科技已经成为国内外都重点发展以抢夺制高点的核心科技。

那么，这一备受世界瞩目的新兴技术，究竟是什么？该技术又会给世界政治格局带来哪些影响？本章重点关注量子信息技术在国际政治新一轮博弈中的重要作用，在对相关资料进行梳理和归纳性研究的基础上，围绕量子科技的跨时代意义、量子信息技术在军事领域的介入、量子信息技术造成的全球系统性影响及当下效应等问题进行探讨，并据此提出我国在量子科技全球治理与合作领域应坚持的中国方案。

---

① 习近平："深刻认识推进量子科技发展重大意义"，《人民日报》2020年10月18日，第1版.

② White House Office of Science and Technology Policy and the U. S. Department of Energy, "White House Office of Science and Technology Policy and the U. S. Department of Energy Announces the National Quantum Initiative Advisory Committee," August 2020, https: //www. energy. gov/articles/white-house-office-science-and-technology-policy-and-us-department-energy-announces.

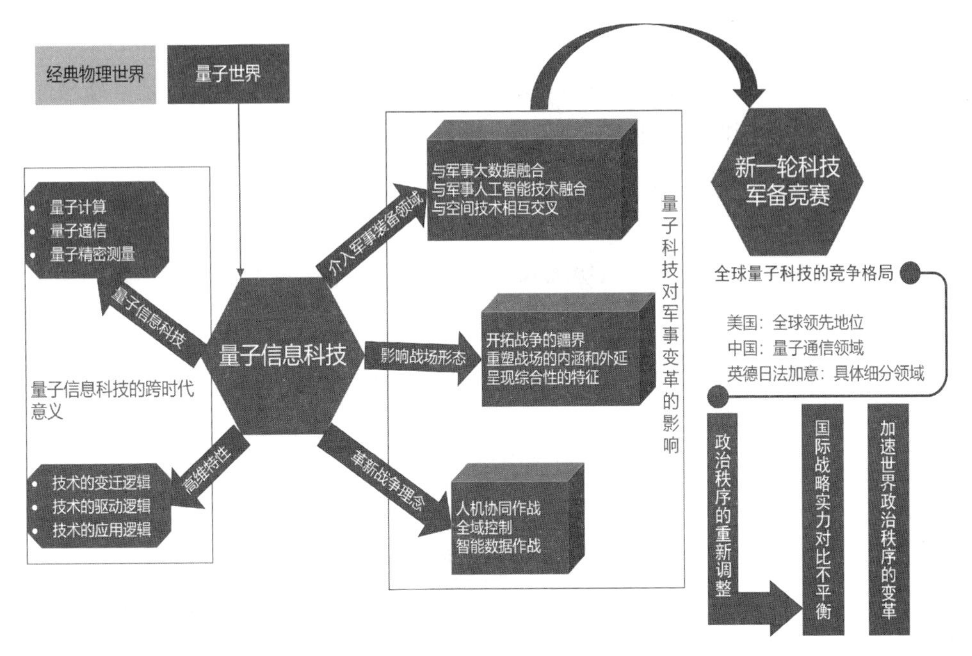

图 2.1　量子科技的国际政治博弈

一、量子信息技术的跨时代意义

何谓量子信息技术？单从字面含义看，量子信息科学是量子力学与传统意义上的信息科学的交叉学科。也就是说，该技术主要借助量子力学的特性，用以实现经典信息科学实现不了的功能。[①] 具体言之，就是要利用量子力学的各种特性和原理，比如叠加、测量、纠缠三大违反经典物理世界认知的量子奥义，用于加密通信、计算、测量等信息科学的应用研究之中。

一般而言，我们将物理世界分成两类：其一为经典物理世界，即遵从经典物理学的物理客体所构成的物理世界；其二为量子世界，即遵从量子力学的物理客体所构成的物理世界。[②] 在美国著名科学家、有着“现代计算机之父”之称的冯·诺伊曼看来，这两个物理世界有着决然不同的特性，经典世界中物理客体每个时刻的状态和物理量都是确定的，而量子世界的物理客体的状态和物

① Chen Wai-Fah and Duan Lian, *Bridge Engineering Handbook*, FL: CRC Press, 2014, p. 263.

② 郭光灿：“量子信息技术研究现状与未来”，《中国科学：信息科学》2020 年第 9 期，第 121—132 页.

理量都是不确定的，而概率性是量子物理世界不同于经典物理世界的根本特征。[①] 故量子信息技术更为先进。除此之外，量子信息技术的优势还体现在表示单位上。在传统的信息科学领域，比特是最小的表示单位，用来对应 0 和 1 两个可能的状态；但在量子信息技术中，量子比特是重要的表示单位，它是一个旋钮，对应着的是无穷多个状态，故其能处理的信息量大幅增加。[②] 也因此，未来在面对计算量呈指数级增长的问题时，量子信息科技可以体现出更大的作用。

另外，量子信息技术还不是一项完全属于“未来”的技术，现阶段的实际运用已经体现了其优势。一般而言，量子信息科技主要分为三类，分别为量子计算、量子通信和衍生出来的量子精密测量，分别可以加快计算机处理信息的速度，增强信息的安全保障能力，提高具体测量中的精度和灵敏度。比如，在量子计算领域，谷歌于 2019 年正式宣布其实现“量子霸权”，即该公司新的 53 位量子计算机 Sycamore 处理器可以在 200 秒内运行需要全球最庞大的超级计算机耗时 10 000 年才能完成的测试；[③] 在量子通信领域，我国第一颗量子科学实验卫星墨子号和京沪干线成功对接，为构建天地一体化的量子保密通信与科学实验体系打下了基础；在量子测量方面，北斗导航系统通过利用量子体系（如原子和光子）的量子特性或现象，突破了在经典力学框架下所能达到的测量极限，实现了精度灵敏度更高的测量。

事实上，与传统信息技术相比，量子信息技术的高维度特性业已形成对前者的降阶打击。要想理解这个问题，我们需要把握以下三重逻辑：

首先是技术的变迁逻辑。乍看上去，量子科技是个新技术。但事实上，量子技术早在信息时代就已崭露锋芒。具体言之，第一次量子技术革命之所以能够发生，其背后的技术驱动正是 20 世纪飞速发展的量子物理科学。要知道，信息革命的关键驱动技术，像半导体晶体管、核磁共振、高温超导材料等无一不是凭借量子规律得以发展起来的。所以也可以说，这些技术究其本质就是量

---

① John Von Neumann, *Mathematical Foundations of Quantum Mechanics*, Princeton: Princeton University Press, 1955, p. 3.

② Michael Nielsen and Isaac Chuang, *Quantum Computation and Quantum Information*, Cambridge: Cambridge University Press, 2010, p. 13.

③ Frank Arute, Kunal Arya and Ryan Babbush *et al*, “Quantum supremacy using a programmable superconducting processor,” *Nature*, Vol. 574, No. 7779, 2019, pp. 505 - 510.

子物理科学在信息革命时期的被动应用。而正是半导体的诞生，现代意义上的通用计算机才能问世，此后彻底改变人类生活的互联网也得以催生。与此同时，人们在有了精度和灵敏度更高的原子钟之后，能实现全球精确定位的卫星导航系统才能得以构建。因而，从这个维度上来说，量子科学为传统信息技术的硬件诞生奠定了技术基础。

其次是技术的驱动逻辑。纵观人类文明诞生以来的历次技术革命，从蒸汽革命、电气革命再到信息革命，无一不是人类去主动学习和适应机器的发展。但当前人类已经迎来了第四次技术革命，也就是智能革命时代，人类和机器的关系却发生着变化。此时的机器是要来主动学习并适应人类的。而这一特性又与量子信息技术的驱动逻辑（主动操纵和调控）相符合。比如在实验研究中，人们通过量子纠缠现象发明了精细的量子调控技术，并将其应用到具体的研究之中。可想而知，这种技术驱动的逻辑势必会给人类历史带来巨大的飞跃。

最后是技术的应用逻辑。量子技术的应用逻辑主要体现在其技术的颠覆性和对未来人类科技与经济发展的强大推动作用。具而言之，量子信息技术将为后摩尔定律[①]时代的计算力破局开辟新的道路。众所周知，在过去五十年间，全球劳动生产率提升以及人均 GDP 增长的重要要素之一就是摩尔定律。但为了延续这一定律，经典信息科学在以“硅晶体管”为基本器件结构的路上越走越远。然而，这一结构的延续终将受到物理限制。尤其是现今，计算机的晶体管越做越小，目前甚至将工艺推进到了 2nm，由此可能导致的问题是，在微观体系下，电子会发生量子的隧穿效应，不能很精准表示 0 和 1，这也就是通常说的摩尔定律碰到天花板的原因。而量子信息技术是解决该技术难题的良方，即可以利用量子力学打破摩尔定律。[②] 简言之，就是通过量子态叠加的特性进行信息的编码、信息的处理、信息的读取，而非硬件上的叠加或者是并行来实现算力的跃进式提升。更为重要的是，这种呈指数级爆发式增长的算力若与人工智能、脑科学、生物制药等其他科学技术相结合，将打破现阶段遇到的一系列技术瓶颈，无疑将掀起一场前所未有、撼人心魄的全局性科技革命。

---

① 关于中美发展新兴技术的不同思路，笔者曾以区块链技术为例，指出中国发展新兴科技的深层逻辑是国家先行模式，美国则是一种企业先行的思路。具体参见高奇琦：“主权区块链与全球区块链研究”，《世界经济与政治》2020 年第 10 期，第 50—71 页.

② M. Mitchell Waldrop, “The chips are down for Moore's law,” *Nature*, Vol. 530, No. 7589, 2016, pp. 144 - 147.

在笔者看来，量子信息技术有两个核心特征：

一、其蕴含的认知范式演进堪称颠覆性。正如托马斯·库恩在《科学革命的结构》一书中所说的那样，科学家从一个危机的范式，转变到一个能产生新范式的常规科学，不是通过对旧范式的修改或推理而来的，而是在一个新基础上重建研究领域的过程。[①] 而现今，这一新基础无疑会是量子科学。如果说经典科学与技术成就所描绘的机械性世界图景是以客观、精准、机械、联系、量化的可描述数学模型为标志特征的话，那么量子科学将打破这一经典范式。具体言之，概率、叠加和观测构成了量子范式的三大要素。概率是指，在亚原子层次上，量子变化的发生是跳跃式的，而非连续的，故其发生只有概率大小，而非客观确定。[②] 叠加则是指，量子世界是"复数"的，在我们选择之前，选项是无限的且富有变化的。同时，每次选择又为下一次选择提供了无穷多的选项。[③] 量子观测的内涵是指其呈现状态取决于观测者自身，即所谓的不确定定理。[④]

二、该技术的兼容适配性较强，可与其他学科和技术进行有机的结合应用。首先，就本质而言，量子科技本身就是学科间相互交融的产物，故其天生就具有很强的通配性。其次，在科研层面上，量子科技亦是如此，可能与化工、能源、材料、生物制药、脑科学、人工智能等诸多其他学科领域相结合，打破目前诸多学科发展过程中所遇到的诸多壁垒，进而变成推动未来科技创新的强有力力量。最后，在具体的落地应用上，量子业已被成熟运用到新药开发、破解加密算法等领域。目前，受限于经典计算机的算力，医药等领域的新品性状测试依然需要通过反复实验才能够获得，费时费力。而量子信息技术天然擅长模拟分子特性，故其有望通过计算机数字形式直接帮助人类获得大型分子性状，极大缩短理论验证时间。

另外，量子科技的意义要放在智能革命的大背景下理解。智能革命是第四

---

① 〔美〕托马斯·库恩：《科学革命的结构》，金吾伦、胡新和译，北京：北京大学出版社 2003 年版，第 78 页.

② Werner Heisenberg, *Physics and Philosophy: The Revolution in Modern Science*, New York: Harper & Row Publishers, 1958, p. 54.

③ Paul Dirac, *The Principles of Quantum Mechanics (2nd ed.)*, Oxford: Clarendon Press, 1947: p. 12.

④ John von Neumann, Nicholas A Wheeler. (ed.). *Mathematical Foundations of Quantum Mechanics. New Edition*. Translated by Robert T. Beyer, Princeton: Princeton University Press, 2018, p. § V. 1.

次工业革命和第二次量子革命的别称，其重点是对人类智能的模拟和提升。通过对未来智能体的构建及对人类智能的模拟，人类社会可以在更大程度上提高生产力，并逐步形成人类与智能体充分互动的行为模式和关系结构。[①] 在这样一个背景下，作为未来智能技术的一个重要突破口，以精确观测和调控微观粒子系统，利用叠加态和纠缠态等独特量子力学特性为主要技术特征的量子信息科技若能得到发展，无疑将极大地改变和提升人类获取、传输和处理信息的方式和能力，为未来社会的演进和发展提供强劲动力。与此同时，量子科技也能为我们理解未来社会提供支撑。就像牛顿力学奠定了经典科学的基础一般，相对论力学和量子力学则是构成现代世界图景的基础。[②] 但事实上，对于整个人类群体而言，量子理论以及它的改进形式量子力学，可能是一个更为重要的革命。[③] 事实上，这一伟大革命与其说是一场科学和技术的革命，不如说是一场意义更为深远的认知革命。但受限于种种因素，这一巨大变革在信息革命中并未有很好地体现。但在智能革命时期，凭借着新一代量子科技的赋能，人类的认知能力有望突破自身生理限制，对于更加微观和宏观的世界有更深层次的认识，比如对人类基因变异、人类大脑智慧形成以及外星文明等重大问题可能取得突破性成果。

总之，量子科技之于智能革命具有双重含义。其一，量子科技是助推智能革命的重要引擎。从技术上讲，现阶段的智能科学还只是弱人工智能，未来智能社会需要的智能是更高层次的人工智能，也就是所谓的强人工智能。而要想突破目前弱人工智能的现状，实现由弱人工智能到强人工智能的转变，关键条件之一就是要实现算力的跃升。但由于摩尔定律的存在，经典信息技术的发展已遇到瓶颈。在此背景下，基于量子自身特性发展的量子科技是个重要的突破口，能够在减少能耗的基础上，给予智能技术发展急需的爆炸式算力，继而推动整个智能社会的形成。其二，量子科技还促进了认知变革。一方面，传统科学或者说经典科学的物理认知基础为宏观世界，而量子则截然相反，主要研究微观物质世界中粒子运动规律，其认知基础为微观世界，这无疑是一大重要颠覆和进步。另一方面，相较于经典科学的确定性特征，量子自身的概率性、不

① 对于智能革命，笔者在之前文章中已有论述，具体参见高奇琦："智能革命与国家治理现代化初探"，《中国社会科学》2020 年第 7 期，第 81—102 页.

② 〔荷〕戴克斯特霍伊斯：《世界图景的机械化》，张卜天译，北京：商务印书馆 2018 年版，第 716 页.

③ 〔美〕伯拉德·科恩：《科学中的革命》，鲁旭东等译，北京：商务印书馆 2017 年版，第 589 页.

确定性等为人类认知世界打开了又一扇大门。

二、量子科技对军事变革和国际安全的深刻影响

当前，量子信息技术对于国际政治博弈最直接的影响在于军事领域。这是由于在当前大国博弈的大背景下，技术博弈已经成为国际政治博弈中最重要的方式。而技术的最直接用途就是保障自身的军事安全，这点之于量子信息技术尤为如此。具体言之，相较其他技术，量子信息技术的最大特点在于其能掀起军事领域的巨大变革，进而给予国际安全领域以新的秩序变革。换言之，该技术会加剧现今世界各国的安全困境[①]。特别是对于其他国家而言，一方面量子信息技术驱动的智能军事变革会让其与大国之间的军事智能鸿沟越拉越大，另一方面大国在第二次量子革命中的领先地位又让其面临着恶化的生存情况，国家安全战略的首位会变成生存与安全。[②] 在笔者看来，要想理解这一问题，我们必须需要从量子科技在军事领域的介入着手，从其在军事装备领域的应用、促成的战场形态变革以及引发的战争理念变化三方面描述该技术会引发的巨大军事变革。

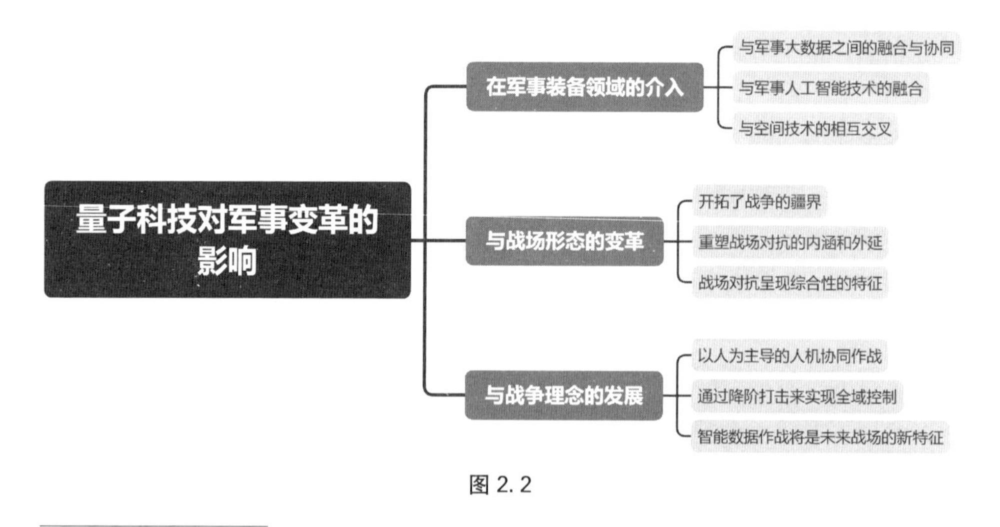

图 2.2

① 在国际关系的相关理论中，安全困境一般指的是民族国家间在安全方面互不信任、互相惧怕引发的安全信任危机。具体参见〔美〕小约瑟夫·奈：《理解国际冲突：理论与历史》，张小明译，上海：上海人民出版社 2002 年版，第 23 页.

② Francis Hinsley, *Power and the Pursuit of Peace*: *Theory and Practice in the History of Relations between States*, Cambridge: Cambridge University Press, 1963, pp. 50 - 51.

（1）量子科技在军事装备领域的介入

在笔者看来，目前的量子信息技术主要通过技术融合的方式介入军事装备领域的升级。具体言之，主要包括三方面的技术协同。其一为军事大数据与量子技术之间的相互融合与协同。在具体实践中，军事大数据是对抗环境下的数据，故其数据质量差，价值密度低，通常具有不确定性、不完全性和虚假欺骗性。此外，军事行动的特点是“人在回路”[1]，即人的活动很难用大数据经典方法学习预测。这就使得军事大数据在应对小样本数据学习、不完全不确定信息下的博弈、复杂环境下的场景建模与理解等问题方面，要比普通意义上的大数据应用更加困难。而量子信息技术却能解决这一难题。具体言之，凭借着量子传感、量子定位、量子通信和量子计算技术，战场数据的收集就会更加精确、可靠和及时，自动化作战系统对于即时场景数据的处理和应对效率亦将会获得很大提升。

其二为军事人工智能技术与量子科技的融合。近年来，军事领域也相继涌现出无人潜航器、战斗机器人、无人机蜂群等新装备技术项目。但是，该类人工智能军事应用主要有三重风险。第一重风险是人工智能武器不能审时度势，及时处理战场上的突发情况。即目前军事领域中运用的人工智能多为弱人工智能，故此类武器在解决可编程范围外的战争问题时，往往欠缺人类在战场中应有的理性判断评估、分析决策、随机应变和分辨道德的能力；第二重风险则是安全方面的风险，军事对抗环境下，运用人工智能技术的作战系统或武器装备一旦被敌人利用恶意代码、植入病毒、篡改指令等方式攻击后，将很容易带来失利甚至灾难性后果，诸多因素甚至会让系统失去战斗效力；第三重风险为法律风险。比如，战场机器人可能因无法区分军人与平民而造成滥杀无辜给区别性原则构成挑战。[2] 而这三重风险在量子技术的赋能后，可以得到很好的解决。比如目前人工智能装备欠缺及时处理编程范围内战争问题的能力，这点原因在于现有经典计算机缺少巨复杂数据的储存和处理能力，故其对战争情况的模拟不够充分。但量子计算就不同，可以赋予智能系统巨大的算力和数据储存能力。至于安全和法律风险，量子加密技术和定位技术亦能予以解决。

其三为空间技术与量子技术的相互交叉。在空间技术中，航天遥感技术又

---

① 关于人在回路这一说法，具体参见 James R. Buck，“Man-in-the-loop simulation，” *Simulation*，Vol. 30，No. 5，1978，pp. 137 - 144.

② 龙坤、朱启超：“美军人工智能研发与应用动向”，《世界知识》2018 年第 18 期，第 17—19 页.

是发展的重点。这是因为该技术的优点在于，其侦察范围广且不受地理条件限制，发现目标快，同时能获取采用其他途径难以得到的军事情报。然而，这类技术却存在着两个致命缺陷。一是现有的伪装技术，无论是隐藏战场上坦克或士兵的简单烟幕弹，还是隐形战机或隐形军舰上的高科技雷达吸收材料，都可能对卫星侦查的结果造成不小的偏差。二是随着空间技术的发展，卫星在传输信息时极易受到外部其他武器的干扰或攻击，进而导致侦查信息在返回地面系统时会失真等现象。而量子技术就可以解决这一问题。在量子密钥分发技术的推动下，天基量子传感器无疑将颠覆现有卫星的传感模式，成为未来战场中情报、监视和侦察架构中的关键部分。

故笔者认为，由于量子科技的赋能，困扰军事人工智能的算力和装备小型化的问题将得以解决。在未来战场中，无人机器人、作战机器人等自主智能武器的运用也会变成战争的常规模式。为了充分发挥智能作战系统能力，集中编配自主智能机器可能更符合作战需求，即以智能化无人系统为主体或核心的部队很可能最终成为专业化部队。此外，战斗人员与智能武器系统之间比例将出现历史性逆转。与此同时，在未来，为了充分发挥智能武器装备优势，军队很可能主动打破现有制度机制，并围绕充分发挥智能化武器优势这一目的，建构出一套新的军事制度机制。

(2) 量子信息技术与战场形态的变革

一般而言，科技的进步和武器装备的更新升级是推动战争形态发生转变的重要原因。量子信息技术亦不例外。其在军事领域的大规模应用势必会极大地重塑未来战场的形态。

首先，此次军事技术的重大进步将极大地开拓战争的疆界，促使未来战争由物理域拓展至认知域，进而呈现全域的特征。正如美国“星球大战”计划的倡导者格雷厄姆在《高边疆——新的国家战略》中所言，“在整个人类历史上，凡是能够最有效的从人类活动的一个领域迈向另一个领域的国家，都取得了巨大的战略优势”。[①] 量子技术的发展亦不例外。简言之，人类进行战争的空间将因量子技术进一步扩展，从陆地、海洋、天空等传统物质空间向虚拟空间、网络空间、生物空间等微观空间乃至认知领域演进。也就是说，未来战场将没

① 〔美〕丹尼尔·格雷厄姆:《高边疆——新的国家战略》，张健志等译，北京：军事科学出版社 1988 年版，第 5 页.

有传统战争中前方后方的概念，其空间将会呈现全域、全范围的特征。[①]

其次，量子信息技术将重塑战场对抗的内涵和外延。如果说信息战是基于信息的武器平台对抗的话，那么智能战就是联合作战体系之间的对抗。换言之，得益于量子信息技术的应用，联合作战体系的搭建将成为可能，而拥有体系优势的一方，也将在对抗中占据优势。

此外，未来战场的对抗还将呈现综合性特征。也就是说，未来战场对抗会是混合战争力量在全域中的总体对抗，既是政治目的支配下的军事对抗，也是经济、文化领域支撑下的综合国力对抗，还是科技手段支撑下的战略互联网、战争潜力网与战场军事网的综合性对抗。[②]

（3）量子信息技术与战争理念的发展

如果说信息技术开启了第三次工业革命的大门，推动了现代军队从机械化迈向信息化的军事革命，让战争形态和样式由机械化向信息化演变的话，那么量子技术的意义在于，该技术很可能主导第四次工业革命，这无疑也将引起战争基因的突变，深刻改变未来战争的取胜之匙，促进战争形态由信息化向智能化转变。

在笔者看来，若依据人类智能划分，未来的作战样式可分为两部分：其一是传统军事策略的延续，即人类自古以来战争智慧的结晶；其二是量子科技驱动的智能技术，即人类智能在技术层面的延伸。也因此，在未来，战场的作战样式也将发生重大改变。具体言之，其特征如下：

第一，坚持以人为主导的人机协同作战将成为主流。战争是条变色龙，它是不断变化的，适应新的环境和伪装自己。[③] 而在未来社会，这一变色龙也会因量子驱动的智能设备而变化。具体言之，未来战场将是一个复杂系统，即一个既包含人类群体又涵盖智能量子机器集群的大系统。在这个系统中，人机之间进行的将不仅仅是简单的个体交互，还包括人机协同的群体智慧决策。而要以人为主体，则是因为决定战争成败的关键因素仍掌握在人手中，像无人机蜂群这样的智能无人机器只具有工具价值。故在未来，以人为主导的人机协同作战会是作战样式的最优解。

① 肖天亮：“新一轮世界军事革命发展趋向”，《前线》2019 年第 10 期，第 33—36 页.
② 戚建国：“把握战争形态演变的时代特征”，《解放军报》2020 年 1 月 6 日，第 7 版.
③〔德〕卡尔·冯·克劳塞维茨：《战争论》第一卷，陈川译，北京：商务印书馆 2019 年版，第 49 页.

第二，通过降阶打击来实现全域控制将是未来战争的常用作战样式。此处的降阶打击，指的是依托量子军事计算、量子军事雷达等关键性武器装备的高阶优势，使用相应的战术战略，从一个高阶的角度打击敌方的低阶武器装备或军事力量体系，进而在战争中获得颠覆性和非对称性的胜利。全域控制则要从未来战争的全域性来予以理解。在量子技术的推动下，未来战场将是一个覆盖陆海空天电网、生物、智能和纳米等领域的全域空间。而要想在这一战场成功，仅掌控某个域（如海洋、天空）已不再是制胜之道，只有完成对战场全域进行控制才能确保获得战争的天平彻底属于己方。而要想获得全域控制，其关键又在利用技术的高阶优势，即先利用高阶技术抢占某一时某一阶的域位优势，再将域位优势转化为域位控制，积局域控制为全域控制，以达成作战目的。

第三，以战争算法为依托，作战云脑为核心的智能数据作战将是未来战场的新特征。事实上，人们利用模拟分析方法推演战场进程早就不是什么新鲜事。在古希腊，阿基米德就开始在沙盘上作几何图形推演城市防御。但随着量子科技与人工智能技术的结合，战场模拟仿真开始进入算法时代。简单来说，战争算法就是一种利用算法完整描述战场问题并进行模拟的手段。就具体实践而言，战争算法可以大幅减少战争期间观察、判断的时间，大幅提高数据的挖掘和利用效率，减少战场态势感知的不确定性。如果说战争算法主要用于模拟战场的话，那么作战云脑则主要负责形成智能化的战场决策，即是作为未来战争智能指挥系统的核心而存在。如同城市大脑一般，作战云脑也是各类信息汇聚和处理的中心。[①] 未来在量子科技的赋能下，作战云脑可通过图像和语音识别、自然语言处理等手段进行先期的战场情报预处理，再通过知识图谱和人工介入的手段，实现军事情报的智能分析，最后在通过人机交互协同，实现快速且智能的战场决策。

因此，未来战争的作战思维面临着智能化的转变。换言之，当前军事领域的变革业已引发未来作战样式的智能化嬗变。而作战思维又与之密切相关。故在未来战争中，智能思维将在作战中至关重要，并将驱动军事理论的创新。

一方面，此处的智能思维，延续了此前的定义，指的是一种基于对智能化技术进行科学认知的思维模式。但值得注意的是，在第二次量子革命的背景

① 朱雪玲："大脑作战：未来战场新样式"，《解放军报》2015 年 7 月 2 日，第 7 版.

下，此时的智能化技术得到了进一步发展。具体言之，这里的智能概念已不是目前的弱智能，而是一个包含仿生智能、机器智能、群体智能、人机混合智能等在内的多类型智能体集合。也因此，此处的智能概念被赋予了新的诠释，可以说从内涵到外延都被赋予了全新的价值和意义。而智能思维正是对这些新价值和意义的认识，反映了智能时代对智能思维的进一步重塑，是一种适应科技进步与时代发展的重要思维模式。而一般说来，任何创新都必须符合时代的大背景，具体到作战理论中，亦是如此。所以从作战理论创新的角度而言，智能思维驱动未来军事理论的创新和变革是一条正确的道路。

另一方面，智能思维的内涵包括了“以智取胜”的制胜机理。以智取胜，也就是智能制胜，主要有双重含义。其一为依靠武器装备的智能化获胜，就是以智能化作战为重点，凭借智能化武器系统提升军队精确打击能力、战场快速反应能力、自主和无人武器智能作战能力、多重全域一体化协同作战能力等，进而打造一个特有的智能化作战模式。其二则是为依靠“智”在认知战场获胜。由于量子科技的发展，未来战争和战场将会进一步拓宽，认知战场也将涵盖其中。也就是说，在未来战争中，战场对抗将从传统意义上的物质、能量和信息对抗转向心理、认知和智慧层面的对抗，故以“智”制服又是关键，即要针对其瓦解心理、扰乱思维、瘫痪意志的软杀伤特性，进行以制智为目标的智能认知对抗。

三、新一轮科技军备竞赛与全球政治秩序的嬗变

正如爱德华·卡尔在《20 年代危机（1919—1939）国际关系导论》一书中所言，军事力量具有重大的意义，主因是国际关系中权力的最终手段是战争。国家的每一个行为都是为了战争，战争也是作为最后手段使用的武器。[①] 也因此，深度介入军事领域的量子信息技术势必会带来新一轮的军备竞赛。因这场军事竞赛是围绕争夺智能时代军事制高点进行的，故其本身就具有重大的国际政治权势效应。

具体言之，于美国而言，为了维持其世界霸主地位需要持续加大量子技术

① 〔英〕爱德华·卡尔：《20 年代危机（1919—1939）国际关系导论》，秦亚青译，北京：世界知识出版社 2005 年版，第 103 页.

方面的科研军事投入，全方面推动智能时代的军事变革，巩固自身优势，确保自己在量子科技的领先地位，为自身领导的世界秩序提供安全保障；于中德法英日及俄罗斯而言，大力发展量子技术的意义在于缩小与美国之间的差距，以在智能时代的全球政治格局依旧占据一席之地；于后发国家而言，量子科技的重要性在于，可以借此适应国际政治的丛林法则，尽快实现军事力量的智能化转型，缩小与领先国家之间的代阶差，以避免陷入被威胁的境地。

因此，各国纷纷重视智能时代的重要驱动力量——量子技术，相继出台了一系列计划和政策，开启了新一轮的量子军备竞赛。目前公开的相关项目规划和投资情况，具体如下表所示。

表 2.1 全球量子信息领域项目规划和投资情况

国家/地区	时间	项目规划	投资（亿美元）
英国	2014	国家量子技术计划（一期）	3.52
欧盟	2016	“量子宣言”旗舰计划	11.12
美国	2018	国家量子行动计划（NQI）立法	12.75
德国	2018	量子技术——从基础到市场	7.23
英国	2019	国家量子技术计划（二期）	3.03
日本	2019	量子技术创新战略	2.76
俄罗斯	2019	量子技术基础与应用研究	7.90
印度	2020	量子技术与量子计算机研发	11.14
以色列	2020	未来五年量子技术投资计划	0.27
法国	2020	量子技术国家战略（议会议案）	—
美国	2020	量子网络基础设施（QNI）法案	1

来源：笔者根据公开信息整理（截至 2020 年 11 月）

就各自的量子信息技术发展战略而言，美国、欧盟、英国和日本有着各自的特点。作为最早将量子信息技术列入国家战略、国防和安全研发计划的国家，美国主要通过立法来保障量子科技的科学发展。尤其是近三年来，美国不断推出有关量子信息技术发展的法案。[①] 欧盟的战略重心则在于量子信息技术对国家安全、经济发展等方面的影响。2018 年 10 月，欧盟理事会正式启动量子技术旗舰计划，主要开展量子信息技术方面的研究，旨在为欧洲建设一个量子网络，用于连接量子计算机、模拟器与传感器[②]。英国则不一样，主要重视量子科技的基础科学研究。近年来，重心则在于基础研究和商业研究并重。在《国家量子技术战略》和《英国量子技术路线图》中，英国提出要逐步将量子系统组件、量子通信、量子传感器、量子原子钟、量子增强影像等一大批量子信息技术实现商业化应用，并在二十年内实现量子计算的商业化[③]。日本则是根据自己长处，有的放矢地发展量子技术。[④]

值得注意的是，美国、欧盟、英国和日本都侧重于对量子计算技术的发展。具体言之，在量子计算领域，欧盟、日本的三年或五年短期目标关注于提升量子比特的容错性以及开发数十位量子比特的处理器，中期目标是开发量子计算机原型；美、欧、英、日的十年或更长期目标均是制造出实际可用的量子计算机，并开展应用验证及云计算服务等。但近年来，美国和欧盟日益看重量子互联网相关的规划。如欧盟量子旗舰计划成立量子互联网联盟（QIA）项目，计划在荷兰建立首个四节点量子信息实验网。[⑤] 2020 年 7 月，美国能源部又公布了一份规划美国量子互联网发展战略蓝图的报告，对包括三大应用场景、四大研究方向和五项关键里程碑在内的量子互联网发展路线图做出规划。[⑥] 10 月，美国国会提出《量子网络基础设施》法案，推进量子网络基础设

---

① The White House National Quantum Coordination Office, "A Strategic Vision For America's Quantum Networks," February 2020, https://www.whitehouse.gov/wp-content/uploads/2017/12/AStrategic-Vision-for-Americas-Quantum-NetworksFeb-2020.pdf.

② European Commission, "Quantum Technologies Flagship Kicks off with First 20 Projects," June 2018, http://europa.eu/rapid/press-release_IP-18-6205_en.htm.

③ 中国科学院科技战略咨询研究院："英国和德国大力推动量子技术研发"，中国科学院科技战略咨询研究院（CASISD）官方网站，2019 年 1 月 11 日，http://www.casisd.cn/zkcg/ydkb/kjqykb/2019/kjqykb201901/201901/t20190111_5228057.html.

④ 中国科学院科技战略咨询研究院（CASISD）："日本章部省发布量子飞跃旗舰计划"，中国科学院科技战略咨询研究院（CASISD）官方网站，2018 年 6 月 12 日，http://www.casisd.cn/zkcg/ydkb/kjqykb/2018/201806/201806/t20180612_50 25170.html.

⑤ European Quantum Flagship, "Strategic Research Agenda," March 2020, https://qt.eu/app/uploads/2020/04/Strategic_Research-_Agenda_d_FINAL.pdf.

⑥ U.S. Department of Energy Office of Scientific and Technical Information, "From Long-distance Entanglement to Building a Nationwide Quantum Internet: Report of the DOE Quantum Internet Blueprint Workshop," February 2020, https://www.osti.gov/biblio/1638794.

施建设并加速量子技术实施应用。[①]

总体而言，从近年来美国、欧盟、英国、日本等的战略布局看，量子信息技术的地位正不断上升，反映出世界各国亦愈加重视量子技术对于国家战略利益和战略安全的影响。也因此，传统强国和处于热点地区的国家掀起了一场以争夺“量子霸权”为目标、大力发展量子信息技术为重点的量子军备竞赛，而这也导致了新的国家秩序变化产生。具体言之，一部分国家由于科技基础雄厚等原因，已经在量子科技领域取得了一系列突破，量子信息技术发展不平衡的现象也开始出现。从量子信息技术的基础理论研究、实践应用的先进性、自主研发的能力以及国家的科研基础等方面综合考察，全球量子科技的竞争格局业已初步形成。

首先，美国处于全球领先地位。就总体而言，美国涉及的量子科技领域最全面，综合实力也最强。尤其在量子计算机领域，近年来美国持续加大投入，目前已初步形成了政府、科研机构、产业和投资力量多方协同的科技创新体制，并建立了在技术研究、样机研制和应用探索等方面的全面领先态势。

一方面，就量子计算机领域的专利和论文发表情况而言，美国占据绝对优势。根据相关部门统计，全球量子计算技术发明专利 top20 企业中，美国企业占比接近 50%，远超第二名日本 15%。而在论文发表方面，据中国信息通信研究院 2020 年 10 月统计，美国科研机构和相关企业的论文数量超过 8 000 篇，位列第一，中国紧随其后超过 4 000 篇。[②]

另一方面，谷歌、微软、IBM 等美国最具代表性的科技巨头们也积极加入到量子计算机技术的研发和应用实践中，并取得了一系列巨大的进展和突破。特别是谷歌和 IBM，这两个公司在全球量子计算领域中处于领先地位，尤其在量子计算硬件方面甚至可以代表目前全球最高水平。具体而言，谷歌主要优势在于量子机器学习算法和率先实现“量子霸权”。相较而言，IBM 在上下游、软硬件、技术积累和投资额度上都十分突出，迄今为止在量子云计算和量子计算机的硬件研发和应用上处于世界领先。与此同时，美国科技巨头们还自发成立了产业联盟，以进一步推动量子技术的发展。如 IBM 发起量子计算

---

① 115th Congress, “To establish and support a quantum network infrastructure research and development program at the Department of Energy and for other purposes,” September 2020, https://zeldin.house.gov/sites/zeldin.house.gov/files/Quantum_01_xml.pdf.

② 中国信息通信研究院：《量子信息技术发展与应用研究报告（2020）》，2020 年.

联盟 Q Network 推进行业合作，其特点为：除用户和科研机构外，主要为软件公司，基本不与硬件公司合作。[1] 而微软则截然相反，成立“微软量子网络”和“西北量子联盟”的主要目的就是为了弥补缺乏自研量子计算硬件的劣势，故其联盟中包含了数家量子硬件公司，比如 IonQ、霍尼韦尔等。[2]

另外，初创企业也是美国量子信息技术产业发展中不可或缺的力量。现今，美国的初创量子科技企业有数十家，可以说涵盖了软硬件、基础配套及上层应用各个环节。比如 Rigetti 拥有美国唯一专门的量子硬件快速原型设计厂，提供自由试验和快速迭代；IonQ 在离子阱方向具有领先地位（另一领先者为高达 64 量子体积的霍尼韦尔），而离子阱技术路径相较超导可能更具长远的未来前景（读写效率高、相干时间长、所需温度环境更宽容）；Quantum Circuits 的竞争优势是其模块化量子计算机将集成量子纠错算法，提高硬件效率降低冗余度，同时降低单个芯片的成本。尤其值得注意的是，在这些初创企业的背后，或多或少都有着诸如洛克希德·马丁、雷神、波音等公司的影子。

其次则是中国，也是目前唯一在量子信息科技可与美国相抗衡的国家。但相比美国，中国的优势主要集中在量子通信领域。在该领域，中国已经走在了世界最前沿。无论是论文、专利还是建设的相关项目，都是其他国家不可比拟的。就科研而言，中国已经形成了潘建伟、郭光灿等高水平创新团队；就相关企业而言，也涌现出一批掌握领先技术的高科技公司，如 2020 年 7 月科创板上市的科大国盾量子技术股份有限公司等。就具体实践而言，我国发射了全球第一颗量子科学实验卫星墨子号，并研制了全球首个可移动量子卫星地面站与其对接成功。自此，我国完成了星地一体的网络构建，量子通信也随之开启了产业化的步伐。

值得一提的是，我国还独创了一个新产业——量子保密通信，并在此方面实现核心部件的自主供给，多项核心技术研究也领先全球。2017 年 9 月，我国开通了全球第一条量子保密通信干线。而在 2020 年 9 月，由中国清华大学教授龙桂鲁团队研发的国际上第一台具有实用价值量子通信样机也正式面世。与样机配套的还有：量子保密数据链通信终端、量子保密数据链存储终端、量

① 有关 IBM 公司发起的量子计算联盟 QNetwork，详情参见 https://www.ibm.com/quantum-computing/ibm-q-network/.

② 有关微软成立的量子联盟，具体参见 https://www.microsoft.com/en-us/quantum/quantum-network/.

子多网会议系统等产品等等。与此同时，量子保密通信骨干网络也正处于建设过程中。根据规划，我国的广域量子保密通信网络将是星地一体、多横多纵的，总长约 3.5 万千米。目前一期项目正在建设中，项目内容包括：京汉、沪合、汉广量子保密通信骨干网（总长约 3 800 千米）、5 个卫星地面站、量子保密通信城域接入网、IP 承载网、运营服务支撑系统以及其他相关配套设施等。2021 年 1 月 6 日，潘建伟团队及其合作者又在量子通信方面推出了重磅成果，他们首次展现了一个完整的天地一体化量子通信网络，综合通信链路距离长达 4 600 千米。①

再者，就是英德日法加意六国，在第二次量子革命的浪潮中，主要凭借其在某一具体细分领域中的技术领先优势，在量子信息技术的发展中占据了一席之地。

具体言之，英国在量子机器学习领域居于全球领先地位，其中代表性企业有 Riverlane、Rahko、GTN 等。Rahko 是世界最先进的量子机器学习公司之一；GTN 主要利用量子机器学习技术改变药物发现。虽然在量子通信与量子计算领域，德国的进展远远不如中美，但就基础理论和科研层面，德国仍在世界上处于顶尖水平，比如近期 Fraunhofer IOF 研究所就宣告他们在量子通信和显微镜领域取得了领先成就。② 但相较于英德两国，日本的优势在于其雄厚的半导体基础和材料科研基础，故在量子计算机、量子互联网等领域颇具优势。但是，日本也在积极拓展，相关企业和研究所近期组建了名为“QPARC”的攻关项目，发挥主导作用的是 QunaSys 公司。他们打算将日本的材料优势与量子科技结合，创造革新性材料并缩短开发周期，另辟蹊径赶超中美。③

在法加意三国中，加拿大的实力最为雄厚，尤其在量子计算机、量子互联网领域，其水平世界领先。在量子计算机领域，加拿大最知名的公司是 D-Wave。目前为止，该公司是世界上商业最成功的量子计算企业，已对外出售

① Chen Yu-Ao, Zhang Qiang, Chen, Teng-Yun. *et al*. “An integrated space-to-ground quantum communication network over 4, 600 kilometers,” *Nature*, Vol. 589, No. 7841, 2021, pp. 214 – 219.

② Loukia Papadopoulos, “Fraunhofer IOF to Revolutionize Quantum Communications and Microscopy,” January 2021, https: //interestingengineering. com/fraunhofer-iof-to-revolutionize-quantum-communications-and-microscopy.

③ 杨天任：《量子計算機で「新たな次元」へ　世界初の実用化目指す》，日本经济新聞，二〇二〇年六月二十三日，https: //r. nikkei. com/article/DGXMZO60537170Z10C20A6TL3000? disablepcview.

了多台量子退火机（一种专用型量子计算机）。另外，该公司旗下第二代自有量子云平台 Leap2 已覆盖全球 40 多个国家。而在量子互联网领域，Xanadu 公司更是颇具盛名，目前正与加拿大初创企业孵化器及创造性破坏实验室合作创建加拿大第一个量子网络——CQN。[①] 相比英德两个老牌强国，法国的量子信息技术发展不是那么迅猛，但在某些领域也是取得了很多成果。比如，法国索邦大学联合欧洲其他 7 个大学组成的量子研究团队，用一组仅 2.5 厘米长的铯原子阵列，让量子存储器的存储和检索效率达到创纪录水平，向未来建立跨越洲际的大规模量子通信网络迈出关键一步。[②] 意大利则是在光纤量子通信干线建设方面处于世界前列地位。目前，该国已经启动了总长约 1 700 千米的连接弗雷瑞斯和马泰拉的量子通信骨干网建设计划。[③]

因此，虽然目前量子信息技术领域的发展还有很大空间，但世界量子信息技术的发展格局已然初步形成，各国之间的量子技术鸿沟也开始凸显。正如杰弗里·埃雷拉所言，技术进步不仅是国内变革的重要因素，也是影响国际体系的重要因素。[④] 由此，量子技术鸿沟势必也会影响着国际政治秩序的重塑。在笔者看来，此次政治秩序的重新调整，主要包括两方面内容：

一方面，量子信息技术的发展不平衡必然导致国际战略实力对比的不平衡，进而引发不同国家政治博弈优劣势的变换。一般而言，技术变革总是与国际格局变化同步发生。此次亦不例外。可以说，倘若某一国家在量子信息技术上取得重大突破，并将其运用于武器装备、军事理念、军事编制等的变革中，就能让其成为真正意义上的超级军事强国。而军事实力的提升又会为其提供重要的物质技术支撑，其在国际政治的地位就会急速上升，进而在相关博弈中占据优势乃至主导地位。值得注意的是，此次技术发展的不平衡会让大国与其他国家的智能鸿沟越拉越大，民粹和宗教极端主义可能会进一步抬头，甚至于可

① Xanadu, “Xanadu Announces Canada’s First Quantum Network Designed for Innovation and Collaboration,” November 24, 2020, https://www.newswire.ca/news-releases/xanadu-announces-canada-s-first-quantum-network-designed-for-innovation-and-collaboration-878700962.html.

② Pierre-Olivier Burdin, “The Université Côte d’Azur will participate in the Quantum Plan of France,” Vendredi 22 janvier 2021, https://tribuca.net/societe_82529561-l-universite-cote-d-azur-participera-au-plan-quantique-de-la-france.

③ Fisica, “E’ made in Italy la prima comunicazione quantistica via satellite,” Giugno 2015, https://sciencecue.it/comunicazione-quantistica-made-in-italy-satellite/6037/.

④ Geoffrey Herrera, *Technology and international transformation: the railroad, the atom bomb, and the politics of technological change*, New York: State University of New York Press, 2006.

能衍生一种新的仇恨型恐怖主义，而这种恐怖主义的直接原因就在于国际战略对比的严重失调及自身智能化进程的落后。

另一方面，也是最重要的一点，就是量子信息技术在军事领域的介入或可加速世界政治秩序的变革，但整个世界和平也将面临巨大的考验。当前，以美国为主的政治秩序正面临着巨大的危机。一方面，美国“一家独大”主义的全球治理体系更加撕裂甚至走向崩溃。另一方面，后疫情时代全球治理体系“失灵”，加上单边主义、民族主义、民粹主义、极端主义和贸易保护主义等日渐盛行，地缘政治摩擦与矛盾可能会越来越多。也正因此，科技力量很可能会成为美国维护世界霸权的重要手段。而现今在量子信息技术领域，美国仍是领头羊地位。试想一下，若是美国的量子科技不受其他外部权力的约束，其就会在国际博弈中实现降维打击，世界局势也会随之动荡不安。在此背景下，作为量子科技的领先国家，也是唯一可在量子科技领域与美国进行较量国家，中国既有能力也有义务平衡全球量子科技的力量，避免出现美国量子信息技术一家独大引发新的军备竞赛和安全危机的出现，以让量子科技这一新技术用于更广泛的领域，进而给予人类社会以更深层次的变革。

四、中美在量子技术上的战略竞争与全球治理

当前，第二次量子革命和产业变革正与中美新一轮博弈交织发展。因此，作为这轮变革中最具代表性的技术之一，量子信息技术不仅将给中美博弈以深远变革，还将因此给全球秩序的稳定带来新的挑战。

目前，在中美科技博弈层面，美国在5G、半导体和人工智能领域已初步形成了体系化、结构化、精细化的战略框架。但在量子信息技术层面，美国的战略虽已在多个法案中有所提及，却尚未有具体的措施落实。可以肯定的是，量子信息技术会是中美科技博弈的另一前沿领域。这样的原因主要基于两个层次，其一就现实政治因素而言，美国在科技领域遏制中国的发展业已成为美国精英阶层的共识；其二，就全球技术的演进逻辑而言，量子信息技术会是未来竞争的关键所在。作为引领下一个时代的技术，可以说谁能掌握量子信息技术的制霸权，就可以在竞争中取得优势。但相比其他领域，量子信息技术的竞争会是一场持久战。这一方面是因为两国在此领域各有优势且差距不大，另一方面在于量子信息领域的突破性技术诞生及应用仍需时间，并且存在着很大的不

确定性。

至于全球治理层面，量子信息技术作为一种新型技术，目前的全球治理框架并不能很好地解决该类技术的治理问题。基于此，笔者认为，量子信息技术急需纳入全球治理的范畴，原因主要有如下三点：

首先，量子信息技术既是一项颠覆性的技术，更是一项“大科学”。[①] 说该技术极具颠覆性，一方面在于其原理的颠覆性，另一方面在于其若应用在不同的领域都能带来颠覆性的影响。大科学则是指，该技术是一项全人类的技术，也是人类迈入智能社会的关键所在。可以说，量子信息技术与整个人类的命运息息相关。与此同时，现今量子信息技术发展的方式都是以各自为战的方式进行，某些国家因此也将量子信息技术当作一项独有技术，并将该技术仅用于军事目的，以获得在国际政治博弈中的优势地位，那无疑是对量子信息技术的误解和错用。换言之，作为第二次量子革命的重要驱动力，量子信息技术应以全人类的福祉为目标，全方位多层次推动人类社会走向智能社会。

其次，量子信息技术的应用会让世界不平衡的现象加剧，全球治理将面临巨大的危机。在可以预见的未来，地缘政治竞争将越来越多地由经济和技术力量定义。有能力在量子信息技术中设定规则和标准的国家将会在全球范围内加强和传播其政治、经济和社会价值。另外，为了应对竞争者的进步，一些国家可能会通过限制性移民政策和出口政策来阻止量子信息技术的扩散，从而保持其技术优势。这无疑会导致“强者更强、弱者愈弱”的现象成为常态。由此带来的“科技保护主义”“科技民族主义”，也将成为全球化的最大挑战与阻力。整个世界也会随之进一步分裂，反全球化和民粹主义浪潮将会进一步兴起，全球治理体系也将因此受到巨大的冲击。

此外，量子信息技术的发展还将导致风险治理问题的产生。新兴科技的发展在给予人类社会以巨大推动的同时，也会带来一些风险。但量子信息技术带来的风险在于其双重性，一方面量子信息技术本身就会带来巨大的风险，另一方面量子信息技术与人工智能技术的结合会导致新型风险的产生。现今人工智能仍属于弱人工智能，但若获得量子信息技术赋予的巨大算力，人工智能可能

---

① Alvin Weinberg, “Impact of Large-Scale Science on the United States,” *Science*, Vol. 134, No. 3473, 1961, pp. 161 - 164.

会迈向类脑智能，甚至更高级别的超人工智能。随之而来的就会是人工智能的行为规制和失控的问题，而这一问题无疑需要全球范围内的深度合作和参与。

与此同时，对于中国而言，深度参与量子信息技术的全球合作与治理，既是顺应时代的需求，也是实现中华民族伟大复兴和人类命运共同体伟大愿景的必由之路。想要理解这个问题，我们需把握以下三点：

第一，中国作为量子信息技术领域的领头羊国家，既有能力也有必要深度参与量子信息技术的全球合作与治理。众所周知，由于此前我们国家的科研实力相对较弱，故在前三次工业革命中我国都没有起到先导作用或深度参与过。但现今，中国在量子信息技术发展上处于全球领先地位。因而，第二次量子革命是我国几百年来第一次有能力有基础全面介入和参与的一次技术革命。至于必要性，如前所述，主要在于量子信息技术是一种复杂的大科学。故就其本质而言，量子信息技术与人类的命运息息相关。全世界的量子信息技术发展需要的是所有国家和研究人员的共同努力。这种努力不仅包括技术的研发和测试，更包括了量子信息技术标准制定等一系列内容。而中国作为在量子信息技术发展方面占据世界前列的国家，自然既必要又必须为全球量子信息技术的合作与治理贡献自己的力量。

第二，作为后发国家的代表，中国有责任代表广大发展中国家参与到量子信息技术的全球合作与治理中去。由于西方国家在前三次革命的领导作用，全球科技治理很长一段时间是由西方发达国家所主导，后发国家则一直处于弱势地位。而今，以量子信息技术为主要驱动力的新科技革命方兴未艾，为后发国家实现跨越式发展提供更多机遇。换言之，新兴市场国家和发展中国家理应在以量子科技为代表的前沿科技全球治理事务中享有更大的发言权和影响力。而作为新兴经济体和世界最大的发展中国家，中国势必要做出榜样，顺应时代潮流，展现大国担当，承担全球科技治理责任。也因此，中国必须深度参与量子信息技术的合作与治理，并要代表发展中国家积极发挥自身作用，加强与各方协调，在和平、发展、公平、正义、民主、自由的人类共同价值引领下推动量子信息技术的合作发展与风险治理，更好地反映发展中国家在全球前沿科技治理中的重要作用，更加平衡地反映发展中国家和发达国家的诉求。

第三，中国自身和世界的发展也要求深度参与全球量子科技治理。这不仅因为“发展科学技术必须具有全球视野”，还在于“自主创新是开放环境下的创新”。[①] 尤其现在，中国正处于百年未有之大变局，以量子信息技术为首的颠覆性技术是中华民族在伟大复兴进程中的一次重大机遇。这里特别要强调的是“深度参与”与“自主创新”并不矛盾。一方面，以量子信息技术为主要推动力量的第四次技术革命将让全球命运变得更加紧密。另一方面，中国的“自主创新”不能闭门造车，“任何一个国家都不可能孤立依靠自己力量解决所有创新难题”。[②] 除此之外，中国参与全球量子科技治理，还可阻止美国从现实发展和规则制定等层面上拿到“量子科技”霸权，进而让量子科技引发的军备竞赛处于可控状态，整个世界和平也随之获得有效保障。

虽然就全球治理而言，习近平总书记早就提出了中国方案，即“构建人类命运共同体，实现共赢共享”。然而要真正落实到量子信息技术全球合作与治理层面，中国仍需要一个具体的方案。在笔者看来，主要有以下部分：

其一，中国应利用自身在量子信息技术中的影响力，并主动推动现有全球科技治理体系改革。如前所述，当前全球科技治理体系因长期由西方国家所主导，新兴国家和发展中国家的利益未得到充分保障，其代表性、包容性及民主性都不够。此外，量子信息技术也因其技术本身的复杂性和颠覆性，让本就问题重重的全球科技治理与合作体系更加脆弱。因此，中国可从两个方向深度参与全球量子信息技术合作与治理。一是在现有全球科技合作与治理体系中，中国应针对现有全球科技平台在量子信息技术治理中的盲区，积极参与建设有关量子信息技术合作与治理的新规则。比如在量子加密通信等我国优势领域，中国要在具体技术标准和行业规则上起到权威性作用。另外，在未来发展还存在很大不确定性的量子信息技术等领域，中国也应积极参与学术界、产业以及政策方面的国际性会议，踊跃提出建设性意见，以此来拓展国家和学术领域在世界量子信息产业及学术圈的地位。二是中国要完善现有全球科技治理体系应对量子信息技术的乏力之处，改革和完善现有全球量子信息技术合作与治理的不足之处。在此方面，中国应基于我国现有的一带一路等全球治理平台和区域性协定，与其他国家就量子信息技术的合作与治理创建一系列机制和规则，进而为全球范围内的量子信息技术治理提供急需的公共物品，以弥补现有全球科技治理网络和体系的不足。

---

① 习近平：“在中国科学院第十九次院士大会、中国工程院第十四次院士大会上的讲话”，《人民日报》2018 年 5 月 29 日，第 2 版.

② 习近平：《习近平谈治国理政（第二卷）》，北京：外文出版社 2017 年版，第 538 页.

其二，中国需要加强量子科技领域国际合作层次和水平，探索并构建与西方国家之间的互信机制。在西方世界，很多人担心，中国推动量子技术主要是为了服务于军事，并会将其转化为地缘政治优势。但事实上，无论从我国的政治传统出发，还是我国的自身力量出发，中国都不会成为美国一样的霸权国家。对于量子科技，我国是从全球视野出发，以该技术的具体应用为突破点，来推动人类文明的进步。也因此，中国并不主张量子科技的军事化和军备竞赛，鼓励并希望加强量子科技方面的国际上多方合作。另外，虽然世界正处在于一个百年未有之大变局，但以美国为代表的西方国家国内也都存在相对理性的政治力量，如果我们能够就量子科技方面与各国密切合作，无疑将极大地增强我国与西方国家之间的技术互信，进而对未来世界管理冲突以及推动更深层次的全球科技合作具有重要意义。

其三，中国应主动建设量子科技全球合作与治理机构。现今，有关量子信息技术的全球专业化学术组织都少之又少，更遑论有关量子科技的全球性治理组织与机构了。在具体实践中，中国应先要充分发挥郭伟光、潘建伟等国际知名量子科学领域的专家影响力。此外，中国还应加强量子信息技术方面的宣传工作。具体言之，除了要对中国在量子信息技术领域取得的重大成果和创新经验予以充分宣传外，中国还要注重在国际领域上宣传中国量子信息技术方面的成功发展经验，以助力新兴国家和发展中国家跟上量子时代的步伐。

其四，中国需要深化国内科技体制改革，并加强量子科技相关基础学科和课程体系建设，加大量子科技方向人才的培养力度。之所以要深化中国目前科技体制改革，是因为相较于美国通过科技公司为主发展量子科技的模式，我国的量子科技研发主要依靠新型举国体制，依托相关高校和科研院所，未能充分挖掘企业在此领域的创新性和活力。[①] 除此之外，我国目前的量子科技应用性还不强，商业落地还有待开发。故就整体而言，量子科技的发展急需企业进行具体的商业落地实践及挖掘。与此同时，量子科技相关学科的培育和人才培养原因之一也是为了加速量子科技产业化的进程。这是因为我国虽有很多量子科学方面的顶尖科学家和青年才俊，但由于量子科技属于基础学科的前沿技术，研究的准入门槛较高、进展难度大，故我国从事相关研究的专业科研人数仍很

① 关于中美发展新兴技术的不同思路，笔者曾以区块链技术为例，指出中国发展新兴科技的深层逻辑是国家先行模式，美国则是一种企业先行的思路。具体参见高奇琦："主权区块链与全球区块链研究"，《世界经济与政治》2020 年第 10 期，第 50—71 页.

少。另外，中国还应培养量子科技治理人才，鼓励复合型人才积极并主动参与全球量子科技治理体系建设的交流与合作。

结语

量子信息技术是一种颠覆性的技术，其在军事领域的大范围应用势必将引发一场前所未有的国际政治秩序变革。世界各国为了在国际政治博弈中占据优势，竞相发展量子技术，开启了新一轮的量子军备竞赛。然而，由于种种原因，事实上的量子技术鸿沟已经形成。这一现象的背后也蕴含了智能军事变革可能引发的政治效应的嬗变。尤为重要的是，此次军事变革会引发新的安全困境。另外，目前美国领导的政治秩序也会受到巨大的挑战。

在此背景下，为了避免量子科技可能引发的新型军备竞赛和过度军事化，笔者提出中国要深度参与量子科技的全球治理与合作。这既是规制量子科技朝向民用发展以及普惠全人类的现实需要，也是为了平衡美国量子科技实力、避免其将该技术过度军事化，招致新的国际安全困境的必然选择。然而由于受篇幅所限，笔者并未能对该想法的具体内涵和外延、实践进路等做出详细论述，有待进行下一步的研究和说明。

此外，后发国家能否进行科技创新是个饱受争议的问题，而中国在量子信息技术发展上的优异表现无疑很好的回答了这个问题。而中国的科技奇迹的出现与自身的科技创新体制密不可分。但出于文章内容的安排需要，此部分并未单独探究。但可以确定的是，相比西方国家依托科技巨头形成产业联盟的科技创新模式，中国凭借新型举国体制，依托重要科研院所进行科技创新的方式是发展中国家的重要模板。而这也是笔者提出中国应深度参与量子科技全球治理的核心旨义，即中国要贡献自身量子信息技术的发展经验与智慧结晶，提出中国方案以促进量子信息技术发展的成果惠及发展中国家和新兴国家。

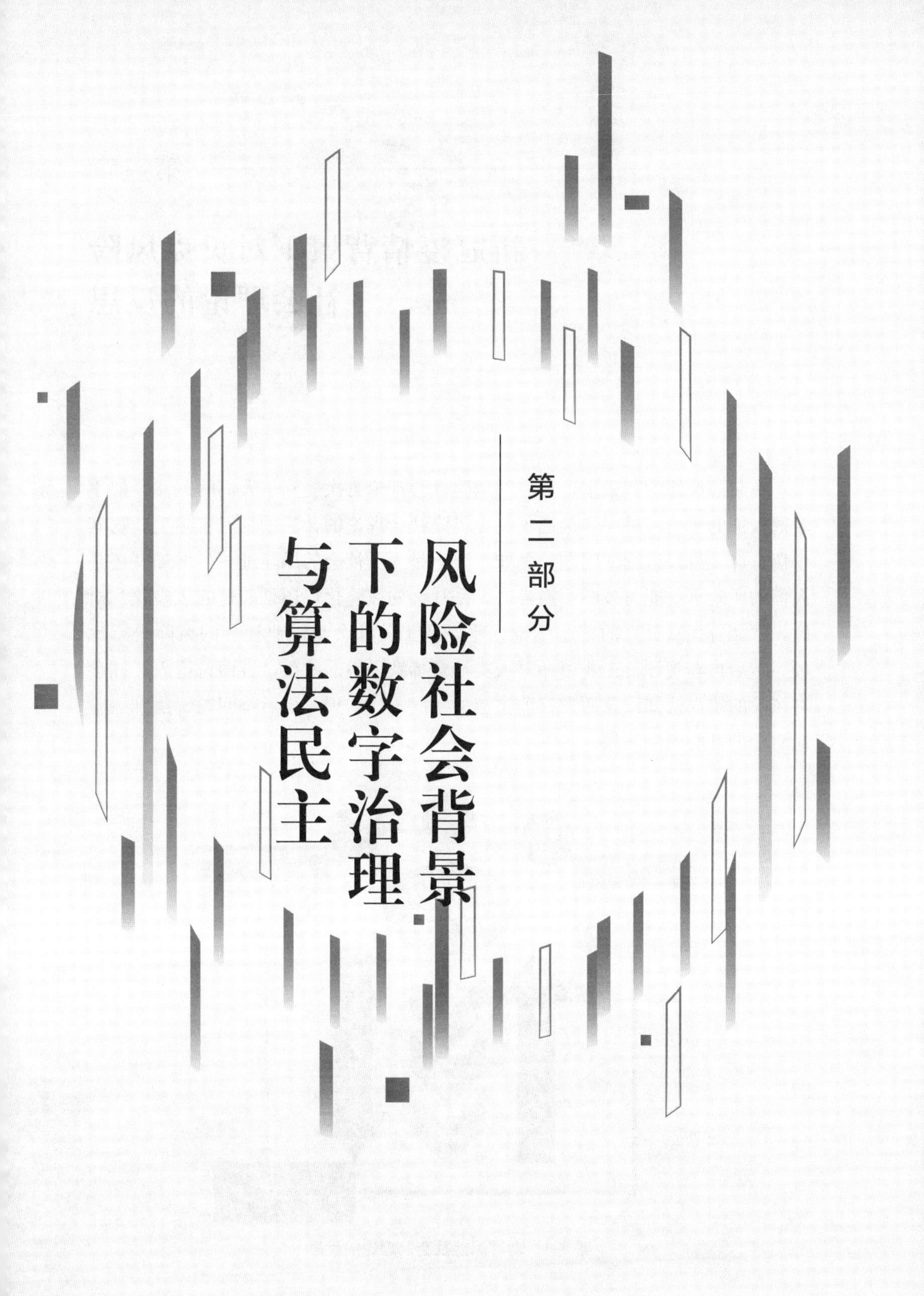

第二部分

风险社会背景下的数字治理与算法民主

第三章

新冠疫情背景下对贝克风险社会理论的反思

在新冠疫情的背景下，贝克的风险社会理论再次受到了人们的关注。似乎新冠疫情的爆发，进一步论证了贝克风险社会理论的合法性。但实际上，这其中仍有许多可以讨论的问题。例如，究竟是人类社会的风险进一步增加，还是人们的风险承受能力减弱？换言之，是社会的风险化，还是心理的风险化？对此，本文首先从贝克的核心结论入手，就工业社会与农业社会的风险进行比较，然后再客观评价工业革命对人类社会稀缺困境的改善，进而讨论人类社会对风险的错误认知以及西方目前主流的一些不当认识，最后将问题聚焦到风险应对中的社会团结问题。

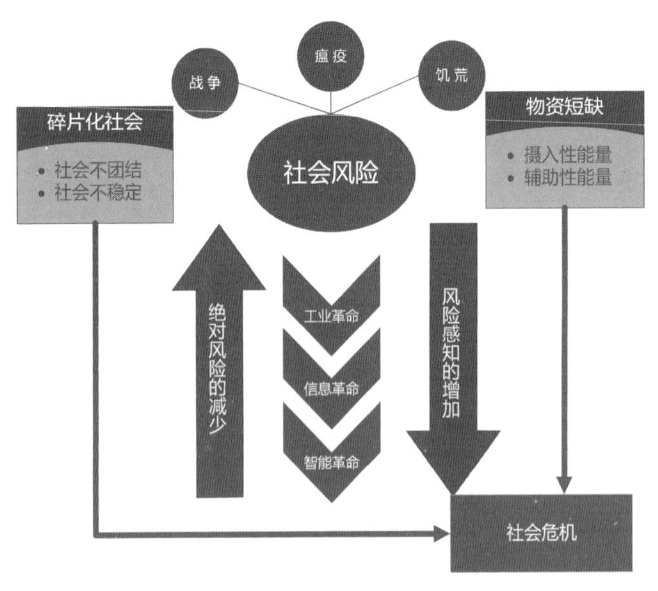

图 3.1　对“风险社会”理论的反思

一、人类社会的风险增多还是减少?

在贝克的风险社会理论中，有一个核心结论至关重要，即进入工业社会之后，人类的风险比之前大大增加。贝克明确指出，风险的“基础是工业的过度生产”。[1] 贝克认为，伴随着人类现代化的进步，社会风险不可避免地增多，这似乎是人类社会的一种悖论。贝克明确指出，“占据中心舞台的是现代化的风险和后果”。[2] 贝克的风险社会理论非常深刻，对社会科学各学科都产生了广泛影响，然而其核心结论似乎仍然有进一步讨论的空间。正如盖布·梅森（Gabe Mythen）所提醒的，尽管在各个学科之中风险社会理论都产生了重大影响，但是需要对其中的结论作更加实证的分析。[3] 这里可以与贝克理论进行对话的内容是，如何对风险进行整体评估，以确定目前人类社会的风险确实比传统的农业社会更多。这在统计学上是一个难题，不过我们可以举一些直观的例子，可能对这个问题的讨论更有帮助。

人类社会之前面临的三大主要挑战是瘟疫、饥荒和战争。这三大挑战是人类社会在工业社会之前所面临的主要风险。正由于这三个因素在人类历史上的循环往复，一直到工业革命之前，人类仍然难以摆脱其魔咒。例如，1347—1352 年，被称为黑死病的鼠疫导致西欧的人口锐减约三分之一。[4] 在中国历史上，王权更迭主要是在农民战争的背景下发生的，而发生农民战争的主要原因则是饥荒。从西汉到清末造成万人以上死亡的重大自然灾害有 190 起，其中死亡人数最多的为 2 290 万人。[5]

即便进入工业社会，人类在很大程度上仍然受到瘟疫、饥荒和战争问题的侵扰。关于 1918 大流感，早期的估算数据是，全球约有五分之一的人口感染，至少 2 160 万人死亡。1970 年后的估算数据则将死亡人数确定为 5 000 万到 1 亿之间。当时人口总数约为 18 亿。[6] 同时，流感爆发也是一战结束的重要原

---

① ［德］乌尔里希·贝克：《风险社会》，何博闻译，南京：译林出版社，2004 年版，第 18 页.

② ［德］乌尔里希·贝克：《风险社会》，何博闻译，南京：译林出版社，2004 年版，第 7 页.

③ Gabe Mythen, “Reappraising the Risk Society Thesis: Telescopic Sight or Myopic Vision?” Current Sociology, Vol. 55, No. 6, 2007, p. 808.

④ 李化成：“14 世纪西欧黑死病疫情防控中的知识、机制与社会”，《历史研究》2020 年第 2 期，第 21—22 页.

⑤ 张成志：“反思历史上的饥荒事件”，《中国粮食经济》2019 年第 6 期，第 69 页.

⑥ 王蜜：“在记忆与遗忘之间：作为一种集体记忆的瘟疫———以 1918 年大流感为例”，《广州大学学报（社会科学版）》2020 年第 5 期，第 107 页.

因之一。再以战争为例，一战中，大约有2 000万人死亡，二战大约有6 000—8 500万人死亡。可以说，瘟疫、饥荒和战争仍然构成了工业社会初期最主要的社会风险。进入工业化社会之后，饥荒导致人类社会死亡的比例逐渐下降，但是瘟疫和战争的威力仍然很强大。例如，1918大流感就是在人类社会进入工业文明后产生的，并且目前的新冠疫情是在信息文明的时代背景下发生，说明了瘟疫给人类所带来的持续挑战。在进入工业社会初期时，战争仍然是导致人口下降的重要因素。例如，一战和二战导致大量人类个体死亡。但是，人类社会在进入核武器时代之后，大规模战争的可能性却在逐步减少。

简言之，在进入工业社会之后，虽然人类社会之前面临的三大风险中的部分挑战仍有上升的趋势（如瘟疫），但是从整体来看，它们对人类社会的影响却在下降。就瘟疫而言，黑死病造成欧洲30%—50%的人死亡，这在今天看来是不可想象的。我们同样需要看到，在工业进步的背景下，人类应对风险的能力同样在提升，这一点在这次疫情应对中可以得到佐证。21世纪以来，SARS、埃博拉、禽流感、炭疽热、非洲猪瘟等众多病毒的影响力都是相对比较小的。目前看来，新冠疫情对人类社会有较大影响。同样也可以发现，在本次疫情应对过程中，某些发达国家出现的应对不利与其防控策略和整体动员能力有限有很大关系。

饥荒对人类社会的影响正在逐步减低。伴随着工业革命的发展，特别是食品工业的生产革命，人类社会正在进入一个营养过剩的阶段。尽管目前在非洲或其他地区，由于战争或者极为贫困的原因，仍有少数儿童处在饥饿的边缘线上，但随着联合国千年发展计划等一系列国际性活动和世界银行援助的推进，随着中国和其他主要发展中国家对消除贫困运动的有力推动，这种情况正在不断减少。

战争则因为核武器的出现实现了一种新的恐怖平衡，也就是在核大国之间爆发大规模战争变得不太可能。在核武器之下，大国之间从“相互确保摧毁”的战略伙伴关系逐渐过渡到“相互确保生存”的战略伙伴关系，并使得大国之间爆发核战争的可能性越来越小，直至可能在实际上被排除。[①] 现在的战争主要是地区性战争，在核国家和非核国家之间展开，或者是在两个非核国家之间展开，主要表现为一种地区冲突。

① 易建平、赵文洪：“战略防御与美苏核平衡”，《中国社会科学》1989年第6期，第34页.

因此，并不能简单地得出结论，在工业革命的背景下，人类社会进入了风险社会。风险社会这个概念本身可能就存在定义的瑕疵，因为人类社会从一开始就是高度风险性的。贝克同样也认识到，“风险并不是现代性的发明”。[①] 可以想象，早期人类进行大型捕猎时面临的风险，比今天人类面临的风险要大很多。当时人类的寿命不超过 20 岁，而今天人类的平均寿命可以达到 70 多岁。人口增长也是评估风险的重要指标。在工业革命之前，全球人口数量在 6 亿以内。而发展到今天，全球人口已经达到 70 亿以上。简言之，人类社会从一开始就是风险社会，并且上述例证试图证明人类社会目前面临的风险要比之前社会所面临的风险小很多。这其中最根本的原因是科技进步。在科技进步的基础上，人类社会的物质产出已经达到一个新的水平，而物质产出是应对风险的重要保障。

二、科技革命对人类生存风险的减弱效应

从生存意义上讲，人类社会面临的最大风险是物质短缺，而现代的工业革命恰恰在科技和大工业的基础上逐步满足人们的物质短缺。人类需要的能量主要有两种：一种是以食品为中心的摄入性能量，另一种是以使用为中心的辅助性能量，主要包括衣服、住宅和出行。摄入性能量的获取建立在食品工业革命和农业大规模生产的基础之上。通过发展农药技术、农业机械工业以及转基因技术等，农产品产量大幅度提高。尽管这些新技术可能会带来一些新的隐患，如关于转基因食品仍然存在争议，但人类社会恰恰在这种高度不确定的过程中向前发展。当面临食物短缺问题时，人类就会面临生存极限，因此，人类需要在生存和健康之间进行平衡。风险不可能被永远消除，人只能在风险的类别和大小之间做出平衡。

辅助性能量的大量获得同样建立在工业革命的基础上。我们日常使用的大量物品如尼龙、塑料等都可以通过石化工业生产出来。由于人是恒温动物，需要保持体温恒定，所以衣服对人类至关重要。随着现代纺织工业的快速发展，这一问题得到有效解决。住宅革命则是通过建筑工业的不断发展来逐步实现。杜甫有诗句曰：“安得广厦千万间，大庇天下寒士俱欢颜。”住宅问题一直是人

① ［德］乌尔里希·贝克：《风险社会》，何博闻译，南京：译林出版社，2004 年版，第 18 页.

类社会面临的重要问题之一。然而在现代工业发展的基础上，住宅问题也在不断得到改善。出行革命则建立在现代交通工具和能源革命的基础上。现代城市发展的基本目的就是可以让人们的交换更加频繁。这是一种效率革命。尽管现代城市同样面临交通拥堵、环境污染等一系列现代病，但从另外一个角度来讲，城市是一种高效率交换的产物。为何城市化进程不可阻挡？因为城市本身就是一个高效率交换场所。效率原则是人类物质短缺问题的重要法门。尽管人们对目前城市发展的问题有很多反思，但是我们同样要看到城市在提高人类产出和增加人类交换上的重大意义。

信息革命和正在发生的智能革命都对人类社会的进一步发展产生重大影响。信息革命使得人类远距离的信息传输成本越来越低，这使得人们未来在一定程度上可以突破城市规模的限制。人类社会的高产出建立在大规模信息交换基础上，所以信息革命是人类高交换的催化剂。智能革命则蕴含着更加深刻的意义。智能革命所导致的自动化会产生一种更为深刻的生产力革命，[①] 使得许多物品的产出成本大大降低。如何对未来进行展望的话，我们可以看到，核聚变能将来可能会成为人类能源的重要解决方案，这会大大降低能源的采集成本。另外，光伏产业可以把阳光转化为光能储存起来，这样的能源既清洁又相对廉价。再如，我们目前信息革命和智能革命所高度依赖的半导体，其主要材料是硅，而硅是从沙子里分离提取出来的。另如，在新的材料革命中，碳纳米管、石墨烯这样的新材料更是建立在地球上最为丰富的碳元素之上。简言之，在新科技革命的基础上，人类对大自然的获取能力会进一步增强。换言之，人类社会最大的风险是短缺，而短缺的问题可以通过科技革命逐步解决。从这个意义上讲，人类面临的风险是在降低而不是增加。贝克并没有充分认识到这一点。贝克的说法是："你可以拥有财富，但必定会受风险的折磨"。[②] 蒂莫·鲁萨宁（Timo Rusanen）的研究观察到，在欧洲出现了强烈的技术悲观主义（technopessimism），特别是在哪些在工业和文化上转型为后物质社会（postmaterial societies）的国家。[③] 甚至进一步讲，贝克的观点具有某种反工

① 高奇琦："智能革命与国家治理现代化初探"，《中国社会科学》2020 年第 7 期，第 86 页.

② ［德］乌尔里希·贝克：《风险社会》，何博闻译，南京：译林出版社，2004 年版，第 21 页.

③ Timo Rusanen，"Challenging the Risk Society：The Case of Finland，" *Science Communication*，Vol. 24，2002，p. 200.

业文明的倾向："风险是文明所强加的。"[①] 客观而言，贝克的这一观点很容易对发展中国家的发展模式形成误导。需要深刻认识到的是，整体而言，工业文明可以增强人类抵御风险的能力，而不是减弱。

三、风险感知的增加及人类脆弱性的增强

然而，贝克的风险理论也具有其意义。贝克的理论提醒我们，由于对大自然获取能力的增加，未来蕴含了新的风险。同时，贝克的理论也反映了人类社会的一种普遍焦虑：虽然我们越来越进入丰裕社会，但是我们的不安全感却大大增加。这就出现了一个问题，就是绝对风险的减少和对风险感知的增加，成为后工业社会或信息社会的一个普遍特征。

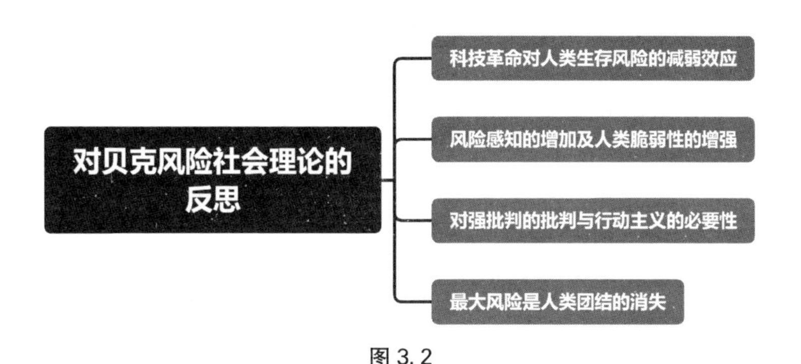

图 3.2

另外，人们应对风险的能力，特别是心理承受能力似乎在减弱。在前现代社会中，非正常死亡是常态。在进入现代社会之后，人类的平均寿命从 30 岁左右增长到 70 岁左右。但是由于人类社会伦理知识的进一步进化，人们越来越不能承受非正常死亡。一旦某一例非正常死亡出现，通过新媒体的传播，这样的生命故事便会瞬间传遍整个媒体。在传统的农业社会中，由于信息传播不便，许多信息（特别是热点信息），很难对人们的社会心理造成巨大影响。并且，由于信息传播的限制，一个整体性舆情事件的形成需要具备诸多条件。但是在信息技术和传播媒介高度发达的今天，每一个生命非正常死亡的例子，都会瞬间变成新闻热点。换言之，从绝对意义上讲，这样的非正常死亡的数量减

① ［德］乌尔里希·贝克：《风险社会》，何博闻译，南京：译林出版社，2004 年版，第 21 页.

少了，但是由于新媒体的存在和人们伦理意识的增强，这样的生命故事会不断地在媒体上传播，让人们感觉到这样的风险似乎是更多了。因此，就形成了一个“绝对风险减少和人们感知到的风险增加”的悖论。贝克似乎也看到这一点：风险的部分源自“普遍的缺乏信心和‘风险倍数’（risk multiplier）”。然而，贝克似乎将这一观点隐含在其复杂的逻辑之中。①

另外，现代社会给每个人提供的尊严和舒适感，使得现代人越来越不能承受舒适之外的任何其他感受。例如，在农业社会时，人们风餐露宿是常态，饿肚子也是常态，这增强了人们对这种风险的承受能力。但是如果让一个现代人突然无准备地在野外生存，那将是一个极大挑战。再如，发达地区的人们往往存在过度使用空调的问题，即关掉热空调之后，马上打开冷空调，这使得人们对舒适感定义的范围越来越窄。然而，空调是一个现代产品。人类在相当长的时间之内并没有空调，却依然生活得很好。这恰恰说明如今人们对风险的承受能力变得越来越弱。

贝克的风险社会理论是典型的西方知识分子怀疑论的一种延伸，而且这种理论在某种意义上讲也是西方末世论的另一新版本。在基督教的叙事框架中，人类社会由于人性之恶，最后会走向世界末日。末世论构成了西方社会科学知识的一种基本假设，而西方许多主流思想家的价值观都建立在这一末世论的基础上。② 从其逻辑上讲，人类社会不可避免地要走向世界末日，而风险社会只是世界末日的另一种形式。罗马俱乐部所发行的《增长的极限》这类研究报告也是西方末世论的一种体现。从知识传统来看，从霍布斯开始，就形成了这样一种社会科学价值观的基本色调。霍布斯在人性恶的假设之上概括了丛林法则和自然状态。③ 黑格尔则提出了历史终结的说法，④ 福山对历史终结的讨论就是建立在黑格尔学说的基础上。⑤ 简言之，末世论是西方基督教文化的一个基本假设。在现代西方社会科学的发展过程当中，基督教作为一种文化传统，并没有被西方社会抛弃，而是以另外一种现代和世俗的方式把其整合到社会科学

① ［德］乌尔里希·贝克：《风险社会》，何博闻译，南京：译林出版社，2004年版，第34页.

② 高奇琦：“向死而生与末世论：西方人工智能悲观论及其批判”，《学习与探索》2018年第12期，第34—42页.

③ ［英］霍布斯：《利维坦》，黎思复，黎廷弼译，北京：商务印书馆，1986年版，第92—97页.

④ 黑格尔将日耳曼世界看成是“历史的最后阶段”。［德］黑格尔：《历史哲学》，商务印书馆1963年版，第489页.

⑤ Francis Fukuyama, “The End of History?” *The National Interest*, Summer 1989, pp. 3 - 18.

的内涵之中。到海德格尔那里，人类社会更是走向了一条向死而生的不归路。[①] 这些都是对末世论的一种世俗表达。这些思想家背后的内核都是末世论，而风险社会理论只不过是关于末世论的一种最新表达而已。贝克明确地表达出那种无助："使我们理解了那些惊颤、无助的暴怒和'没有未来'的感觉"。[②] 风险社会理论可以给人们提供一种提醒，但实际上它对人们应对风险本身并没有特别有效的价值，因为这一理论仅仅是一种作为先知的预警和警告，并没有对如何应对风险做出更多的讨论。

四、对强批判的批判与行动主义的必要性

在全球公共卫生危机的大背景下，我们更多需要思考的是，在风险应对中学到何种知识，而不应像杞人忧天那样强调一些无意义的风险，也不应像祥林嫂那样仅仅抱怨风险的源头和主体责任。在风险应对过程中，不仅要找到风险的源头，更重要的是首先"灭火"。"灭火"之后再重新反思其中的问题，并形成新的动员机制。人们不可能完全消除风险，人们更多是在风险的平衡中前行。

应对风险的过程是一种社会革命，会引发对我们之前的习惯进行重新思考，形成新的社会规范。同时，我们也需要思考，如何在短时期内进行社会的整体动员，并形成社会团结，以整体的力量来应对风险的冲击。许多风险的产生是综合因素下作用的结果，而要准确找到原因是非常困难的。某种意义上，人类社会似乎适用的是量子力学的测不准原则。特别是在一些大型复杂性风险中，找到风险的源头极为困难。正如非典给我们的启示一样，我们还没完全搞清楚非典产生和爆发的相关原因时，非典作为一种流行病就已经被遏制住。我们对许多新生事物仍然有很多认识盲区。贝克用风险社会这一概念更多地表达的是一种不确定性。贝克指出，"在风险社会中不明的和无法预料的后果成为历史和社会的主宰力量"[③]。然而，人类社会恰恰是在不确定性的平衡之中向前进步。我们不能担心对不确定性的恐惧，就停下人类社会进步的脚步，因为

① ［德］马丁·海德格尔：《存在与时间》，陈嘉映、王庆节译，北京：生活·读书·新知三联书店 1987 年版，第 283—319 页.

② ［德］乌尔里希·贝克：《风险社会》，何博闻译，南京：译林出版社，2004 年版，第 45 页.

③ ［德］乌尔里希·贝克：《风险社会》，何博闻译，南京：译林出版社，2004 年版，第 20 页.

人类社会面临的许多问题同样需要借助科技的力量来解决。

在危机当中，最大的风险并不是来自风险本身，而是人们对风险的错误认知。人们对风险的恐慌往往很容易导致社会信任的消失，形成踩踏事件。例如，在社会危机爆发期间，一些地方发生入室抢劫事件等等，这都属于社会信任的消失。再如，美国新冠疫情暴发之后，许多人会去超市买枪支，难道可以用枪支消灭病毒吗？在危机爆发之后，恰恰是人们对危机的恐慌造成了社会危机。疫情的爆发本身是以一种新冠病毒为基础的公共卫生危机，而危机升级后产生的更大危机是人们社会信心的消失。

从这一点也可以解释为何群体免疫是一种非常糟糕的策略。许多专家（包括首都医科大学饶毅教授）都从医学的角度对群体免疫进行了批评。我这里则从社会心理以及公共管理的角度来讨论群体免疫的不可取之处。首先群体免疫完全是一种甩给社会的不负责任做法，其背后的理论逻辑基础是优胜劣汰的自然法则。自然法则和社会达尔文主义曾一度在西方特别流行，并成为希特勒法西斯主义的思想基础。西方的一些重要思想，例如现实主义国际关系理论，也都建立在这样一种优胜劣汰、强者生存法则的基础之上，这同样可以回到霍布斯的自然状态和丛林法则理论上去加以解释。因此，群体免疫策略是建立在西方人性恶的文化理论基础之上的行为策略。从这一意义上讲，群体免疫的提出符合西方文化价值的基础，然而这样一种优胜劣汰的自然选择策略，并不符合西方（特别是 20 世纪以来）在道德价值观上形成的新进展。在工业化的初期，这种社会达尔文主义确实是大行其道。然而 20 世纪西方的知识界和理论界都对这种社会达尔文主义进行了强烈的批判。例如，自由主义中的自由左派（以罗尔斯为代表）特别强调倾向于弱势群体的观点。在罗尔斯那里，这种体现就是差别原则。① 西方的其他理论如社群主义，更多是强调社群的整体性，例如沃尔泽的复合平等理论。而其他的一些自由主义理论家，例如德沃金所提出的资源平等理论，力图让每一个人在最初的时候都能享受到资源上的平等，② 这其中也蕴含了向弱势群体倾斜的政策内涵。多元文化理论更加强调少数群体的

① ［美］罗尔斯：《正义论》，何怀宏、何包钢、廖申白译，北京：中国社会科学出版社，1988 年版，第 71—76 页.

② ［美］罗纳德·德沃金：《至上的美德：平等的理论与实践》，冯克利译，南京：江苏人民出版社，2003 年版，第 67—130 页.

特殊权利。[1] 后现代理论家更加偏向于对弱势群体权利的主张，这几乎构成了20世纪后半叶西方理论的最主要进展。例如，在《疯癫与文明》之中，福柯深刻地指出，精神病患者在某种意义上是被权力机制制造出的。[2] 这些思想在社会运动上则表现为同性恋、女性等少数群体的平权运动。

在21世纪的今天，重新强调这种群体免疫的政策，无疑在理论上面临巨大的困难。因此，社会科学界对群体免疫会形成强烈的批评，已经是确定的事实。当然，英国提出群体免疫策略，实际上是对自己国家治理能力有限性的一种被迫反应。换言之，由于在紧急状态下的国家动员能力有限，那么在承认政策失败的前提下，做出这样的政策表态实际上也属无奈之举。然而任何一个政府都不会随便承认自己的政策失败，所以要将其包装成一种新的、看起来更有效的理论来进行推广，这就是群体免疫理论出台的基本背景。然而，这种理论实际上对社会团体的损伤极为巨大，因为其没有考虑弱势群体的利益，而是重新又回到了丛林法则。让强者生存下来而弱者则被淘汰掉，这似乎又回到了工业革命初期的基本逻辑。尽管英国政府之后明确表态撤回了这一主张，然而，从英国和美国的抗疫实践来看，仍然可以看到这一主张在实际情形中的主导性。

五、最大风险是人类团结的消失

因此，在面对类似于新冠疫情这样的公共卫生危机时，疫情本身是一种风险，但更大的风险是社会团结的消失，以及人类社会重新又回到短缺时期的社会心理。贝克也看到风险社会所导致的社会不团结。贝克认为，“风险社会产生了新的利益对立和新型的受威胁者共同体”。[3] 在丛林法则的指引下，人们不得不拿起武器寻找自助。在这样的背景下，社会成员之间的沟通成本和交易成本都会大大增加，那么人类社会在工业文明以来所做的许多努力都会被剥夺掉。贝克在其著作中多次谈及危机状态下的共同体问题：“危险的共同性使利

① [英] 沃特森：《多元文化主义》，叶兴艺译，长春：吉林人民出版社，2005年版，第10页.

② [法] 福柯：《疯癫与文明：理性时代的疯癫史》，刘北成、杨远婴译，北京：生活·读书·新知三联书店，2003年版，第247—248页.

③ [德] 乌尔里希·贝克：《风险社会》，何博闻译，南京：译林出版社，2004年版，第53页.

益群体组织的多元化结构面临着几乎无法解决的问题。”[①]

整体而言，新冠疫情的风险应对给我们带来的启发如下：

第一，应该重新思考一个国家在面对突发性风险时，如何在短期内快速地提高整体动员能力去有效应对危机。[②] 在这一过程之中，对风险的准确识别和确认就会变得非常重要。贝克同样指出，在一个世界风险社会中，我们必须区分生态和金融危险（可以被概念化为副作用）和恐怖网络的威胁（作为蓄意灾难）。[③]

第二，在应对危机时，国家如何通过各种基本物质条件的保障，将社会维持到尽量接近常态的状态，使人们不必因为物资短缺而重新回到丛林社会，从而减少紧急状态下人们的恐惧感。

第三，如何在应对风险过程中重新形成社会的高度团结，而不是在丛林法则的指引下，变成一切人反对一切人的自然状态，引发社会战争。如果这一情形发生，那么公共卫生事件就会变成一个导火索，点燃整个社会中的不安，从而导致社会的分裂。因此，在风险面前，我们更加需要思考共同体的意义。共同体的最大价值就是可以形成一种应对风险的团结力量。贝克也充分讨论了团结的问题，认为可以从需求型团结发展到焦虑促动型团结。[④] 然而，问题是在焦虑的压力之下，人类社会可能会更加陷入分裂，而不是团结，关键是要找到这一团结机制。用社会学的表述是，要强化应对风险时的社会网络和社会资本。[⑤] 风险之所以会对人类社会形成重大冲击，其内核是不确定性，而团结起来共同应对不确定性，风险就会相对降低。

贝克的风险社会理论提醒我们对未来社会的风险要保持警惕，这一点是值得肯定的。然而，这一理论同样带有强烈的西方左翼批判理论的特征，而批判理论的特点是往往会为了批判而批判，即时刻处于批判的状态，但是对解决问题很少给出直接的建设性方案。马克·莱西（Mark Lacy）指出，虽然贝克的作品可以对当代社会进行雄辩的描述，但它往往会限制我们对生态政治的理

---

① ［德］乌尔里希·贝克：《风险社会》，何博闻译，南京：译林出版社，2004 年版，第 55 页.

② 陈忠：“弹性：风险社会的行为哲学应对”，《探索与争鸣》2020 年第 4 期，第 29—32 页.

③ Ulrich Beck, “Living in the world risk society,” *Economy and Society*, Vol. 35, No. 3, 2006, p. 329.

④ ［德］乌尔里希·贝克：《风险社会》，何博闻译，南京：译林出版社，2004 年版，第 56 页.

⑤ 赵延东：“培育应对特大型城市风险挑战的社会资本”，《探索与争鸣》2015 年第 3 期，第 27—29 页.

解，限制我们在这个日益重要的知识空间中探索问题的方式。莱西还认为，贝克提出的生态民主形式是对马克思主义传统的否定。[1] 马克思主义的传统既包括批判，也包括对问题的解决。例如，马克思明确反对哲学家仅仅停留在对世界的解释上，而是强调如何可以实现改变世界的目标。这里需要特别讨论马克思关于科技的态度。一方面，马克思认为，科技有可能被资本利用并成为剥削工人的工具，[2] 另一方面，马克思也看到科学技术发展可能带来的生产力革命以及对人的解放潜能。[3]

这种背离在某种程度上就会使得学者的观点与社会实践之间产生巨大的距离。出于其怀疑态度，思想家对某些人类社会的进步之处保持警惕，这具有其价值。但是，这种强批判往往对社会中已经出现的进步也会给予不应当的批评，这在某种意义上就会陷入为了批评而批评的尴尬境地。这种强批判导致学者对社会的实际影响减弱的同时，使得学者与社会大众之间的关系变得疏离。同时，这种过度批判还可能会被某种商业利益所利用。例如，埃尔克·克拉曼（Elke Krahmann）指出，风险社会的话语在某种意义上承担了营销风险的功能，西方的私营保安公司借助这种风险营销保证了持续的利润。[4]

笔者的观点是，社会风险不可避免，而任何一个社会都会存在大量风险。我们在解决某一问题时，解决方案其实就蕴含着下一个问题的新风险。人类社会只不过是在不同种类的风险和风险的不同程度之间做出一种微妙的平衡而已。人类社会不可能处于风险完全真空的环境之下，也不可能绝对地实现风险免疫。从这一意义上讲，风险社会是人类社会在产生时就具备的常态。随着科技的进步，人类对自身能力的掌控越来越强，整体的不确定性在减弱。但是由于新媒体的宣传作用和人类自身对风险承受能力的下降，人类对风险的感知反而会增强，这时过于强调这种风险的增加无益于风险的实际应对，而是应该对风险做出一种相对客观准确的评价，才有助于政府决策并提高社会大众对风险的理解。

---

① Mark Lacy, "Deconstructing Risk Society," *Environmental Politics*, Vol. 11, No. 4, 2002, p. 42.

② 马克思指出："最发达的机器体系现在迫使工人比野蛮人劳动的时间还要长。"《马克思恩格斯全集》第31卷，北京：人民出版社，1998年，第104页.

③ 马克思写道："这将有利于解放了的劳动，也是使劳动获得解放的条件。"《马克思恩格斯全集》第31卷，北京：人民出版社，1998年，第96—97页.

④ Elke Krahmann, "Beck and Beyond: Selling Security in the World Risk Society," *Review of International Studies*, Vol. 37, 2011, p. 349.

过于强调风险的蔓延有可能会导致社会焦虑的扩大化，从而使得整个社会重新回到丛林状态，这其实更加不利于风险的解决。基思·斯彭斯（Keith Spence）认为，美国在9·11之后的“反恐战争”概念在很大程度上是从贝克风险社会中提取出的，或者至少是受到贝克的启发。美国用国家安全和主权词汇来构建“反恐战争”的话语叙事，而合理的风险谈判在其中被边缘化。这种排斥有助于恐怖和恐怖主义的加剧而不是减少。[①] 因此，社会科学的学者应该基于对整体知识的把握，对风险做出合理的判断，及时准确地向社会大众传播恰当的信息，这才是知识分子的使命，而不是毫无根据地放大风险对人类社会的影响。不确定性是永远存在的，我们不能因为不确定性的存在而停止人类社会进步的脚步，不能倒洗澡水时把婴儿也一同倒掉。与风险共存是人类社会的常态。如何在风险中增强人类的风险承受能力，在风险中增强共同体的社会团结，在风险中增强整个社会的整体动员能力，以减少风险对脆弱群体更大的伤害，这才是在应对风险中需要思考的关键核心问题。

贝克对西方社会走向这样一种个体化也充满了忧虑，认为这样一种个体化雇员式社会在应对危机当中会面临极大的困难。[②] 这是贝克在第三章中的核心主题，即社会不平等的个体化。在第四章中，贝克仍然在性别意义和家庭空间的基础上讨论个体化的问题，实际上贝克所表达的核心焦虑是碎片化社会在应对风险时的困难。[③] 从这一意义上讲，贝克的焦虑是正确的，然而，贝克并未给出实现社会团结的具体方法。在关于世界风险社会的讨论中，贝克只是主张，在全球化时代，科学必须被重新确立为一门关于去民族化、跨国化和“再民族化”的跨国科学。家庭、阶级、社会不平等、民主、权力、国家等概念必须摆脱方法论民族主义的束缚，必须在有待发展的世界性社会和政治科学的框架内重新概念化。[④] 可以说，贝克指出了一个重要的方向，然而其内核与实质并未完全展开。

---

① Keith Spence, “World Risk Society and War Against Terror,” *Political Studies*, Vol. 53, 2005, p. 284.

② ［德］乌尔里希·贝克：《风险社会》，何博闻译，南京：译林出版社，2004年版，第122—124页.

③ ［德］乌尔里希·贝克：《风险社会》，何博闻译，南京：译林出版社，2004年版，第125—153页.

④ Ulrich Beck, “The Terrorist Threat: World Risk Society Revisited,” *Theory, Culture & Society*, Vol. 19, No. 4, 2002, p. 54.

结语

对贝克风险社会理论的重新反思，可以解释目前为何西方社会在应对疫情时不利的根本原因。美国是全世界医疗水平最好的国家之一，然而美国在应对疫情的效果上却非常糟糕。这其中蕴含的逻辑和原因令人费解，然而从对贝克风险社会理论的反思中可以得出一些结论。美国在应对疫情过程中形成了社会不团结的局面。例如，戴口罩本是应对疫情的重要手段，然而在关于戴口罩这一问题上，西方社会却产生了许多讨论。一些人宣称，戴口罩是政府对公民自由的一种干预，并且通过社会运动的方式来抵抗政府的号召。而且在疫情背景下，美国兴起的社会抗争和街头运动的数量似乎更多。一些本应该避免的聚会活动，似乎也没有减少，这都增加了疫情传播的风险。从根本上讲，在抗击疫情的过程中，美国社会并未从整体性上表现出社会团结，反而出现了一个政府政策和社会认同之间的巨大反差。这与美国社会长期宣扬公民不服从等异质文化有密切关联。近代以来，美国社会在对抗教会权力的基础上产生了美国的自由主义，而自由主义在传播过程当中更多强调的是不服从和个人主义。这些强调忽视了社会团结，并成为美国政治文化中的最大弱点。抗击疫情本是一种集体性行动，而个体在这一过程中的不服从实际上就构成了对集体的挑战。

因此，从这个意义上来讲，贝克的风险社会理论仅仅把风险看成是一种对未来的不可知，甚至是转化成对科技的批判。然而，面对风险时最大的问题是，每个个体对于风险感知的不一致，以及由于这种不一致导致其行动上的无法协调。这种协调的困难在社会上产生巨大分裂，并加剧了人们对社会风险的感知焦虑。在焦虑的背景下又会激发人们的极化行为，并再次加剧社会分裂，因此这就导致了现代社会的脆弱性。

现代社会本身应在科技革命的基础上产生物质意义上的丰裕，然而一系列事件表明，人们并没有因为物质上的丰裕而感到幸福，反而产生了新的空虚或焦虑等一系列精神疾病。这在很大程度上与西方的社会政治理论有密切的关系。西方主流的社会政治理论更多强调个体，让个体在现代社会物质丰裕的基础上变得愈加孤立，从而丧失了人和人之间的社会联系，这才是未来社会中最大的风险。风险更重要是一种感知，而孤立的人无法有效应对这种整体性风险。个人感受到的只有孤独感和恐惧感。因此，应对风险社会最重要的办法是实现社会团结，即行动一致地应对一些重大社会风险，而不是陷入无谓的社会争论。最大的风险就是，在争论中加剧风险的传播，最后导致个体的极化行为。这样的糟糕后果是，人类社会的团结会在挤兑和踩踏中不断消耗，并引发更大程度的社会风险。

第四章

智能革命背景下的疫情防控与国家治理

新冠疫情防控是未来一段时间内中国和国际社会共同面临的新课题。新冠疫情的爆发对中国国家治理现代化水平是一次重要检验。智能革命将成为21世纪上半叶人类社会最重要、最宏大的历史背景，因此，疫情防控对中国国家治理现代化的影响也需要放到这一背景下考察。

一、疫情防控与新生命政治

“生命政治”是法国政治哲学家福柯的一个重要概念。福柯对当时西方国家实行的福利国家制度加以批评，认为这是一种对生命的过度压抑和规训。[①] 笔者基于福柯“生命政治”的概念提出“新生命政治”的概念，目的是对福柯的批判思想进行再批判。福柯观点的积极意义在于，揭示了福利国家之下对个性的压抑和对生命的管控，以及对其背后的隐性机制加以分析。福柯的批判性视角在西方资本主义的背景下具有一定的积极意义。[②] 但是福柯的批判性太过强烈，而在一定程度上忽视了人类文明在生命政治上的进步之处。

笔者将从积极意义层面提出“新生命政治”这一概念。

第一，新生命政治的出现，体现了社会文明的进步，以及对生命的尊重。

---

① 福柯指出：“不同于针对肉体的训诫，这种新的非惩戒权力所运用的对象不是作为肉体的人（man-as-body），而是活着的人（living man），或者说是，作为生命存在的人（man-as-living-being）；进一步讲，如果你能接受，这种权力所针对的是作为种类的人（man-as-species）。”参见 Michel Foucault, *Society Must Be Defended*, Lectures at the Collège De France, translated by David Macey, New York: Picador, 2003, pp. 242 - 243.

② 高奇琦：“填充与虚无：生命政治的内涵及其扩展”，《政治学研究》2016年第1期，第25—27页.

目前的新冠疫情防控以及近年来的公共卫生治理就体现出新生命政治的特点，即强调对生命的尊重。反观前现代社会，由于暴力的私有化，在生命的基础上施加暴力便是常态。在革命、战争、疾病、灾荒中，生命很容易处于暴力之下。因此，托马斯·马尔萨斯（Thomas Malthus）在他的关于人口的著作《人口原理》中强调，人口不会大规模增长。并且，如果人口大规模增长，政府不应当救济贫困人口。[①] 从当代生命政治的视角来看，这种观点是不道德的，在逻辑上也难以成立。

然而，伴随着现代化的进程，暴力逐渐被国家垄断。个体不允许使用暴力。一旦个体使用暴力，就会受到法律的处罚。虽然战争仍然存在，但是战争伦理的发展也使得暴力程度受到伦理限制。同时社会大生产的发展，进一步使得灾荒、瘟疫等越来越少。换句话说，正是由于现代化的推动，使得每个生命都有了被尊重和被正常看待的可能。从这个意义上讲，“新生命政治”是人类社会的进步。所以，现代政治把尊重每一个生命都看成政治的目的和归宿，是大势所趋。中国所强调的诸多理念，例如以人民为中心的发展理念、全面推进小康社会、坚决完成扶贫攻坚的工作，以及这一次的坚决打赢疫情防控狙击战等等，都以对每一个个体生命的尊重为前提。

第二，新媒体加速了新生命政治的传播。新媒体的发展改变了信息与内容的生产和传播方式。传统“自上而下”的报道方式，具有受众小、单向传播的局限性。受众只能被动地接受信息，无法产生有效的双向互动。新媒体的发展有助于个体成为媒体活动的中心，即新的传播媒介使得每一个个体都可以成为信息的生产者和接受者。每一个生命所书写的独特故事都可以通过新媒体得到广泛的传播和展现。在这次抗击疫情过程中，新媒体以独特的方式记录了患者、医护人员的故事。无论是患者感染后的悲情诉说和治疗过程中积极抗疫的乐观心态，还是医护人员成功治愈病人的英雄式述说，抑或是医护人员“逆向而行”中的史诗般记录，都是在新媒体基础上对生命的一种言说。在新媒体时代，个体通过数字化、媒介化的形式将个性化的生活进行编织和保留。新媒体从基层出发获取抗疫的最新资讯，通过短视频、Vlog 等新形式进行广泛传播。这既体现了生命的价值，增强了生命体之间的关系纽带，又加深了个体对集体

① ［英］马尔萨斯：《人口原理》，朱泱、胡企林、朱和中译，北京：商务印书馆，1992 年版，第 6—8 页，第 29—39 页.

的归属感，赋予生命更加强烈的社会责任感。这样的生命不仅是大写的、整体的人民生命，同时也是小写的、个体的公民生命。

二、公共卫生紧急事件处置与智能革命

新冠疫情的突发使得德国思想家乌尔里希·贝克（Ulrich Beck）的风险社会理论再次受到关注。贝克关于风险社会的理论有两点值得重视：第一，社会现代化程度越高，风险就会越大，社会因此越显得脆弱；第二，风险往往是人类的自身行为导致的。人类的行为在系统中会产生蝴蝶效应，从而引发风险。[①] 尽管到目前为止，我们仍然还不能确定病毒发生的源头和机理，但无论是早期关于蝙蝠宿主说的讨论，还是之后在疫情防控过程中体现出的诸多特征，都体现出风险社会的特征。贝克的风险社会理论反映了现代化过程当中的悖论：人类希望通过现代化规避风险，但是，现代化进程又使得风险集聚，形成新的更大的风险。个体在理性背景下做出的行为会产生非理性的影响。这种非理性影响在公共紧急事件中会暴露得更加明显。

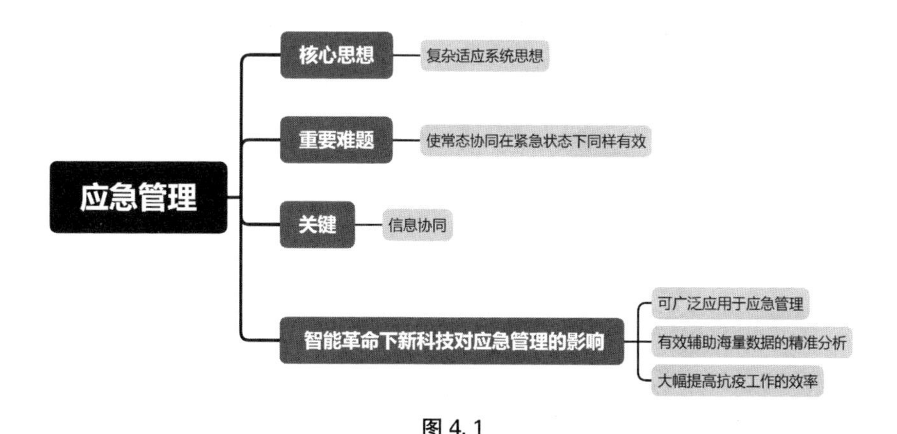

图 4.1

正是在这样的背景下，应急管理逐渐成为公共管理中的重要领域。应急管理的核心思想是复杂适应系统思想。20 世纪末，美国匹兹堡大学的路易斯·康佛（Louise Comfort）将复杂适应系统思想引入应急管理，将应急管理定义

① ［德］乌尔里希·贝克：《风险社会》，何博闻译，南京：译林出版社，2004 年版，第 20—22 页.

为一个复杂的相互适应和调节的系统过程，即多样性的行动主体对来源不同的信息进行大规模共享、交换和处理的过程。应急管理面临的一个重要难题是，如何使常态下的协同性行动，在短期的紧急状态下同样有效。常态协同和紧急协同对系统的压力和要求是不同的。在紧急状态下，实现更加有效地信息交互和行为体的相互适应是一个巨大的难题。[①] 在紧急状态下，应急管理的关键是信息协同。在公共危机时期，行动主体需要通过对信息技术的高效应用来增强自身的紧急环境适应能力。同时，信息技术也要实现行动主体之间的相互适应能力，最终实现应急管理的协同和集体行动的高效。所以，在解决公共卫生事件的预防、预警、救援以及善后等过程中，大规模的信息交互是其中最关键的部分。

所以，在解决公共卫生紧急事件中，信息交互过程中的信息处理和信息传输效率显得格外重要。在智能革命的大背景下，以人工智能和区块链为核心的智能技术为解决这一问题提供了最佳方案。人工智能的本质就是一种更高的信息处理能力，其核心是从多样化、大体量、价值密度低的数据集中提取出有效的信息，从而识别社会不同行为体之间的要素关联机制。通过算法设计，人工智能可以把基于个性化的数据进一步个性化处理，从而实现更加精准的匹配。[②] 因此，如果要提高对公共卫生事件等紧急事件的处置能力，就需要进一步发展人工智能技术，并将其充分运用在应急管理的过程中。

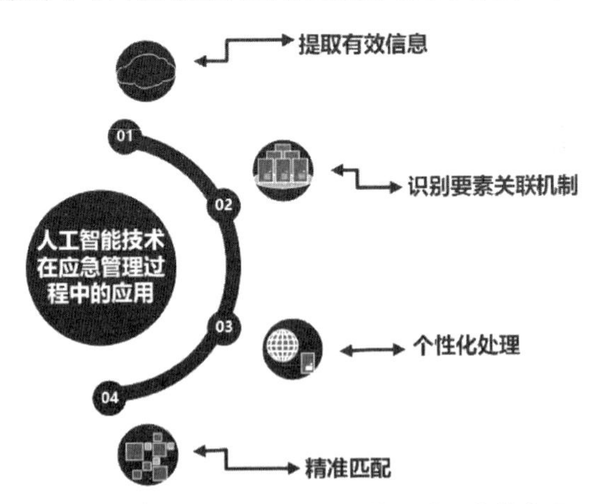

图 4.2　人工智能技术在应急管理过程中的应用

① Louise Comfort, Kilkon Ko, Adam Zagorecki, "Coordination in Rapidly Evolving Disaster Response Systems: The Role of Information," *American behavioral scientist*, Vol. 48, No. 3, pp. 295 - 313.

② 井底望天等：《区块链与大数据：打造智能经济》，北京：人民邮电出版社，2017 年版，第 32 页.

与以往抗击疫情的经历不同，这一次疫情防控工作是在智能革命的大背景下进行的。智能革命被认为是第四次工业革命。现阶段我们正处在第三次工业革命和第四次工业革命的交叉时期。第三次工业革命是以计算机信息技术为核心的，第四次工业革命的智能革命则以人工智能、大数据、区块链等技术为核心。近年来中国已经将智能革命作为国家治理现代化的重要背景。中央领导对智能革命的关注，重点体现在三次中央政治局关于新技术的学习，分别围绕大数据、人工智能和区块链等内容展开。另外，中国还发布了《新一代人工智能发展规划》。这些都说明中国领导层对智能革命的关注。在这次抗疫过程中，尽管一些地方政府在早期治理过程当中出现了一些问题，但中央政府充分利用了中国在智能革命中积累的优势，在关键时刻做出了积极有效的应对，迅速整体地推进疫情的防控工作，并取得了令人瞩目的成效。

智能革命背景下的新科技对应急管理的影响体现在三个方面。

第一，新科技可以广泛应用于应急管理。此前中国在技术领域的大量投入，被某些舆论批评为违背市场需求，无法满足社会的刚性需求。例如，在5G的铺设过程中，一些观点认为，5G建设无法成为未来的主流，仅仅是政府推动和国家竞争的产物。然而，在疫情防控的背景下，5G、无人系统等智能相关技术迅速成为抗击疫情的重要基础。例如，在5G技术支持下的远程会诊，完善了诊断治疗体系。5G大带宽、低时延等特性，让诊疗更加高效、便捷、安全，可以把不同地区的专家汇集在一起，共同抗击疫情。在疫情最为严重的时期，无人系统是防治病毒进一步传播的重要手段。这样的无人系统，既包括在道路上喷洒消毒液的无人车和医院内的机器人看护系统，也包括利用智能语音的无触摸交互设备等。这些技术在对抗疫情的过程中发挥出巨大作用，为防止疫情进一步传播提供了重要的技术辅助。

第二，新科技可以有效辅助海量数据的精准分析。人工智能和大数据的结合，可以从原先粗放的整体式管理上升为精确的个性化治理。例如，在防止病毒传播过程中，利用实时数据分析特殊时期的人员流动和行为规律，可以有效分析人员流动的密集区域和主要场所，从而优化群众的出行路线和公共基础设施的运营。再如，在抗疫过程当中，通过互联网和物联网所产生的大数据，可以对疑似病例和感染人群的行动轨迹进行全面分析。大数据可以监测寻找患者的感染和传播途径，为掌握病毒的传播规律提供精准的数据和动态监测。

第三，新科技可以大幅提高抗疫工作的效率。从应急响应的角度看，人工智能和区块链等智能技术带来的运算和分析，可以有效提升信息协同的效率。在指挥与协调信息发布、损失评估、救灾物资发放的监督和审计等方面，人工智能和区块链可以降低信息重复登记的成本，实现救援物资更有效率地分配和发放。例如，疫情期间，红十字会的问题引发舆论的广泛讨论。政府可以利用区块链公开透明、不可篡改的特征，有效提升救援物资的即时分配效率。从监管的角度看，通过大数据的检测，可以对与疫情相关的网络舆论进行分析和处理，及时遏制谣言的传播，回应民众关切的问题。

三、智能革命与国家治理现代化

抗击疫情对于全球各国都是一次巨大考验。即便是国家治理现代化程度较高的西方发达国家，在抗击疫情过程中仍然面临大量的问题。目前全球仍然处在抗击疫情的关键时期。欧美等西方发达国家在抗击疫情过程当中，已经出现了许多问题。客观而言，与西方发达国家相比，中国在这次抗击疫情中的表现应该是可圈可点的。这不仅与中国特色社会主义的制度优势有关，同样与中国在智能技术应用方面形成的优势有密切联系。

从国家治理的角度看，智能革命有力地推动了国家治理现代化。之前，中国在参与智能革命的过程中，已经取得了部分的阶段性成果。在这次疫情中，之前的一些智能技术的应用性成果，例如打通数据“孤岛”、无纸化远程办公、“一网通办”等，都在疫情防控中发挥了非常重要的作用。绝大多数公共服务，公民都可以通过网络进行在线办理。例如，疫情期间，多个地方开通的移动政务服务平台可以为疫情期间的社区人员提供远程办公方案，也在网上开辟了政务服务办理绿色渠道，减少人员外出和聚集带来的风险。简言之，中国在智能革命中积累的优势，对我们这次抗击疫情的工作具有重要的支撑性作用。

当然，未来中国在国家治理现代化方面还有许多要加强的地方。国家治理现代化是“正在进行时”而不是“现在完成时”。这里有一些重要问题都需要我们的进一步思考。例如，如何在实现整体性动员的同时，提高地方治理的积极性和有效性。再如，如何将国家治理的重心下沉，更多的将治理的功能和任务放在社区治理层面，从而更加有效地提高基层的快速反应能力。另如，如何在实现整体性动员的同时又可以降低动员成本，从而提升协同一致带来的总收益。应对这些国家治理问题，既要立足国家治理的规律本身，同样也要结合智能革命的新特点。

疫情是一场公共危机，但从中国文化来理解，对危机的正确和恰当处理恰恰可以带来新的机遇。网上购物的发展就是一个很好的例证。阿里初创时面临许多困难。但是2003年“非典”疫情的爆发为阿里的发展提供了机遇。“非典”期间人们不愿意出门去实体店购物的意愿推动了中国网上购物的发展。在此次抗击新冠疫情期间，大量出现的远程办公、网上授课新形式，使我们可以进一步理解在智能技术的辅助下未来教育、生活等方面出现的新形式和新变化，从而对未来社会的整体性变革做出一些前沿性的思考。

风险社会的一个重要基础是社会流动性。目前在全球化的时代背景下，全球层面的风险社会可能会出现。应对这一特征，并不能简单地限制社会的流动，因为社会流动性是社会繁荣和经济发展的基础。[①] 例如，大城市的交通拥堵、早高峰等等都是在社会高速流动的基础上形成的。中国古代的治理理念强调“堵不如疏”。应对风险社会不应当仅仅是降低社会流动性，更好的解决方案是将可能隐含问题的物理流动转化为比特流动或虚拟流动，即通过流动形式的转变解决流动性问题。本次抗击疫情的过程就充分地体现了这一特征。尽管人员的物理流动大幅度减少，人们被迫进行隔离，但是社会实际需求仍然存在，这就需要相对应的流动性。远程办公、在线教育正是在这样的背景下逐渐被广泛运用。通过新科技，可以将此前人的物理流动转化为信息的虚拟流动。在足不出户的前提下，可以跟其他人进行全面的、充分的、类似于面对面的沟通。伴随着5G、虚拟现实和全息成像技术的进一步发展，足不出户的办公模式有望实现。因此，在智能革命和新冠疫情的双重背景下，有可能会诞生一次新的流动性革命。

在智能革命当中，中国的优势体现在多元的消费群、庞大的消费者数量、统一的市场、扎实的信息基础，以及国家的整体战略考虑。在抗击疫情的新背景下，智能革命的成果可以在多个领域进行新的应用，这进一步激发了科研工作者开展基础性研究的动力。如果统筹好各方面因素，中国终将会成为智能革命中核心科技的发源地。一些全新的、未来社会的样态和工作模式，都会首先在中国的大地上出现。而我们在不断积累经验的过程中形成的新伦理和新规范，以及新的社会模式，都会成为其他国家进一步发展的重要经验。

---

① 高奇琦：“全球治理、人的流动与人类命运共同体”，《世界经济与政治》2017年第1期，第30—45页.

第五章

从算法民粹到算法民主：数字时代下民主政治的平衡

随着智能革命进程的加快，相关技术也被运用到人们的政治生活之中。其中，大数据与算法引发了一种前所未有的“算法”政治生态。[①] 在这种政治生态中，西方国家权力政治的角逐逐渐演变为算法角逐。同时，科技的发展促使新通信技术在混合媒体中迅速传播并重塑了政治环境。在西方国家中，政治家们不再依靠单一的媒介来传递他们的信息。相反，他们开始使用一系列渠道，通过大数据与算法在印刷媒体、电视节目和社交媒体等多种途径上发布信息。对此，克莱斯·德·弗雷斯（Claes de Vreese）等人认为，“当今政治传播的特征是一种混合的形式，而媒体的环境是被高度选择的”。[②] 所以，当下人们所接触的信息很可能是在算法的设计下按照主动、自选以及预定的方向推送到他们的视线。[③] 近年来崛起的民粹主义势力也正与这种政治生态紧密结合，形成算法民粹主义。

一、算法民粹主义：一个新的研究热点

关于算法民粹主义，国内外相关研究并不多。Diggit 杂志主编伊科·马利

① 董青岭：《大数据与机器学习：复杂社会的政治分析》，北京：时事出版社，2018 年版，第 15 页.

② Claes H. de Vreese et al, “Populism as an Expression of Political Communication Content and Style: A New Perspective,” *The International Journal of Press/Politics*, Vol. 23, No. 4, 2018, pp. 433 - 438.

③ Dhavan V Shah et al, “Revising the Communication Mediation Model for a New Political Communication Ecology,” *Human Communication Research*, Vol. 43, No. 4, 2017, pp. 491 - 504; Natalie Jomini Stroud, “Media Use and Political Predispositions: Revisiting the Concept of Selective Exposure,” *Political Behavior*, Vol. 30, 2008, pp. 341 - 366.

（Loc Maly）曾在《算法民粹主义与算法行动主义》等文中有过相关论述，但他把算法民粹主义简单地定义为“数字化的时空交流与话语关系”，[①] 并没有深层次讨论其内涵及发生原因。卡里金·莱杰梅克（Karlijn Raijmakers）则讨论了西方政客是如何把算法机器人与民粹主义相结合，进而增加其追随者。[②] 除此之外，更多的学者是从算法对民粹主义影响的角度进行研究。例如，杰西卡·鲍德温-菲利比（Jessica Baldwin-Philippi）把算法总结为民粹主义的技术表现。[③] 而保罗·格鲍德（Paolo Gerbaudo）认为，嵌入算法技术的社交媒体在与民粹主义结合后有利于民粹主义领袖在选举中塑造亲和力的形象。[④] 马立明与万婧则以传播学的视角分析了算法推送、政治极化与民粹主义之间的关系。[⑤]

与此同时，如何正确使用算法技术？如何让技术服务于民主政治？近年来相关学者也开始涉及这一领域，并且大部分研究集中于区块链对民主政治的影响方面。在这些研究中，比较具有影响力的是威廉·马格努森（William Magnuson）于2020年出版的《区块链民主：技术、法律与大众之治》一书，在书中他讨论了区块链技术构建民主的可能性以及区块链民主的优点与弊端。[⑥] 而达西·艾伦（Darcy Allen）等人把区块链民主称之为“加密民主”。[⑦] 安森·卡恩（Anson Kahng）等人则使用“流动民主”的概念介绍了一种基于算法视角下的集体决策模型。[⑧] 除此之外，还存在一些建构区块链民主

① Lco Maly，“Algorithmic Populism and Algorithmic Activism，” Diggit Magazine，November，26，2019，available at：https：//www. diggitmagazine. com/articles/algorithmic-populism-activism.

② Karlijn Raaijmakers，“The Algorithmic Populism of Alice Weidel，” Diggit Magazine，August，08，2018，available at：https：//www. diggitmagazine. com/articles/algorithmic-populism-alice-weidel.

③ Jessica Baldwin-Philippi，“The Technological Performance of Populism，” *New Media & Society*，Vol. 21，No. 2，2019，pp. 376 - 397.

④ Paolo Gerbaudo，“Social Media and Populism：An Elective Affinity?，” *Media*，*Culture & Society*，Vol. 40，No. 5，2018，pp. 745 - 753.

⑤ 马立明、万婧：“智能推送、政治极化与民粹主义：基于传播学的一种解释路径”，《理论与改革》2020年第4期，第63—73页.

⑥ William Magnuson，*Blockchain Democracy*：*Technology*，*Law and the Rule of the Crowd*，Cambridge：Cambridge University Press，2020.

⑦ Darcy W. E Allen、Chris Berg and Aaron M. Lane，*Cryptodemocracy*：*How Blockchain Can Radically Expand Democratic Choice*，Lexington：Lexington Books，2019.

⑧ Anson Kahng、Simon Mackenzie and Ariel D. Procaccia，“Liquid Democracy：An Algorithmic Perspective，” *Proceedings of the AAAI Conference on Artificial Intelligence*，Vol. 32，No. 1，2018，pp. 1095 - 1102.

系统的研究。例如，尼尔·克谢特里（Nir Kshetri）与杰弗里·沃斯（Jeffrey Voas）便设计了一种基于区块链的投票系统。[①]

目前，关于算法对于民主政治是走向民粹还是民主的讨论已经成为一种研究热点。但是，以上研究都没有深层次地分析算法民粹主义以及算法民主的内涵与特征。在本文看来，算法民粹主义是民主这个旧身子进入算法新时代后发生偏离的产物。算法民粹与算法民主是数字时代下民主进程的一体两面。面对算法民粹带来的不良影响，我们应该用算法民主来予以纠正。对此，本文将在讨论算法民粹主义的内涵、特征等相关内容的基础上，分析算法民主这一数字时代中的理想政治模式，并试图探究基于区块链技术的算法民主对于民主政治重新走向平衡的潜能。

二、民粹主义与算法民粹主义

数字技术的发展带来了一个透明、即时且可普遍访问的世界，这使得人民能够成为开放民主中知情的决策者。在这样的背景之下，政治上的自治似乎与分布式社会技术网络正发生兼容，而政治理论家们所追寻的直接民主也在这一时期成为可能。[②] 但与此同时，西方国家也随之出现了一种策略型的民粹主义。这种民粹主义正与算法技术相结合，举着“代表人民”的旗号，破坏着西方国家民主的进程。无论是“英国脱欧”还是“2016年特朗普上台”，其背后都有“剑桥分析”大数据公司的影子。剑桥分析公司在其宣传活动中加入了民粹主义元素，并通过一些微观目标以及精准营销成功引导与改变了民众的观念和想法。对此，《牛津英语辞典》直接把“后真相”（post-truth）选为2016年“年度词汇”。在算法推动的影响下，相比事实，民众更容易受到情绪的影响。[③] 例如，在《科学》杂志上发表的一项研究结果表明，Twitter用户便更加倾向于转发虚假信息而忽视真实信息。[④] 对于

---

① Nir Kshetri and Jeffrey Voas, “Blockchain-Enabled E-Voting,” *IEEE Software*, Vol. 35, No. 4, 2018, pp. 95 - 99.

② Nicolas Guilhot, “Automatic Leviathan: Cybernetics and Politics in Carl Schmitt's Postwar Writings,” *History of the Human Sciences*, Vol. 33, No. 1, 2020, pp. 128 - 146.

③ 张广昭、王沛楠：“‘后真相’时代西方社交媒体的政治传播”，《人民论坛·学术前沿》2020年第16期，第102—106页.

④ Soroush Vosoughi、Deb Roy and Sinan Aral, “The Spread of True and False News Online,” *Science*, Vol. 359, No. 6380, 2018, pp. 1146 - 1151.

“后真相”，邹诗鹏认为网络世界的“后真相化”其实质还是民粹化。[①] 而在董青岭看来，2016年也被誉为传统民调时代的终结。无论是“英国脱欧”还是“2016年美国大选”，传统民调技术公司预测失败的共同原因如下：第一，民调样本不足；第二，在政治正确的影响下，民调时期民众不会表达其真实想法；第三，剑桥分析公司数据策略的推动。[②] 对此，在算法团队的帮助下，西方国家的政治精英们正刻意迎合乃至操纵民众。

算法民粹主义属于民粹主义，是一种新型的民粹主义。对于民粹主义的类型，学界一般把民粹主义划分为左翼民粹主义与右翼民粹主义两种。主要区别在于，左翼民粹主义属于社会平等主义阵营，而右翼民粹主义则属于极端民族主义阵营。此外，左翼民粹主义者反对社会特权阶层，右翼民粹主义者反对外国移民，两者都具有排他性。同时，研究民粹主义的学者们还对民粹主义进行了细分。例如，鲁迪格·多恩布斯（Rudiger Dornbusch）与赛巴斯蒂安·爱德华兹（Sebastian Edwards）提出了宏观经济民粹主义；[③] 吉姆·麦克盖根（Jim McGegan）提出了文化民粹主义。[④] 除此之外，相关类型还包括网络民粹主义、农业民粹主义、石油民粹主义、货币民粹主义等等。但这些细分后的民粹主义（除了网络民粹主义之外），都难以体现科技的发展对于民粹主义运动的影响。并且，即使是网络民粹主义，也只反映的是民粹主义领袖通过新媒体等多媒体途径的传播，直接调动网民或粉丝民众，发起对传统精英的攻击。[⑤] 这也并没有完全体现出“克里斯玛型”民粹主义领袖依靠技术团队运用算法进行精准营销的现象。因此，本文讨论了一种基于算法技术而产生的民粹主义，即算法民粹主义。

在本次民粹主义浪潮之前，历史上民粹主义运动已经出现过三次高潮。[⑥] 当

---

① 邹诗鹏：“后真相世界的民粹化现象及其治理”，《探索与争鸣》2017年第4期，第27页.

② 董青岭：《大数据与机器学习：复杂社会的政治分析》，北京：时事出版社，2018年版，第28—48页.

③ Rudiger Dornbusch and Sebastian Edwards, “Macroeconomic Populism,” *Journal of Development Economics*, Vol. 32, No. 2, 1990, pp. 247 - 277.

④ ［英］吉姆·麦克盖根：《文化民粹主义》，桂万先译，南京：南京大学出版社，2002年版，第4页.

⑤ 程春华、张艳娇、王兰兰：“当前西方民粹主义研究述评：概念、类型与特征”，《国外理论动态》2020年第1期，第103页.

⑥ 当今民粹主义浪潮属于人类历史上第四次高潮，第一次高潮发生在19世纪的美俄，20世纪中期的拉美出现第二次高潮，第三次民粹主义高潮发生在20世纪90年代的亚太地区，第四次高潮则开始于21世纪初的北美、西欧、东欧等地。林红：“当代民粹主义的两极化趋势及其制度根源”，《国际政治研究》（双月刊）2017年第1期，第36—51页；俞可平：“现代化进程中的民粹主义”，《战略与管理》1997年第1期，第89页.

今这场盛行于西方世界的算法民粹主义属于民粹主义运动的第四波浪潮。就四次民粹主义高潮而言，其发展态势具有以下特点：第一，社会基础以贫穷无权的中下层民众为主，但影响范围在逐渐扩大。例如，无论是1870年的俄国民粹主义运动还是20世纪30年代至60年代的拉美民粹主义运动，其实质上都是一种群众运动。第一次民粹主义高潮只是一个国家内部的群众运动，而从第二次开始逐渐变成区域性的运动。第二，意识形态上开始以左翼民粹主义为主，但随着全球化的发展，右翼民粹主义的势力在逐渐增强。例如，美国"人民党"运动中虽然引发了类似于1882年《排华法案》等反移民法案，但基本主流还是属于一场左翼的、反精英的农村运动。但随着全球化的发展，右翼民粹主义的势力也在不断增强。特别是到了第四波民粹主义浪潮时，右翼民粹主义势力已经成为一股无法被忽视的政治力量。第三，领导主体以精英分子为主，[①] 同时力图演变为政党政治的一部分。从1870年俄国民粹主义运动到21世纪初开始的欧美民粹主义运动，民粹主义越来越表现出工具性与政治策略性的一面，并且，民粹主义运动也正在从革命性向改良主义和政党政治转型。

作为民粹主义类型中的一种，算法民粹主义有着民粹主义的一般共性。例如，算法民粹主义具备民粹主义一般所共有的"强调人民""反建制""反精英""排他性"等基本要素。但作为第四波民粹主义浪潮中的最新表现类型，与前三波民粹主义浪潮以左翼激进主义为主所不同的是，算法民粹主义以左右并举的方式席卷全球多个国家。并且，在算法民粹主义中，技术的作用得到极大的提升。整体而言，算法民粹主义呈现出如下特点：

第一，数据化。在数据化时代，数据已经成为一种重要的战略资源。算法民粹主义的数据化特征主要指的是通过收集民众的数据进而锁定其受众。例如，剑桥公司就曾经宣称"我们拥有超过2.3亿美国选民的5 000个数据点，我们可以建立您的目标受众，然后使用这些重要信息来吸引、说服和激励他们

① 从现有民粹主义的研究来看，民粹主义与精英政治之间有着特殊的关联。民粹主义虽然"反建制"与"反精英"，但它依然需要克里斯玛型政治领袖来激发大众的政治热情。对此，林红在保罗·塔格特（Paul Taggart）研究的基础上认为克里斯玛型权威政治与民粹主义之间具有道德原教旨主义、过渡性与不稳定性、超越制度与规则的意志力量以及危机与困境的造就等四方面的相似性。这些相似之处使得个人魅力型领袖可以轻易地运用民粹主义的政治工具，进而获得草根的支持，也使得民粹主义不得不依赖个人魅力型领袖来对大众进行领导与动员。林红：《民粹主义——概念、理论与实证》，北京：中央编译出版社，2007年版，第59—62页.

采取行动”。[①]

第二，算法化。西方国家政党间竞争的现状赋予了算法中心的地位。在最新的西方民粹主义活动中，算法营销已经成为一种主流。在算法的帮助下每一个民众都可能成为被量身观察的目标。通过将人们分解成多样的群体，民粹主义者以不同的声音与内容向不同的观众展示了不同的兴趣。[②]

第三，资本化。伴随国家与社会对于算法依赖程度的加深，在西方国家中资本已经开始利用在算法技术上的优势对个人乃至国家实施严格的控制。算法权力的背后是资本的权力。[③] 在西方世界，资本作为算法设计和研发过程的主导者，在推动技术发展的同时，也不断强化其自身对国家与社会的影响力和控制力。西方国家的政治领域正被资本所俘获。一定程度上，西方社会市面上所使用的算法以及算法载体都被资本赋予了其想要赋予的价值。

可以说算法民粹主义是科技的产物，同时也是基于算法政治传播的副产品。正如安德烈·罗梅尔（Andrea Roemmele）与雷切尔·吉布森（Rachel Gibson）所指出的，“技术的变化正在增加数字工具在竞选活动中的作用，并使人们更倾向于使用数据。因而，我们可以看到现在国家管理竞选活动中技术团队的类型正在多样化，新的数据团队、分析团队与信息测试团队一起出现，并且组建了动员选民投票的实验”。[④] 但与此相伴的则是如尤尔根·哈贝马斯（Jurgen Habermas）所描述的技术本身越来越多地成为一种意识形态。[⑤] 算法民粹主义因具有隐性的意识形态特征，所以普通民众更容易被其所迷惑。综上所述，本文认为算法民粹就其性质而言是一种披着“平民主义”外壳的“精英主义”。而算法民粹主义则指，一些善于借助算法及大数据作为辅助的政治家们把民粹主义当作获取普通民众支持的工具，他们通过聘请专业技术团队将普通民众基本信息进行数据化整合，并在已有数据分析的基础上

① Jessica McBride, “Cambridge Analytica: 5 Fast Facts You Need to Know,” Heavy., March, 18, 2018, available at: https: //heavy. com/news/2018/03/cambridge-analytica-trump-facebook-analytics-mercer/.

② Rolien Hoyng, “Platforms for Populism? The Affective Issue Crowd and Its Disconnections,” *International Journal of Cultural Studies*, Vol. 23, No. 6, 2020, pp. 985 - 986.

③ 陈鹏：“算法的权力：应用与规制”，《浙江社会科学》2019年第4期，第53页.

④ Andrea Roemmele and Rachel Gibson, “Scientific and Subversive: The Two Face of the Fourth Era of Political Campaigning,” *New Media & Society*, Vol. 22, No. 4, 2020, p. 601.

⑤ ［德］尤尔根·哈贝马斯：《作为“意识形态”的技术与科学》，李黎、郭官义译，上海：学林出版社，1999年版，第70页.

运用算法机器人、网络超级平台广告推送等技术去影响乃至改变民众的行为。作为一种策略与手段，这些算法民粹主义政治家正以混合媒体为载体，试图通过数据分析和算法推送与普通民众产生共鸣，从而获得选票以及赢取选举。

三、算法民粹主义产生的原因及危害

受到全球经济下滑、人类跨地域流动所引发的文化冲突、不同宗教间矛盾、政党衰败、精英腐败以及部分“克里斯玛型”领袖刻意引导等一系列因素的影响，西欧及北美等西方国家正在经历人类历史上新一轮的民粹主义运动。[①] 更为重要的是，算法这一技术因素也被运用到民粹主义的运动之中，促进了民粹主义的发展。技术的创新正以破坏性的影响重构了人们之间的交流、工作和组织的方式。西方国家中的政治博弈已经充满算法的痕迹。例如，在德国右翼政党德国选择党（AfD）领导人爱丽丝·韦德尔（Alice Weidel）Twitter的支持者中就被证明存在由算法构成的在线机器人，其工作重心就是增加韦德尔的追随者。[②] 整体而言，算法民粹主义产生的直接原因主要有以下几点：

第一，智能革命带来人的“不被需要”。随着民粹主义历史进程的发展，民粹主义已经逐渐从一种革命性运动转化为一种改良主义运动。算法民粹主义虽然是部分政治精英利用普通民众而展开的社会运动。但不可否认的是，民众能够被动员的原因是其有诉求。对于部分政治精英而言，民粹主义运动主要是他们用来对付政敌的武器，但对于普通民众来说，民粹主义运动则表达了他们对于真正意义上的民主的诉求。目前，人工智能技术已经对需要大量重复性、机械性工作的制造业等领域造成明显的破坏性影响。随着人工智能技术的发展，人类正在面临一种“不被需要”的困境。民主直到20世纪才真正从理论家们的笔下从抽象走向具体的原因是，这一时期由于战场、车间都大量需要人，致使人类“个体”政治地位得到提高。而人工智能技术的

① 佟德志、朱炳坤：“当代西方民粹主义的兴起及原因分析”，《天津社会科学》2017年第2期，第90页。

② Karlijn Raaijmakers，“The Algorithmic Populism of Alice Weidel，” Diggit Magazine，August，08，2018，available at：https：//www. diggitmagazine. com/articles/algorithmic-populism-alice-weidel.

发展，导致人类进入一种“不被需要”的状态。① 这就引发两方面的结果。一方面，由于“不被需要”，西方国家的民众产生被边缘化的心理落差。所以，当部分政治精英在社会上表达“为民做主”的民粹主义主张时，普通民众往往会以为找到了心中的“弥撒亚”，进而拥护他。例如，罗纳德·英格哈特（Ronald Inglehart）和皮帕·诺里斯（Pippa Norris）的研究发现，过去30多年民粹主义政党崛起的原因在于人工智能发展所造成的发达国家中民众实际收入的下降与社会不平等的加剧。② 另一方面则是在部分政治精英看来，民众“个体”开始变得无关紧要，而后人类的人工智能算法、芯片与大数据变得至关重要。这是因为，民众的政治行为可以被这些政治精英用民粹动员及算法动员的方式来操纵。由此，对于他们而言广大民众只是在代议制民主制度下用来支撑他们上台执政的工具。因而，在西方社会中出现部分政治精英借“代表人民”“反精英”之名，行打击政敌、赢取选票之实的现象。

第二，人类进入算法政治阶段。目前，算法已经以导航、个性化搜索等形式普遍存在于我们的日常生活之中。③ 算法作为一种重要的社会力量得到社会、科学界的公认。算法的力量在于其做出选择、分类以及排序的能力。在如今的民粹主义传播中，算法可以决定什么是重要的，以及决定民众所看到与接触到的信息。并且，算法还可以在培养人们访问以及理解新闻习惯的同时，形塑人们的政治取向与思考方式。算法技术的逐渐完善造就了算法民粹主义的诞生。民粹主义领袖们可以依靠技术团队的算法统计与决策，了解乃至改变民众的诉求，进而引发民粹主义事件的发生。同时，民粹动员与算法动员是现今最具效率的两种动员方式。对于反体制的政治候选人而言，民粹动员可以帮助他们即使没有获得议会多数成员的支持，也可以在流行民意的支持下获得选举。④ 而算法动员则可以帮助他们精准地捕获潜在的追寻者。例如，在如今西

---

① 吴冠军：“竞速统治与后民主政治——人工智能时代的政治哲学反思”，《当代世界与社会主义》（双月刊）2019年第6期，第32—33页.

② Ronald Inglehart and Pippa Norris, “Trump and the Populist Authoritarian Parties: The Silent Revolution in Reverse,” *Perspectives On Politics*, Vol. 15, No. 2, 2017, pp. 443 - 454.

③ Michele Willson, “Algorithms (and the) Everyday,” *Information, Communication & Society*, Vol. 20, No. 1, 2017, p. 137.

④ 高春芽：“西方民主国家的民粹主义挑战：矫正与威胁”，《当代世界与社会主义》（双月刊）2018年第6期，第125页.

方国家的竞选活动中，技术团队可以通过地理位置定位等技术进而得出选民的位置轨迹以及其性格偏好与兴趣。这样，候选者不仅可以建立与个人选民的联系，还可以鼓励他们动员其他民众。[①] 更为重要的是，算法政治阶段下西方国家中的政党或者政治精英上台执政依旧需要通过民众投票的形式。算法民粹主义则把民粹动员与算法动员相结合，其目的在于运用最具效率的方式获得民众的支持，进而成为民选代表上台执政。

第三，网络超级平台的推动。在数字化和数据化出现之前，西方国家的政治竞选活动只能通过主流媒体中的报道以及广告才能吸引民众的关注与投票。但这种现象在当前的算法民粹主义时代发生了改变。自 2008 年金融危机后，西方民众对于传统媒体的信任程度大大下降，反而倾向于 Twitter、Facebook 等网络超级平台上的新闻。总体来说，民粹主义者依旧会运用大数据与算法技术通过电视、广播等传统媒体来传播其民粹主义思想。例如，脱口秀节目就被证明能够很好地被用来传播民粹主义。[②] 但随着民众对于社交平台使用频率的增加，民粹主义领袖们更多地开始依赖于这些网络超级平台。民主选举运动需要知情的公民。但这些开发算法、采集数据的网络超级平台不单单给民众提供了更加丰富的信息，同时还运用算法过滤器造成了“回音室”以及“信息茧房”的后果。算法设计师们通过塑造发生个人决策的信息选择环境，进而将民众的注意力与决策引导到他们想要的方向。并且，这些平台的算法推送由于时刻处于动态且不断更新的状态，因而更加具有影响力。[③] 更为重要的是，由于资本的逐利性，社交媒体平台用户数据已经成为其收入的主要来源。例如，有证据显示定向广告占 Facebook2017 年 400 亿美元收入的 98%。[④] 而根据 Facebook 政治广告追踪器的数据显示，截至 2020 年 9 月约瑟夫·拜登（Joseph Biden）和唐纳德·特朗普（Donald Trump）就已经在该平台上共花

---

① Jeff Chester and Kathryn C. Montgomery, “The Role of Digital Marketing in Political Campaigns,” *Internet Policy Review*, Vol. 6, No. 4, 2017, pp. 5 - 6.

② Mirjam Cranmer, “Populist Communication and Publicity: An Empirical Study of Contextual Differences in Switzerland,” *Swiss Political Science Review*, Vol. 17, No. 3, pp. 286 - 307.

③ Karen Yeung, “ ‘Hypernudge’: Big Data as a Mode of Regulation by Design,” *Information, Communication & Society*, Vol. 20, No. 1, 2017, p. 118.

④ Rhys Crilley and Marie Gillespie, “What to do about Social Media? Politics, Populism and Journalism,” *Journalism*, Vol. 20, No. 1, 2019, p. 173.

费了超过 1.73 亿美元。[1] 并且随着民众对于社交平台的普遍使用，一个民粹主义领袖受民众欢迎程度最直观的体现就是他在这些网络超级平台中民众对其的关注。网络超级平台愈发成为精英分子谋事的工具，与之相应的对于数据公司的依赖也凸显出西方国家与政府的脆弱性。

算法民粹主义是技术发展的产物。在算法长期运作的过程中，它会逐渐形成一套独特的规则与制度。当算法政治家的技术团队在统计、代码、计算等环节将民粹主义要素设计其中，就可以生成一套充满民粹主义话语的程序。算法民粹主义除了引发政治极化、社会分裂等一般民粹主义也会产生的危害外，还会导致更严重的后果。

首先，这可能会导致“民主的黄昏”。一般而言，民粹主义被看作是对代议制民主的反抗，算法民粹主义也是如此。但随着算法迭代的快速上升，算法民粹主义想要表达的相关内容将会产生控制效应，进而导致算法权力实质性地替代民主权力。“英国脱欧”事件也说明，算法推送能够导致民众在不知不觉中成为受特定倾向的公司和集团控制的棋子。[2] 长久发展下去，民众真实的声音必将被遮蔽。人民也将成为算法操作下的“赤裸生命”。

其次，这可能会引发资本对国家的俘获。受西方政党政治的影响，民粹主义政治家越发需要与网络超级平台以及技术公司合作进而才能在选举中获得民众更多的支持。同时，在竞选成功后为了稳固自身执政还需继续依靠这些技术精英以及网络超级平台。这就导致掌控算法技术的超级公司已经获得实质意义上的隐性权力。

最后，这可能会塑造民众偏执型的人格。民主深受人们追寻的原因之一在于，它不仅影响决策质量，还有利于公民道德素质的培养。[3] 但在算法民粹主义算法的设计下，多元化信息被刻意排除了。由此，以政治为目的的算法传播更容易塑造民众偏执型的人格。例如，在一定程度上，特朗普竞选失败后，其支持者们冲进国会造成混乱便是长期受到算法民粹主义的影响。

---

① Alex Thompson, “Why the Right Wing has a Massive Advantage on Facebook,” Politico, September, 26, 2020, available at: https: //www. politico. com/news/2020/09/26/facebook-conservatives-2020-421146.

② 蓝江：“数字时代西方代议民主制度危机”，《红旗文摘》2019 年第 2 期，第 38 页.

③ ［英］约翰·密尔：《代议制政府》，汪瑄译，北京：商务印书馆，2009 年版，第 51—52 页.

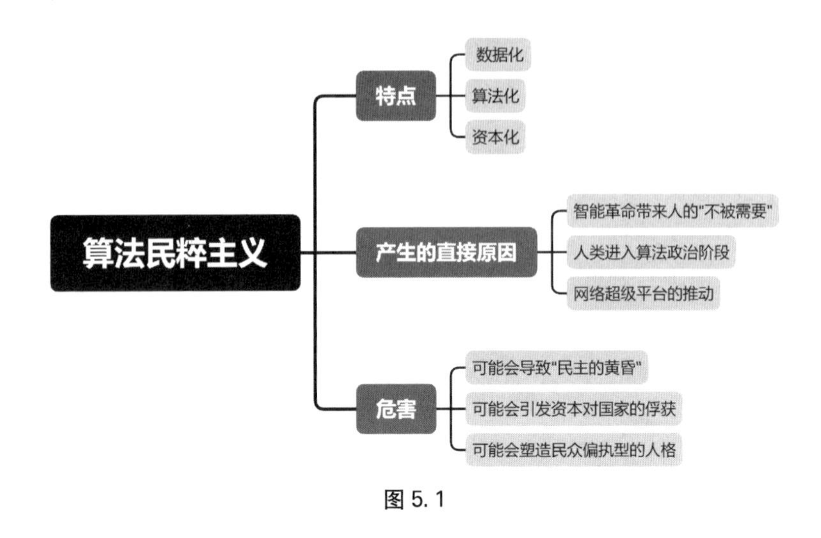

图 5.1

四、算法民主：对算法民粹主义的修正

“技术本身是一种民主化力量吗”?[①] 20 世纪末民主理论家罗伯特·达尔（Robert Dahl）就曾经提出过这样的疑问。而随着由技术所引发的一系列政治问题，特别是算法民粹主义的出现，技术被证明自身蕴含着预设的价值倾向、使用动机以及传播内容。算法民粹主义中的算法已经对西方社会民主化进程中的政治结构以及参与者的行为造成了重大影响。算法作为一种工具，它既可能有利于民主的进程，又可能损害民主的质量。正确的政治价值理念是技术进步服务于人民利益和人的自由全面发展。[②] 对此，我们需要让技术回归到使用的初衷，让技术服务于政治。算法民粹与算法民主是数字时代下民主进程的一体两面。当技术使用失衡的时候，就会出现算法民粹事件。而对技术的正确利用则有助于推进算法民主。目前，国内外针对算法民主的论述并不多，更多论述的是“电视民主”“网络民主”“电子民主”等等。但本文认为，算法民主的雏形已经出现。算法民主是以发达的算法技术为底层技术，以人民主权为基本价值，以参与主体多元化为表现形式，以权力制约为防范措施的一种民主新形式。

严格意义上，算法民主属于电子民主的一种。马丁·哈根（Martin Hagen）曾根据电子媒介的不同将电子民主区分为电视民主和网络民主两种。而这种区

① Robert Dahl, *Democracy and its Critics*, Hew Haven, CT: Yale University Press, 1989, p. 339.
② 任剑涛：“人工智能与‘人的政治’重生”，《探索》2020 年第 5 期，第 64 页.

分方式也得到了金太军等国内学者的认同。并且国内外现有的文献中，也经常把电视民主、网络民主等同于电子民主。然而，无论是电视民主还是网络民主都是对相关技术演变的回应。算法民主同样如此，算法民主是对算法技术演变的回应。除此之外，电视民主、网络民主与算法民主之间还具有较为显著的变化趋势。一方面，从电视民主到网络民主再到算法民主，直接民主的偏好在不断加深。对于电视民主者而言，尽管有明确的直接民主偏好，但他们大多数只希望用直接民主成分来补充现有的代表结构。网络民主则虽也呼吁更多的直接统治形式，但他们认为讨论和政治活动对于政治参与更重要。[①] 而算法民主则是通过区块链等平台让民众可以更多地参与到政治决策之中。并且，算法民主可以利用算法技术的聚合效应，达到最短时间内完成“公意”的效果。另一方，三者之间的演进也反映出从中心化到多中心化的趋势。电视民主与网络民主从根本上还是一种中心化的媒介。正如马修·辛德曼（Matthew Hindman）所论述的，即使是网络政治也存在“单一”“集权化”的局限性。[②] 但是，算法民主所构建的是多中心架构的政治形态。通过算法民主，现代政府从基础信息阶段到最终决策阶段都需要在保证公开透明的前提下，引导社会力量的多元参与。具体来说，算法民主应该具备以下特征：

首先，需要运用算法技术促进“人民主权”的实现。民主技术的发展应该追寻一种社会化的路径，即寻找民众对自己世界的把握，达到自由、平等等价值追求的全面觉醒。[③] 算法民主是把算法当作工具，进而促进民主进程的新形式。目前，在民众进行民主决策到政治终端输出这一过程中，算法权力操纵了一切。[④] 由于算法的本质是技术支持与资本参与的“混合逻辑”。因此，在设计的过程中更多的是具有逐利性。但民主的运行过程无论如何变化，都不能影响其基本价值。民主的基本价值应该是“人民主权”。对此，让-雅克·卢梭（Jean-Jacques Roussea）在“社会契约论”基础上曾系统地论述了“人民主权”这一原理。在他看来，作为整体的人民就是主权者。[⑤] 针对卢梭“人民主权”的观点，

① 金太军、袁建军：“西方电子民主研究及启示”，《马克思主义与现实》（双月刊）2011 年第 3 期，第 164 页.

② ［美］马修·辛德曼：《数字民主的迷思》，唐杰译，北京：中国政法大学出版社，2016 年版，第 238 页.

③ 廖维晓、王琦，“民主技术的演进——从辩论、投票、选举、媒介到网络”，《社会主义研究》2011 年第 2 期，第 120 页.

④ 庞金友：“人工智能与未来政治的可能样态”，《探索》2020 年第 6 期，第 91 页.

⑤ ［法］让-雅克·卢梭：《社会契约论》，何兆武译，北京：商务印书馆，1980 年版，第 26 页.

卡尔·马克思（Karl Marx）在《黑格尔法哲学批判》以及《哥达纲领批判》等著作中都给予了充分肯定。马克思进而认为，人民的国家制度应该是民主制。[①] 因而，民主制度应该体现“人民主权”这样的基本价值。但就目前技术的发展而言，不但给普通人带来“不被需要”的困境，而且算法民粹主义中算法系统所包含的价值是逐利且轻视民众的。所以，对算法民粹主义的修正首先需要运用算法技术促进“人民主权”的实现，让民主的基本价值时刻处于主导地位。

其次，需要运用算法技术促进参与主体多元化的实现。随着技术的发展，技术已经深入到我们日常生活之中，算法更是如此。算法民粹主义通过针对数据的收集及分析自动锁定受众并对其进行精准营销，然后民众按照被塑造的观点去参加政治活动。换言之，算法技术营造了一种民众参与政治生活的假象。而实际上，在“算法黑箱”的操作下，民众的真实思维已经被算法想要表达的意图所取代。这就导致两方面的结果，一方面民众并非真正参与到民主进程；另一方面则是参与主体只是算法背后的技术寡头与政治精英。但正如约翰·奈斯比特（John Naisbitt）所论述的，人民只有参与到与自己生活相关的决策之中，他们才能真正掌控自己的生活。[②] 与此同时，在一个国家中必然存在多个利益主体。民主主体的多元性本就是民主题中的应有之义。并且，群体所做出的决策，往往比个人做出的决策更为科学。[③] 但算法民粹主义背后所要代表的只是特定利益主体的意志。因此，我们需要用算法技术来促进参与主体的多元化，用算法来对抗算法，进而让民主进程更加透明、公正。

最后，需要运用算法技术促进权力制约的实现。英国启蒙思想家大卫·休谟（David Hume）曾经提出过一条著名的“无赖原则”，即在进行宪政民主制度设计时必须把每个人都想象成无赖。[④] 这是因为，在休谟看来，我们必须防止政治家们在进入政治生活时背离人民或者走向异化。同样，在《联邦党人文集》中也有相似的论述。[⑤] 而在算法政治阶段，算法的超级权力同样需要受到制约。这是因为，数字时代下的民主政治不单单存在政府与国家这样的公权

---

① 《马克思恩格斯文集（第3卷）》，北京：人民出版社，2009年版，第39页.

② ［美］约翰·奈斯比特：《大趋势——改变我们生活的十个新趋向》，梅艳译，北京：中国社会科学出版社，1984年版，第211页.

③ ［古希腊］亚里士多德：《政治学》，吴寿彭译，北京：商务印书馆，1983年版，第143页.

④ ［英］大卫·休谟：《休谟政治论文选》，张若衡译，北京：商务印书馆，1993年版，第27—28页.

⑤ ［美］汉密尔顿、杰伊、麦迪逊：《联邦党人文集》，程逢如、在汉、舒逊译，北京：商务印书馆，2013年版，第264页.

力。与此同时，一种新类型的权力以及权力主体正因为算法技术而产生。[①] 更为重要的是，在超人文化的影响下，以美国为代表的西方国家人工智能的发展正被少数大公司和数个改变世界的超人所主导。[②] 因此，数字时代的民主政治在对政治精英进行权力制约的同时，还要防止技术精英为了谋取私利背离社会公意。算法民粹难以治理的主要原因在于对于权力（特别是算法权力）无法达到制约的效果。而当政治精英与技术精英相互联姻的时候，普通民众则更难对他们进行监督与制约。民主的含义在于，权力在受到约束的同时根据需要形成多元统治。[③] 因而，数字时代下的民主应该既应具备对“利维坦”这类公共权力的制约，[④] 还应该具备对“赛维坦”这类技术权力的制约。[⑤] 在此之下，民众需要能够运用技术的手段来防止权力的异化。

基于大数据分析的算法在一定程度上决定着信息的意义、信息的流向以及受众对信息的感知。从表象上看，算法是程序代码。而本质上，算法并不是一种价值中立的技术。算法在运行的过程中会蕴含研发者的价值倾向，进而产生意识形态方面的催化。[⑥] 民粹主义伴随西方民主制度已经存在许久，而如今更是因为与算法技术相结合而更加具有危害性。但这并不意味着，我们需要把技术从政治生活中剔除。技术的使用对于民主的影响是相对的，它既可以有利于促进民主的进程，又可能损害民主的质量。早在20世纪90年代，法国哲学家雅克·朗西埃（Jacques Rancière）便提出了“后民主”的概念。在他看来，后民主是使民众处于“财产和专家知识来统治一切的状态”。[⑦] 对于民主政治而言，算法失衡最重要的体现便是背离了“人民主权”这一基本价值，让“后民主”程度加剧。与此同时，算法技术还造成了政治精英与技术精英联姻所引发的民众政治行为被操纵、真实声音被遮蔽等问题。随着算法技术不断深入民众的生活，西方国家正在经历精英权力上升与公民权利下降的双重局面。因

① 郭哲：“反思算法权力”，《法学评论》（双月刊）2020年第6期，第35页.

② 高奇琦：“就业失重和社会撕裂：西方人工智能发展的超人文化及其批判”，《社会科学研究》2019年第2期，第64页.

③ ［美］乔万尼·萨托利：《民主新论（上卷：当代论争）》，冯克利、阎克文译，上海：上海人民出版社，2015年版，第316页.

④ ［英］霍布斯：《利维坦》，黎思复、黎延弼译，北京：商务印书馆，1985年版，第131—132页.

⑤ 高奇琦：《人工智能：驯服赛维坦》，上海：上海交通大学出版社，2018年版，第280—281页.

⑥ 张爱军：“人工智能时代的算法权力：逻辑、风险与规制”，《河海大学学报》（哲学社会科学版）2019年第6期，第19页.

⑦ ［法］雅克·朗西埃：《对民主之根》，李磊译，北京：中央编译出版社，2016年版，第7页.

此，即使到了数字治理时代，算法的使用依旧需要符合民主的本质，即促进民主达到“人民当权”。[①]

算法民粹与算法民主是数字时代下民主进程的一体两面，当技术发生偏离时就容易产生民粹主义事件。而在数字时代中，民主应该向算法民主的方向发展。同时，算法民主追求的并不是简单的直接民主，而是直接民主与代议制民主的混合形式，因为完全的直接民主会造成决策过程的重复以及政治资源的浪费。因此，算法民主需要把直接民主与代议制民主的优点进行融合，而区块链恰好具备这样的潜能。[②] 基于区块链技术可以打造一种以分布式信任为核心的多中心化治理模式。区块链强调分布式自治与公民直接参与决策过程的益处，鼓励人们尽可能独立于中心化权力之外。与此同时，区块链的智能合约、非对称加密等技术也能够在有效制约政治精英与技术寡头强权的同时，充分保护民众的隐私与自由。

五、建立在区块链基础上的算法民主

正如马格努森所言，“如果你想让民主在科技时代发挥作用，你需要的就不仅仅是以往时代的民主外衣，如宪法、选举和立法机构，你需要一种本身包含民主规范的技术。而这就是区块链的目的”。[③] 纵观区块链的发展历史，它一直呼吁人们以公平与平等意识来对待我们的政治生活与日常生活。区块链作为一种基于算法的新技术，它不单单只是一个计算机代码或者是数学问题。区

① 马克思在《哥达纲领批判》中强调“‘人民的’这个词在德语里意思是‘人民当权的’”。《马克思恩格斯文集（第3卷）》，北京：人民出版社，2009年版，第443页.

② 就目前而言，已经有多个国家或地区在尝试把区块链用于民主政治中。例如：从2016年开始，马耳他便已经尝试把区块链整合到其政府架构之中，并且创设了马耳他数字创新管理局等部门；2018年3月，塞拉利昂成为世界上首个使用区块链技术进行大选的国家；2018年4月，美国西弗吉尼亚州成为美国第一个使用区块链投票的司法管辖区。并且，在2020年美国大选中，犹他州成为美国第一个使用区块链技术进行总统选举的司法管辖区。但是，由于技术的不完善性，区块链技术还存在一些安全性的问题。例如，原计划用于2019年9月举行的莫斯科市杜马选举的区块链系统中就被发现存在严重的安全漏洞问题。在系统的安全测试中，一位法国的安全研究员皮尔里克·高德里（Pierrick Gaudry）便发现破解莫斯科区块链投票系统只需花费20分钟。除了安全性问题之外，区块链技术的使用还存在一些大型投票机供应商的抵制、普通民众无法适应等问题。因此，区块链技术虽可以促进民主政治的发展，但目前还只能发挥潜能作用.

③ William Magnuson, *Blockchain Democracy: Technology, Law and the Rule of the Crowd*, Cambridge: Cambridge University Press, 2020, p. 194.

块链给人类带来最大的贡献在于，它的灵感来自于激发民主本身的原则。[①] 区块链技术的相关特性可以使其能够较好地应对算法民粹主义给西方社会带来的新挑战。而基于区块链技术，可以更加容易实现从算法民粹到算法民主的理想政治模式。

区块链是一种既提供存储又提供数据传输的技术。它基于对等网络以确保透明且安全的方式在节点之间进行通信，而无须中央控制机构。每个节点都有一个被称为副本账本的数据库。数据按块分组，每个块通过加密散列与前一个块连接。区块链基本上由五部分组成：对等网络、分布式账本、加密技术、共识机制以及智能合约。与当代算法民粹主义一样，区块链也是对2008年全球经济危机所引发的信任危机的回应。例如，2008年9月在投资银行雷曼兄弟倒闭短短一个月后，中本聪便公开提出了比特币的整体构想。比特币是目前区块链技术的重要应用之一。已经有学者注意到，区块链可以与民主相结合进而更好地服务于政治的潜能。同时，就技术特征而言，区块链具有“不可伪造”“可以追溯”以及“公开透明”等特征，而这些将有利于帮助人们进入算法民主时代。

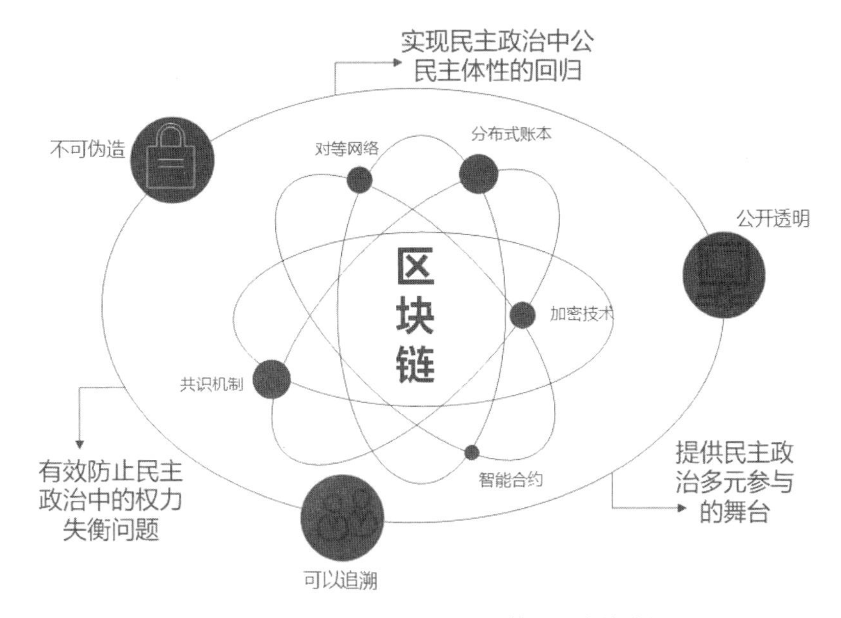

图5.2　建立在区块链基础上的算法民主的特征

① William Magnuson, *Blockchain Democracy: Technology, Law and the Rule of the Crowd*, Cambridge: Cambridge University Press, 2020, p. 204.

首先，区块链技术能够实现民主政治中公民主体性的回归。民主并非像约瑟夫·熊彼特（Joseph Schumpeter）竞争性精英民主理论中所论述的，民主的作用就是产生政府，民主的本质就是政治家的统治。[①] 民主是人的主体性张扬的必然产物。[②] 因而，民主的基本价值应该是“人民主权”。但随着人工智能技术的发展，普通民众正陷入“不被需要”的困境之中。因此，实现“人民主权”必须提升民众的政治地位，促进民主政治中公民主体性的回归。对此，区块链分布式账本技术会让民主过程中的“账本”不再掌握在某一个体的手中，而是需要所有人共同参与，并在其中发挥着关键作用。与此同时，“区块链采用点对点技术，使得各节点无须‘中介’也能够参与到价值传输的链条中来，这在技术上实现了用户自主持有、自主支配自己提供的信息、数据、价值”。[③] 算法民粹主义难以被遏制的原因之一在于，数据掌握在少数的技术寡头手中。但是区块链技术下的算法民主修补了这一问题，它提供了这样的一个平台，即平台中的每个节点都是数据的储存者与享用者。[④] 区块链的对等网络技术可以给予民主参与主体平等与自由的地位。节点之间的平等性决定了其他组织或个人无法夺取数据的所有权。同时，区块链公开透明的特性还可以让相关信息不被篡改地输送到民众的面前。而民众在行使选举、监督等权力的时候需要通过自己掌握的密钥，这也保证了公民的政治自由。在区块链分布式账本以及对等网络等技术的帮助下，算法民主的实现需要民众的广泛参与，而当民众更多地参与到政治生活并发挥作用的时候，这种“不被需要”的困境将得以解决。

其次，区块链技术能够提供民主政治多元参与的平台。区块链自诞生起就已经被人们广泛地讨论是否可以促进民主进程。一般而言，民主有内涵与外延之分，外延是民主具体表现形式，其中最重要的便是“票决”与“协商”。[⑤] 而这两方面都可以通过区块链技术加以实现。关于“票决”，通常指运用少数服从多数的形式来选举或决策。目前，已经有案例将区块链运用到“票

① ［美］约瑟夫·熊彼特：《资本主义、社会主义与民主》，吴良健译，北京：商务印书馆，1999 年版，第 400—415 页.

② 罗峰：“新时代中国基层民主发展的复合动力”，《上海行政学院学报》2020 年第 1 期，第 5 页.

③ 梅晓丽：“论区块链技术的价值取向”，《自然辩证法研究》2020 年第 4 期，第 45 页.

④ Peter Racsko, “Blockchain and Democracy,” *Society and Economy*, Vol. 41, No. 3, 2019, pp. 355 - 356.

⑤ 李良栋：“论民主的内涵与外延”，《政治学研究》2016 年第 6 期，第 3 页.

决”之中。例如，由瑞士洛桑联邦理工学院数字民主实验室研制的 Agora 区块链投票平台就参与了 2018 年塞拉利昂的总统大选。[①] 相比传统的纸质投票与电子投票，区块链技术可以有效防止“选票造假”“选举欺诈”等不当情形。与此同时，由于“人民”是多维层面的异质性要素。因此，民主需要通过协商来满足不同公民的偏好差异。[②] 而针对“协商”，区块链可以提供一个多中心的意见交流平台，而在平台中民众可以平等地交换意见。[③] 除此之外，区块链在共识层上是由一种共识算法组成。在现实公共生活中，矛盾、冲突的普遍存在使得达成共识异常困难。[④] 而这种共识算法是为了解决类似于拜占庭将军所面临的基本问题，该问题困难之处在于如何在面对许多错误和恶意参与者的情况下达成共识。[⑤] 这种算法既解决了民主协商的方法问题，又解决了民主协商的规则问题。例如，在目前区块链算法中的实用拜占庭容错算法（Practical Byzantine Fault Tolerance，PEBT）中，各节点由参与方组成。该算法具备共识效率高、安全性与稳定性有保证等优点。

最后，区块链技术能够有效防止民主政治中的权力失衡问题。算法民粹主义是一种对代议制民主的反抗。反抗的原因在于，代议制民主中因权力失衡往往会容易引发“腐败”“操纵选票”“政治失信”等问题。与之相对，原本试图制约政治精英权力的民粹主义，却被算法技术所操纵，进而引发算法权力超出了边界。数字时代下的民主政治需要对这些权力进行制约，而区块链可以同时制约政治精英的权力以及算法的权力。一方面，区块链中的智能合约等技术可以被用到候选人的竞选承诺之中。这样竞选承诺可以在选举前以智能合约的形式生成，如果候选人无法完成选举承诺，对其的惩罚将自动实施。与此同时，

① Ricardd Carrasco，“How Agora will use Blockchain to Bring Ture Democracy to the World，” BitRates，March，11，2018，available at：https：//www. bitrates. com/news/p/sierra-leone-holds-world-s-first-blockchain-supported-presidential-elections.

② 陈家刚：“协商民主引论”，《马克思主义与现实》（双月刊）2004 年第 3 期，第 30 页.

③ Chris Berg，“Populism and Democracy：A Transaction Cost Diagnosis and a Cryptodemocracy Treatment，” SSRN，November，18，2017，available at：https：//papers. ssrn. com/sol3/papers. cfm? abstract _ id=3071930.

④ 章伟、曾峻：“大数据时代的国家治理形态创新及其趋向分析”，《上海行政学院学报》2015 年第 2 期，第 33 页.

⑤ Vincent Gramoil，“From Blockchain Consensus Back to Byzantine Consensus，” *Future Generation Computer Systems*，Vol. 107，2020，p. 760.

智能合约也可以被用于打击腐败。[1] 智能合约能够使每笔交易与明确规定的标准相一致。这除了使不合理的付款更加困难以外，还可以加快腐败调查的速度。[2] 这样便可以有效防止“政治失信”“腐败”等情形的发生。另一方面，区块链分布式账本、对等网络等技术以及“可以追溯”“公开透明”的特性也保证了技术寡头不敢越出边界。并且，民主的价值追求和基本原则必须有一套具体制度尤其是法律加以确认和规范。而区块链技术开启了一个大规模多中心化的新时代，人的因素被最小化，信任从一个中心组织的人类代理人转移到一个开源代码。在这种分布式体系结构中，代码即法律。[3]

在一定程度上，算法民粹主义代表着一种直接民主的原始诉求。现代政治中关于权力下放与权力集中的争论存在许久。然而，无论是直接民主还是间接民主都不是最优选择。权力过于下放会导致决策的缓慢，且具有迈向群体极化的风险。权力过于集中又容易引发专政以及忽视民众利益事件的发生。理想的民主形式应该是直接民主与代议制民主相结合的形式。对此，这里需要找到一个新的工具来平衡两者之间的关系，进而达到迈向算法民主的目标。而区块链作为一种治理技术，可降低达成共识、协调信息以及执行民主契约的成本。因而，它可以被用于克服权力下放与权力集中各自的弊端。区块链作为一种治理技术与治理工具，它构建的是一种多中心架构的政治形态。[4] 一方面，区块链为公民直接参与决策过程提供了技术支撑。在区块链技术的支持下，民众可以被广泛地吸纳到政治生活之中。同时，区块链的非对称加密算法既可以达到数据公开的目的，又可以保障参与者的个人隐私。另一方面，区块链也能够实现真正意义上的民主授权。由于智能合约等技术的存在，不能代表其委托人的代理人将根据智能合约的条件自动解除委托关系。这样就可以有效地防止民选代表做出专政、腐败、忽视民意等异化情形。在这种情况下，人民将成为约翰·洛克（John Locke）笔下所论述的“裁判者”的形象，[5] 而区块链则是维护人

① 高奇琦：“智能革命与国家治理现代化初探”，《中国社会科学》2020年第7期，第94页.

② Alexander Braun, Blockchain-The Savior of Democracy, in Denise Feldner, *Redesigning Organizations: Concepts for the Connected Society*, Switzerland: Springer (ebook), 2020, p. 246.

③ MyungSan Jun, "Blockchain Government-A Next Form of Infrastructure for the Twenty-First Century," *Journal of Open Innovation: Technology, Market, and Complexity*, Vol. 4, No. 7, 2018, pp. 1 - 12.

④ 高奇琦：“主权区块链与全球区块链研究”，《世界经济与政治》2020年第10期，第50—71页.

⑤ ［英］洛克：《政府论（下篇）》，叶启芳、瞿菊农译，北京：商务印书馆，2011年版，第155页.

民利益的“法律”。因而，区块链技术具备促进人们从算法民粹走向算法民主的政治潜能。

结语

随着智能革命的发展，技术给人们的政治生活带来了新的改变。同时，它也带来了一种悖谬性结果。一方面，技术的进步促使人们进入民主的“大众时代”。互联网等技术的发展扩宽了民众参政议政的渠道，并节省了人们参与政治生活所需花费的成本。另一方面，技术的发展又容易引发“民主的黄昏”。大数据、算法的出现，让精通技术的精英与普通民众之间差距的鸿沟进一步拉大。算法既可以更好地汇集民意，但也推动了算法民粹主义的传播。数字时代的民粹主义已经发生了根本变化。算法民粹主义既有一般民粹主义的共性，同时也展示了其独特的一面。算法民粹主义是技术发展的产物。如今，西方社会的政党政治已经演化为无休止的算法战争。无论是民粹主义的支持者，还是民粹主义的反对者，都必须运用算法才能更多地获得民众的支持。究其本质而言，算法民粹主义反映了技术对于人的异化。原本理应更好地促进人们获取公共福利及表达诉求的技术，却成为部分精英分子操纵民众的工具。对此，我们需要时刻以审慎的态度对待技术的发展，不能用技术替代政治本身。

与之相对，我们看待区块链也是如此。一个良好的民主政治应该是一种平衡型的。我们既需要平衡民众与精英、国家与社会之间的关系，同时还需要平衡技术进步可能对政治造成的异化。并且，民主政治不但能够把民众的诉求传递到政治决策之中，还有利于个人道德素质的培养。在此意义上，算法民主真正应该达到的目标是，通过技术来促进民众的实质参与，进而实现“人民主权”这一基本价值。

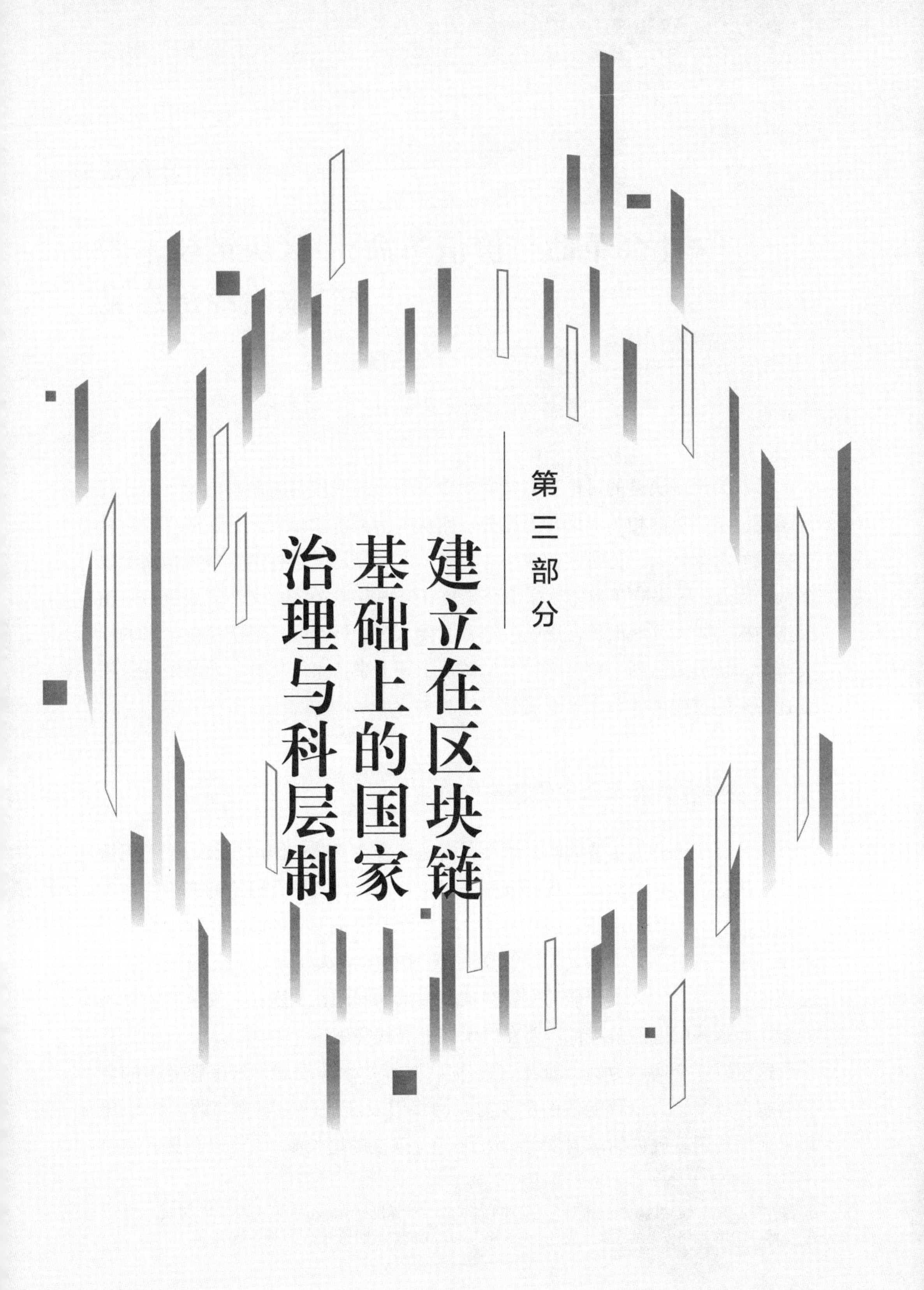

第三部分

建立在区块链基础上的国家治理与科层制

第六章

社会革命与价值革命：区块链技术的政治经济意义

目前关于区块链的讨论更多集中在数字货币的应用与规制等内容上，在经济学或法学领域的相关成果较为充分，而从政治经济学角度就区块链可能对社会造成的深刻影响进行考察的成果并不多。本章尝试从这样的宏观视角回答以下两个问题：区块链在智能革命中究竟具有何种政治经济意义？区块链对政治经济结构会带来哪些颠覆性影响？笔者主要从区块链给政治经济结构带来的社会革命和价值革命两个角度入手，试图从学理上来考察区块链给政治经济结构变迁带来的重构潜能和未来意义。

一、区块链在智能革命中的特殊价值

未来区块链和人工智能的发展会紧密地结合在一起。国内目前讨论人工智能和区块链的文章多数还是将两者分开讨论，而将两者结合讨论的成果往往仅仅涉及他们的应用。例如，区块链的“挖矿”会浪费大量的能源，因此有学者建议利用“挖矿”来训练人工智能算法。[1] 实际上，人工智能和区块链在未来需要进一步融合。人工智能的发展会加剧一系列问题，如隐私、安全和公平等问题，而这些问题的解决都需要在区块链上寻找突破口。

这里以安全问题为例。随着5G、物联网等技术的发展，未来智能体的数量会越来越多。大量智能体的出现与联网将引发新的网络安全问题。2015年以来新增通用软硬件的漏洞量每年达到20%以上的增长率。[2] 可以预想，在自

① 潘吉飞、黄德才：“区块链技术对人工智能的影响”，《计算机科学》2018年S2期，第56页.
② 史博：“中国网络安全的现实挑战与应对策略”，《人民论坛》2018年第36期，第75页.

动驾驶技术逐渐普及之后，人们乘坐在自动驾驶的汽车上，然而，这时如果黑客攻入了自动驾驶的系统并实施侵害，那么其造成的影响令人惊恐。万物互联意味着未来可能越来越多的设备都在网络之上，那如何来保证网络的安全？第一代互联网的设计初衷并不针对网络安全，而是希望人们可以更加便捷地交流信息。然而，第一代互联网在方便交流的同时，由于设计中的匿名性产生了表达失范以及网络安全的问题。[①] 同时，由于第一代互联网更多集中在消费互联网，能够上网的设备主要集中在计算机等设备上，而生活中的大量实体是跟互联网分离的。换言之，网络攻击所造成的伤害相对有限。伴随着互联网发展的重心从消费互联网转向产业互联网，同时互联网进一步实现移动化，网络安全的问题将进一步凸显。

区块链技术可以有效应对网络安全的相关问题。区块链的一个重要特征是可溯源，特别是联盟链形式的主权区块链。[②] 在国家数字货币的基础上，用户利用互联网进行的交易活动资金流转都可以被记录。[③] 目前网络安全的维护已经在致力于一种可溯源的技术，即在路由器上加一些存储设备，这样数据交换的每个节点都可以记录访问细节，使得追踪访问线索成为可能。互联网在发展初期时强调匿名性。[④] 区块链在早期发展时同样有这样的需求。例如，比特币从一种边缘货币最终发展成为受欢迎货币，其中的一个重要原因是其匿名性，即其适合进行地下交易。[⑤] 然而，无论是互联网还是区块链，发展到一定阶段之后都需要治理的介入。因为在这类设施上的行为越来越多，影响也更大。完全的无政府行为会导致其混乱。因此，在互联网和区块链上形成秩序的需求就会产生。例如 Mt. Gox 平台破产的事件，不仅是比特币发展史上的重大灾难，

① 张燕："第二代互联网的民意价值研究"，《北京社会科学》2010 年第 4 期，第 15—16 页.

② 主权区块链的理念主要是为了平衡区块链技术中去中心与监管之间的矛盾，强调在网络空间层面尊重国家安全。杨杨、杨加裕："构建基于主权区块链的税收信用体系研究"，《税收经济研究》2019 年第 6 期，第 63 页.

③ 例如中国的国家数字货币在研发中采用了区块链技术与中心账本的双层设计，这样既可以与现有的体系相衔接，又可以保障支付过程、用户数字货币钱包以及运营机构的交易安全。陈姿含："数字货币法律规制：技术规则的价值导向"，《西安交通大学学报（社会科学版）》2020 年第 3 期.

④ 在互联网 1.0 和互联网 2.0 时代，匿名性都是互联网的重要特征。［美］安德鲁·基恩：《网民的狂欢——关于互联网弊端的反思》，丁德良译，海口：南海出版公司，2010 年版，第 18—19 页.

⑤ Moritz Hütten and Matthias Thiemann, "Moneys at the Margins: From Political Experiment to Cashless Societies," in Malcolm Campbell-Verduyn, ed., *Bitcoin and Beyond: Cryptocurrencies, Blockchains, and Global Governance*, London and New York: Routledge, 2018, pp. 25 - 26.

也证明了缺乏中心化治理的比特币很难维持必要的安全。[①]

区块链的内涵有三个层次：数字货币、智能合约和智能社会。到智能社会这一层次，人工智能和区块链的社会影响和意义会进一步融合。人工智能的快速发展催生了一大批公共治理问题。区块链可以量化并提升节点的认知水平，打造可信任的人工智能平台。[②] 同时，下一代的互联网以区块链的形式来搭建，并将其内容从信息交换向价值交换聚焦，因此下一代的互联网也往往被称为价值互联网。[③] 但是，区块链不足以描述互联网的网络形态。具体而言，区块链本身是首尾相连的信息链。将来，联盟链的区块链形式可以通过侧链技术拓展区块的规模，从而形成新的更加庞大的区块链网络结构，即区块链网。换言之，最初在各个领域形成的联盟链是以链的形式存在，然而这些链将来会打通，逐步形成一个巨大的价值网络。人类社会的重要资产都会在不同领域里上链，将价值映射到新型的价值网络之中，然而再通过智能合约，使得智能社会中人与人、人与物、物与物的交流更加便捷。

人工智能意味着一场生产力革命。人工智能最大的功能是解放劳动力，即通过计算机对人力的模拟代替部分劳力的工作。[④] 而区块链则意味着一场生产关系革命。区块链的意义恰恰体现在，把单个的个体更好地组织起来，并在整体社会的意义上产生协同行动。具体而言，区块链的生产关系革命体现在社会革命和价值革命两个层面。

二、集体行动：国家、企业与区块链

自诞生以来，人类社会一直面临的重要难题之一就是集体行动难题。同时，人类社会恰恰是通过克服这一问题而不断取得进步。例如，在最初人类演

① Francesca Musiani, Alexandre Mallard and Cécile Méadel, "Governing What Wasn't Meant to Be Governed: A Controversy-based Approach to the Study of Bitcoin Governance," in Malcolm Campbell-Verduyn, ed., *Bitcoin and Beyond: Cryptocurrencies, Blockchains, and Global Governance*, London and New York: Routledge, 2018, pp. 138 - 140.

② 蔡恒进："AI 快速发展呼唤基于区块链的公共治理"，《人民论坛·学术前沿》2020 年第 5 期，第 22—31 页.

③ 沈浩："价值互联网：区块链技术赋能传媒产业"，《新闻与写作》2020 年第 1 期，第 1 页.

④ 何玉长、宗素娟："人工智能、智能经济与智能劳动价值——基于马克思劳动价值论的思考"，《毛泽东邓小平理论研究》2017 年第 10 期，第 40—41 页.

化时，尼安德特人在智力、体格等方面都强于智人，然而尼安德特人却消失了，智人却成为地球的主人。一些研究认为，智人较早地发明了语言，并使用语言进行密切的沟通以形成集体行动。这是智人战胜尼安德特人以及其他大型动物的重要原因。① 曼瑟尔·奥尔森（Mancur Olson）使用了"集体行动困境"这一概念，即成员数量越多，相互协商达成一致的行动就越困难，而成员数量越少，一致行动就越容易。② 其他的相关理论如"阿罗不可能定律"和"孔多塞悖论"也描述了类似观点，都是希望说明社会个体的意愿是不能简单加总的。下面分别从三个领域来讨论人类社会如何克服集体行动困境。

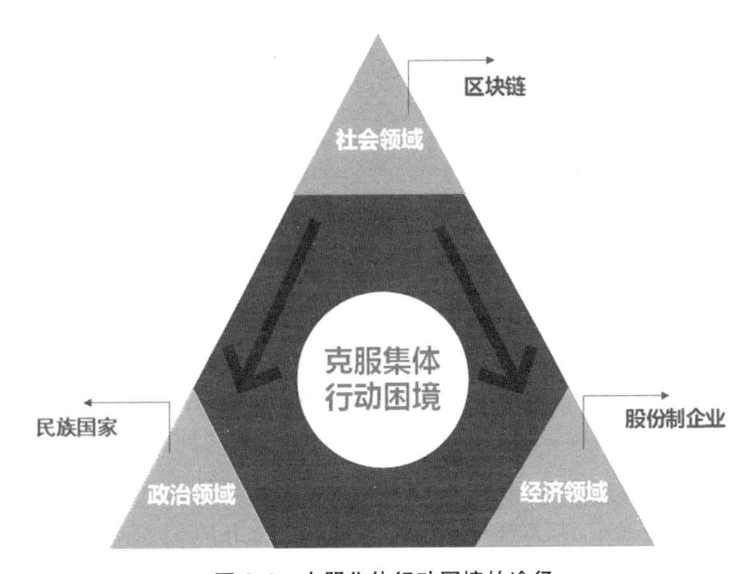

图 6.1　克服集体行动困境的途径

第一，在政治领域，民族国家的出现是促进人类集体行动的重要发明。在人类社会早期，村落或者部落往往是以血缘为联系的。然而，民族国家却可以将不同血缘的人通过某种纽带凝聚在一起，并且能够形成一种对共同体及其领导人的统一认同。工业社会之后的社会动员主要是在民族国家的基础上完成。

① ［以］尤瓦尔·赫拉利：《人类简史：从动物到上帝》，林俊宏译，北京：中信出版社，2014 年版，第 22—23 页.

② ［美］曼瑟尔·奥尔森：《集体行动的逻辑》，陈郁、郭宇峰、李崇新译，上海：格致出版社·上海三联书店·上海人民出版社，2014 年版，第 2—4 页.

按照本尼迪克特·安德森（Benedict Anderson）的观点，民族是想象的共同体，即通过印刷资本主义，把整个民族的观念联系在一起，从而生成了一个整体形象。[①] 国家是资源整合和再分配的核心，也是同他国进行权力争夺并保护国民的整体架构。[②]

简言之，国家是政治领域解决集体行动难题的重要方式。通过国旗、国歌等一些民族主义的符号，国家把人们的个体行动整合为集体行动。当民众被告知他的行为不是在为其个人努力而是为国家奋斗时，民众个体的民族自豪感会被激发出来，从而形成强大的集体行动能力。再如，约翰·罗尔斯所提出的差别原则，即从弱势群体的角度来思考整个社会。[③] 这一原则的实施就建立在国家认同的基础上。为什么一定要从弱势群体的角度来思考问题？这其中的关键是把国家看成一个整体，那么优势群体的财富就需要拿来再分配给弱势群体。这是罗尔斯所强调的分配正义的重要内容。

第二，在经济领域，克服集体行动困境的最重要发明是股份制企业。股份制企业最初设立的目的是希望投资者通过其所占有的股份，对未来所获得的收益进行分配。东印度公司是早期股份制企业的代表样态。股份制企业的出现是一次重要的经济革命。当人们力图围绕某个经济目标进行合作，那么自然而然地就需要这种形式。而上市制度的出现更加强化了这种集体行动的能力。企业上市制度使得中小投资者在不直接参与企业管理的同时，可以分享公司的利润。从这一意义上讲，企业的市值反映了投资者对这一企业未来的预期。即便某一公司的盈利能力还不强甚至为负，其市值仍然会升到非常高的状态。

第三，在社会领域，区块链可以成为未来克服集体行动难题的重要技术工具。在区块链技术的加持之下，智能社会的未来图景如下：人与人之间通过互联网相互沟通，而物与物之间通过物联网相互连接；未来会出现数量庞大的智能体，而智能体的交易行为主要通过智能合约进行处理。如果智能体之间或智

① ［美］本尼迪克特·安德森：《想象的共同体》，吴叡人译，上海：上海人民出版社，2005 年版，第 7—9 页.

② 卡伦·巴基、苏尼塔·帕里克：“比较视野下的国家”，载郭忠华、郭台辉：《当代国家理论》，广州：广东人民出版社，2017 年版，第 232—234 页.

③ ［美］约翰·罗尔斯：《正义论》，何怀宏、何包钢、廖申白译，北京：中国社会科学出版社，1988 年，第 73—76 页.

能体与人类之间所进行的交易都需要人类来对其逐一进行授权或监管，那么最终这些授权和监管就会变成人类社会的负担。然而，人们在使用这些智能体时可以通过智能合约进行便利性的授权和监管，即当各方面的条件达到某一要求时，合约会自动生效。智能合约自动生效的前提是，要把人和资产都映射到区块链上，然后用合约将相关条件固定好。一旦达到某些条件或者阈值，合约就会生效。

这里以出版为例来讨论智能合约的革命性潜能。例如，某人完成了一本书，并将该书上链。他会为这本书拟写一个简单的合同，每一个阅读此书的人，将会自动付给作者一定数额的报酬。如果这一模式成立，那么将会对传统的出版行业形成巨大冲击。目前兴起的网络在线阅读、付费阅读等模式已经对传统出版形成明显挑战。[①] 这些形式与区块链的相同点在于，其目的都是在减少出版中间环节对利润的控制，其思想内涵是点对点交易。点对点交易就是希望在商品或服务的需求方和供给方之间直接建立关联，缩短交易的链条。当然，目前的在线阅读与区块链阅读存在明显不同。首先，在线阅读是中心化的，而区块链阅读是多中心化的。从技术上讲，在线阅读是单一中心，平台方有可能利用信息的不对称来对作者进行欺骗。其次，平台仍然无法有效保障作者的知识产权。当某位作者发现自己的作品被抄袭时，他可能会因为过高的行动成本放弃申诉，甚至很多作者可能都不知道自己的作品被抄袭。但未来的区块链阅读将会有效地解决这些问题。首先，网络文学的盗版主要面临根除难、取证难和维权难三大问题。[②] 区块链信息的可追溯性使得侵权行为的认定变得更加容易。由于整个网络中的信息是可以溯源的，因此侵权纠纷中产生的细节信息和相关事实，都可以通过区块链的追溯实现。另外，由于对资产进行了上链处理，因此一旦发生侵权行为，可以通过智能合约对侵权人进行直接处罚，解决了执行困难的问题。

区块链推动的社会革命会反过来对政治领域和经济领域产生影响。例如，基于区块链技术，未来可以形成以大数据为中心的协商民主。由于信息采集和处理等交易成本的降低，大数据协商民主会成为未来政治的重要发展方向。工

① 胡彦威："'知识付费'热潮下的'阅读服务'对出版业的影响与改造"，《编辑之友》2018年第11期，第33—36页.

② 史竞男、袁慧晶："花样百出，网文盗版风如何遏制"，新华社2019年5月5日。http：//wenyi.gmw. cn/2019-05/05/content _ 32805100. htm.

业时代政治参与的代表性模式是选举民主。在工业化的条件下，大范围地采集每个公民对某一事件的态度和意愿成本较高，而选举民主正是为了降低信息收集成本而发展形成的。在信息时代，信息采集的成本越来越低。区块链可以监督采集信息的过程和方式，使得信息搜集更加透明和公正。约翰·基恩（John Keane）认为，民主的重要内涵是在相互监督的背景下约束利益相关方的行为。[①] 在智能合约的基础上，公民可以更有效地实现相互的民主监督，同时，公民的真实意愿表达也可以更为容易地输入到政治过程之中。因此，大数据协商民主需要跟人工智能和区块链等技术结合在一起。人工智能所提供的是劳动力的解放和节省，而区块链可实现的是智能合约的自动达成。

三、价值定义中的困难与霸权

上一部分讨论了区块链所蕴含的社会革命含义，这一部分则讨论区块链的价值革命内涵。由于价值问题更为复杂，因此笔者用两个部分对这一问题进行讨论。这一部分首先对价值定义的困难和霸权进行分析。价值定义的困难更多体现在学理层面。在政治经济学研究中，价值的定义和归属是经典难题之一。马克思对价值和使用价值进行了区分。价值是凝结在商品中的无差别的劳动，使用价值是商品给人们提供的某种功能性的属性。[②] 马克思的区分具有经典意义，然而这一区分在解释最新的一些变化时可能会面临一些困难。例如，谁来定义无差别的劳动？在人工智能时代，大量劳动都可能由人工智能来完成，那么凝结在商品中的劳动到底是人的劳动还是机器的劳动？机器的劳动是否能算作是劳动？当机器提高生产率之后劳动时间缩短了，那么商品的价值是不是一定就降低了？再如，企业往往会在商品之上附加很多属性。例如，农民种出来的蔬果在被整体收购时，价格是非常低的。然而，在运输过程中会形成运输成本，同时，商家用精美的礼盒将蔬果包装起来，从而提高售价。那么，这一增值的部分能不能简单地用劳动来定义。当然，如果对劳动做扩大化的解释，上述这点也可以用劳动中的增值服务来定义，但问题是，这部分增值服务的劳动跟最初生产劳动能不能等价？

---

① ［澳］约翰·基恩：《生死民主》，安雯译，北京：中央编译出版社，2016年，第587页.

②《马克思恩格斯选集》（第二卷），北京：人民出版社，2012年版，第38页.

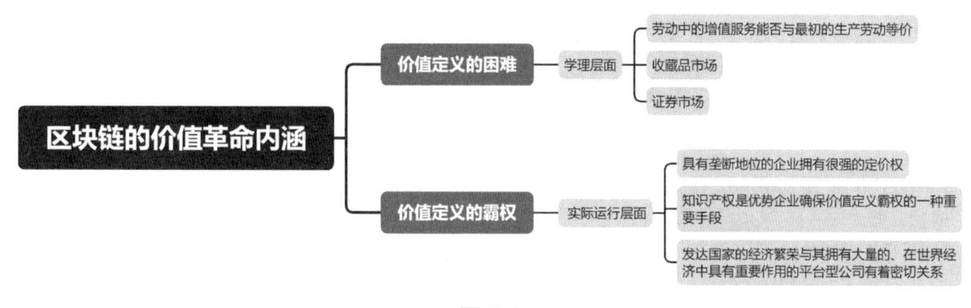

图 6.2

在收藏品市场上，商品的价值变化会更加明显。画家的同一幅作品在当时的价值和两百年之后的价值是不一样的。同样是凝结在这件商品中的劳动，为什么在两百年之后就翻了好几倍呢？当然，在这里仍然可以用劳动解释，即这里的劳动是保管者和收藏家对作品赋予的价值。保存可以被定义为一种劳动，同时营销也可以定义为一种劳动。但是，这一解释依然面临同样的问题，即劳动解释能否可以被无限地扩大化，同时这些附加属性与生产劳动是否有本质区别。因此，劳动定义的方法对工业品定价会相对容易，然而对服务定价会特别困难。服务过程大多提供的是无形商品，而对服务的评价往往需要考虑客户的体验感。例如，艺术品的价值往往需要依靠个体的审美能力。梵高的画具有极高的艺术价值，但是在梵高所处的时代他的作品却并未得到市场的认同。由此来看，价值的定义中不仅涉及劳动时间，还涉及市场认同度以及市场运作等因素。

在证券市场中，对证券的价值定义会更加困难。例如，对于公司价值的合理定义及其背后的依据有哪些？以及判断一支股票价值的参考标准有哪些？例如，在疫苗事件爆发之前，长生生物公司被认为具有重要的市场和投资前景。从在售疫苗的签发数量来看，该公司在国内居于第二位。疫苗事件发生后，特别是当长生生物涉案人员因涉嫌刑事犯罪被刑拘后，多家证券公司给予长生生物的估值为零。[①] 这就会出现一个有趣现象：定义该企业生产疫苗价值的劳动属性未变，但是企业的股价却发生巨大变化。在经典作家那里，这类问题的解决主要是通过价值和价格的区分来实现的。例如，恩格斯指出，“价值本来是

① 从 2018 年 8 月开始，多家基金将 ST 长生按照 0 元进行估值。中新经纬：“ST 长生于 9 月 3 日起被实施停牌　此前多家基金下调估值为 0”，2018 年 9 月 2 日。https：//baijiahao. baidu. com/s? id=1610484810720251916&wfr=spider&for=pc.

原初的东西，是价格的源泉，倒要取决于价格，即它自己的产物。大家知道，正是这种颠倒构成了抽象的本质”。[①] 恩格斯这里希望表明价格的异化，即其对价值的偏离。马克思和恩格斯把这种价格异化看成是资本主义制度的重要问题，并对其进行了强烈批判。马克思和恩格斯的批判极具穿透性，然而从经济发展和国家建设的角度来讲，我们仍然需要充分运用资本的力量，并有效借鉴西方政治经济学中关于价值定义的一些新成果。因此，关于价值的定义需要一个综合框架，即必要劳动时间仅仅是一个方面，还应该考虑其他的影响因素。

价值定义的霸权则更多体现在实际运行层面。主要体现在如下几点：

第一，具有垄断地位的企业拥有很强的定价权，可以利用垄断地位获得超额利润。随着经济全球化和信息技术的发展，跨国组织利用定价霸权形成了以金融资本为纽带、以科技合作为特征的国际垄断新形势。[②] 在现实过程中，类似的定价霸权是普遍存在的。即使不存在明显的垄断企业，仍然有一些隐形的冠军企业掌握着价格霸权，例如德国就具备大量的隐形冠军企业。在分工细化的小领域，这些隐形冠军就具有价值定义的霸权。由于这些隐形冠军具有某种优势，致使其产品在领域内具有定义价格的能力。这些在全球价值链中居于重要地位的冠军企业，往往可以在流通环节实现对价值的垄断。[③] 由此，这些企业通过提升价格来增加企业利润，并以此来打败竞争者。苹果就是这一模式的典型实践者。苹果手机之所以比同类型手机价格昂贵，是由于苹果重新定义了手机价值。乔布斯重构了苹果的流行文化，并且通过饥饿营销、粉丝经济等营销方式放大了苹果产品的价值。

第二，知识产权是优势企业确保价值定义霸权的一种重要手段。优势公司可以利用知识产权对竞争对手的发展进行限制。例如，具有优势地位的企业可以利用先发优势对本领域的未来发展情况进行专利布局和专利储备。后发企业在新兴领域的科技研发中所能做的大多为如下几种选择：第一，绕过这一技术方案，进行其他可能性的研发；第二，向这家公司购买专利的授权；第三，跟

① 《马克思恩格斯选集》（第一卷），中共中央马克思恩格斯列宁斯大林著作编译局编译，北京：人民出版社，2012年版，第28页.

② 陆夏：“当代国际垄断资本的形态演化与技术全球垄断新战略”，《马克思主义研究》2016年第11期，第55页.

③ 丁涛：“全球价值链的霸权性质——基于马克思劳动价值论的研究视角”，《马克思主义研究》2014年第3期，第80—82页.

这家公司成为更加密切的伙伴，成为他的中下游企业；第四，被这一大企业收购，放弃自己的独立地位。在实践中，大型企业会运用先发地位来构筑“护城河”。例如，诺基亚的手机业务被微软收购，但是仍然可以凭借其数量庞大的优质专利进行盈利。[①] 从知识产权的内在特性来看，知识产权产品的非排他性和知识产权垄断之间的矛盾，就是价值定义权最明显的体现。[②] 在全球经济发展中，发达国家往往通过这种价值定义霸权保证其国家在整个全球经济体中的领先地位。研究显示，从事高技术复杂度、高附加值的上游企业在国际分工中拥有较高的地位。[③] 以苹果手机为例，尽管苹果手机在中国大陆完成组装，并且部分配件跟中国大陆也有关系，但是中国大陆在苹果手机的利润率上只能拿不到5%，而苹果的美国母公司却利用专利和营销掌握了定义价值的霸权，所以始终可以拿到最大部分的利润。

第三，发达国家的经济繁荣与其拥有大量的、在世界经济中具有重要作用的平台型公司有着密切关系。许多发展中国家之所以长期陷入“中等收入陷阱”，有两个主要原因：一是自身的发展问题，二是发达国家对先进制造业的垄断。跨国公司掌握着数量巨大的知识产权，并且通过高额的技术垄断利润获得技术创新的持续动力和资金来源。[④] 如果发展中国家不具备强大的自主研发能力，那么其很难突破发达国家的技术垄断。在数字经济时代，技术垄断就意味着定义价值的能力。因此，目前全球市值最高的公司其实都是平台型公司，典型代表就是苹果公司。苹果并不直接生产手机，而是搭建了一个平台和生态系统。苹果公司的重心是产品研发和消费者维护，而产品的制造完全交由代工厂来完成。此外，苹果建立了iTunes、APP Store等在线服务平台，通过增加用户的正向使用体验强化用户对平台的使用熟练度。[⑤] 通过与消费者、开发者以及生产者之间的多方互动，苹果公司掌握了价值定义权并形成一系列的知识产权垄断。谷歌则希望构建一个包括TensorFlow框架和TPU芯片的新人工

① 李明星、刘晓楠、罗鋆、陈慧敏、傅宏虹：“创新视阈下专利许可公司商业模式解构研究”，《科技进步与对策》2014年第23期，第116—120页.

② 邹彩霞：“知识产权的十大矛盾”，《湖南社会科学》2016年第5期，第85—89页.

③ 杨珍增、刘晶：“知识产权保护对全球价值链地位的影响”，《世界经济研究》2018年第4期，第132页.

④ 杨慧玲、甘路有：“国际垄断资本积累逻辑中的美国对华‘贸易争端’”，《政治经济学评论》2019年第2期，第150页.

⑤ 毛立云：“公共平台的价值共创模式及其竞争优势”，《企业管理》2015年第5期，第119页.

智能平台。同时，谷歌母公司 Alphabet 希望在 Google X 实验室的强力支撑下，构建一个包含生命科学、智能家居等内容的综合性人工智能发展平台。中国的 BAT 巨头同样也是平台型企业。此外，不少新型企业在发展初期就具有很强的平台特性。例如，在共享出行领域的滴滴打车、在民宿方面的爱彼迎、电子商务的新兴企业拼多多等。这一部分主要讨论了价值定义的困难和霸权，而这两个问题的解决则需要从区块链上寻找出路。

四、价值归生产者：节省交易成本和科斯定律

区块链对这种平台型企业的价值定义霸权会形成有效限制。平台是互联网时代的代表性产物。平台作为专业化的中介，其最大的意义是规模效应。平台可以将同质的、利他的、服务性的优势通过规模效应展现出来。通过平台，每个个体的价值可以更有效率地得到提升。然而，如前所述，平台最大的问题在于价值定义的霸权。正如西方左翼加速主义的提倡者尼克·斯尔尼塞克（Nick Srnicek）所指出的，在大数据时代，作为基础设施的平台被资本主义社会关系所垄断。[①] 一旦平台处于垄断地位，往往可以利用这样的地位实现价格的垄断。当然，垄断平台同样面临新闯入者的挑战。例如在中国电商领域，阿里是最大的平台型企业，而京东、拼多多、网易严选等作为闯入者与阿里展开竞争。区块链对于平台型企业的限制主要集中在如下三点：

第一，区块链有助于消除信息不对称所导致的结构洞。区块链所定义的价值互联网，其最大意义就在于可以形成基于区块链的多中心社会平台。区块链技术可以实现追溯成本和执行成本的降低。区块链技术可以完整、真实、连贯地记录顾客的消费信息和服务信息，从而使得电子化消费更加透明。同时，区块链可以实现中介平台的多中心化和社会化。之前的中介是由中介服务商以及服务人员来构成。而在区块链平台上，算法和区块链架构就成为最大的中介，而由于所有的商品都在链上，所以许多合约可以智能地加以执行，这样就可以尽可能消除结构洞。结构洞是社会学家罗纳德·伯特（Ronald Burt）提出的一个重要概念。伯特假设甲和乙之间存在信息差，此时如果丙同时认识甲和乙，那么丙就可以在甲和乙的交易之中获得新的价值。换言之，丙作为经纪

---

① Nick Srnicek, *Platform Capitalism*, Cambridge: Polity Press, 2016, p. 43.

人，可以从中利用信息差收到一笔价值不菲的佣金。此时丙所处的位置就是结构洞。[①]

在以区块链为中心的智能社会中，从事中介服务的劳动者个体的数量会减少。尽管区块链架构的开发和维护本身需要技术人员，然而这些技术人员的数量是相对有限的。从本质上说，处于结构洞位置上的中介所获得的利润，实际上是利用交易中的非冗余信息而降低的交易成本。但是中介组织获得的利润同时增加了新的交易成本。[②] 而区块链使得信息公开透明，从而消除了结构洞，并降低交易成本。通过区块链平台，人们可以更快捷、超低成本地获得全面、真实的信息，而对信息流通产生阻碍的结构洞不再存在或大大减少。

第二，区块链可以在生产者和消费者之间直接建立联系，并通过协商民主和代理人机制等框架直接参与经济分配。如前所述，之前商品的经营者在流通环节会获取更大份额的价值。在很多生产环节，平台只是发挥促进要素流动的组织功能，但却占据大部分的利益并形成新的霸权。在这样一种商品的流动过程当中，生产者感到不公平，但是却无力抗拒平台强大的垄断效应。而在区块链时代，生产者的利益可以得到更多保障。因为减去过多的中间环节，生产者只需要把商品加上相应格式和内容的合约放在区块链上就可以直接获得收益。特别是对于一些不以实体形式存在的商品，如电子音乐或网络小说等，这种社会平台模式会更加有效。智能合约的形式可以降低合同的监督成本和执行成本，这就减少了大量的中介以及交易成本。[③]

区块链的核心价值和意义在于利益相关者的参与记账。区块链可以分为三种：公有链、私有链和联盟链。比特币是公有链的代表形态，其强调将交易信息发给所有人。这一理念是非常先进的，非常接近协商民主的本意。根据哈贝马斯的定义，协商民主就是让所有的参与人对整个过程拥有信息的知情权和决

---

① ［美］罗纳德·伯特：《结构洞：竞争的社会结构》，任敏、李璐、林虹译，上海：格致出版社·上海人民出版社，2008年版，第17—18页.

② 谢一风、林明、万君宝："交易成本、结构洞与产业创新平台的运作机理"，《江西社会科学》2012年第2期，第66—70页.

③ 贾开："区块链的三重变革研究：技术、组织与制度"，《中国行政管理》2020年第1期，第63—68页.

定权。[①] 然而在实际的运行过程中，公有链却受到成本和技术的限制。如果把交易信息发给所有人，那么参与者数量增加导致的信息过载会压垮整个区块链架构。由此产生了一个问题，是否有必要使所有人都来参与记账？实际上，更为可行的折中方案是选择一些具有代表性的代理人代为记账和监管。当然，这里可以通过制度设计来保障参与人对代理人的限制。例如，随机动态抽取代理人，以及不定期随机更换代理人等等。代理人的存在可以有效减少参与人数。通过关键参与人的参与，可以减少信息成本。区块链共识机制中的授权权益证明机制（Delegated Proof of Stake，DPOS）便充分利用了代理人机制。从这一意义上讲，区块链技术的产生和发明过程实际上也运用了代议制民主的基本框架和内涵。区块链会更加有助于协商民主的实施，然而全民参与的信息成本之高仍然会超出信息系统的负载。因此，通过技术设计引入代议制民主的原则，将区块链与现行民主制度加以结合也是区块链发展的重要方向。在区块链的技术框架之下，参与人及其代理人参与了整个政治过程，提升了政治过程的透明性，欺骗行为也可以减少。卡罗尔·佩特曼的参与民主理论指出，高层次的参与活动可以使个人更加充分地理解公共领域的问题。[②] 罗伯特·达尔在研究公民的有效参与时提出经济民主的主张，认为通过建立自治和合作组织，可以保障个人更大程度地通过投票参与公共事务，从而实现更大程度的参与式民主。[③]

第三，区块链可以使得价值体系更有利于生产者。从世界范围内来看，目前经济系统的最大问题就是把价值定义权过多地赋予虚拟经济。这种虚拟经济的过度繁荣可能隐藏着巨大的风险。虚拟经济中的资本过度积累导致经济的过度金融化，造成了金融资本对社会其他行业的剥削。[④] 尽管虚拟经济被看成是经济体发达的重要表现，但是虚拟经济本身不直接在生产过程中产生价值，而主要是在商品流通过程中通过增值服务来附加价值。简言之，这部分价值在很

---

① 王金水、孙奔："哈贝马斯协商民主思想的演进逻辑及其当代启示"，《中国人民大学学报》2014 年第 6 期，第 99—106 页.

② ［美］卡罗尔·佩特曼：《参与和民主理论》，陈尧译，上海：上海人民出版社，2006 年版，第 103 页.

③ 陈尧："以经济民主推动参与式民主的实现——试析罗伯特·达尔的经济民主思想"，《国外理论动态》2014 年第 11 期，第 94—102 页.

④ 李连波："虚拟经济背离与回归实体经济的政治经济学分析"，《马克思主义研究》2020 年第 3 期，第 90—92 页.

大程度上是虚拟的，所以虚拟经济一定要跟实体经济相结合。换言之，以虚拟经济为特征的第三产业要跟第一产业和第二产业相结合才会实现更好的发展，这也是近年来中国极为强调先进制造业的原因。此前上海对自身的定位是金融中心、贸易中心和航运中心等，希望在经济体的比重中进一步增加服务业的比重，但是近年来上海市的发展战略逐步调整为服务业和先进制造业并重，就是要突出这一点。[①]

由于结构洞产生高昂的交易成本，中间人可以利用其信息优势赚取更多与信息和平台相关的利益。而在区块链这一全新平台上，交易成本会极大降低，从而使得整个价值体系更有利于生产者。这里的生产者不仅包括第一二产业中的生产者，也包含提供服务的第三产业生产者。例如，在出版行业，目前的价值分配以出版商为中心。作为中间平台，出版商所获得的利益比例远大于知识的生产者。从工业时代以来，作品出版后的出版权大多被出版商控制，而个体作为知识的生产者反而在知识产权中处于劣势。“阅文事件”中大量网络文学作家的反对意见表明，知识生产者在与传统平台的竞争中处于绝对的劣势地位，原有的商业模式、利益分配模式难以适应新的经济发展阶段。在新的信息时代，这种利益格局需要进行更大的调整，从而更加有利于生产者。

结语

人类社会从一开始就面临集体行动的难题，而区块链则是智能社会中克服集体行动难题的新型动员技术。在区块链技术的基础上，社会成员之间的意愿交互、合意达成都会变得更加容易。换言之，在区块链技术的基础上，社会大众的需求会进一步动员起来。这种社会意愿的充分动员不仅包括人类个体，还包括未来出现的大量智能体。智能体在智能社会中的地位可能是半主体的人，即其会具备某些类人属性，但是其获得的权利集合不能完全等同于人。区块链技术对于人类社会个体和智能体之间的充分交互具有重要的意义。从这一点上讲，区块链会给整个智能社会带来一场社会动员革命。

在充分的社会动员之后，智能社会中的价值分配就会变得至关重要。如果在一个充分动员的社会中，多数个体感到分配不公平，那么这种积聚的社会动

① 张煜、徐蒙：“紧扣高质量，上海服务业‘再升级’”，《解放日报》，2019 年 12 月 3 日.

员就可能会导致社会的失序。因此，在充分动员的基础上，保证每个个体的价值公平就会变得至关重要，而区块链同样是针对价值公平的有效技术手段。通过消灭信息不对称和结构洞，区块链可以构筑一个生产者和消费者直接关联的点对点网络，这在某种意义上会弱化平台的相关作用。近年来在西方学术界已经出现了关于平台资本主义的大量批评。而区块链则提供了反思平台资本主义的一个根本性技术力量。在实际运作当中，区块链技术仍然有可能会被重新掌握在平台手中。例如，脸谱公司就在推动天秤币（Libra）的发行。从技术特征来看，天秤币将来同样有可能会成为一个新的平台，这就是技术异化的典型例证。当然，不同国家在区块链上的实践方向不同。中国则会推动以国家为支撑的主权数字货币的实践。从社会整体效应的角度来看，这一实践路径更能保证社会革命和价值革命的实现。本章讨论的区块链技术的政治经济意义，更多是对技术所展示的社会特征进行学理性的考察。至于区块链在未来推动中产生的实际影响和后果，有待之后的实证研究进一步观察。

第七章

从私权到公权：用公权力来规范私权区块链的发展

比特币为何被称为公有链？比特币具有公有的性质吗？本文将主要围绕比特币的内在性质展开讨论。比特币近期币值的不断升高，引起了人们进一步的关注，同时国家也将区块链作为未来智能相关科技发展的重点。这就需要我们对区块链与比特币之间的关系加以厘清。本文首先围绕比特币的公有或私有属性展开讨论，然后重点分析比特币目前发展产生的问题，之后将充分论证公权力进入区块链的必要性以及展开路径，最后讨论国家介入数字空间之后可能产生的问题及其防治。

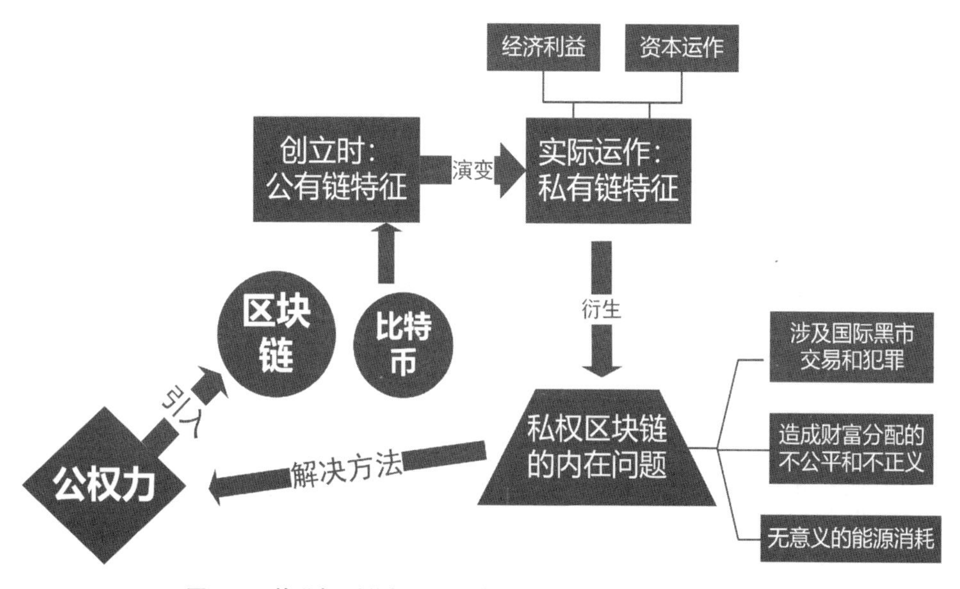

图 7.1　从私权到公权：用公权力来规范私权区块链的发展

一、比特币：是公有链还是私有链？

在更为流行的定义中，比特币一般被称为公有链。区块链被分为三种形态，分别是公有链、私有链和联盟链。公有链的代表是比特币。私有链的代表是以某企业为中心的区块链，如阿里和京东推动的区块链。联盟链往往具备多个节点，处于公有链与私有链之间。

这里的问题是，比特币为何被称为公有链？这实际上反映了比特币早期推动者的一种推行无政府主义的努力。数字世界是一块新大陆，而最先进入这块新大陆的拓荒者，试图建立一个数字世界的无政府主义货币系统。这一货币系统向所有的参与者开放，任何参与者加入或退出都是自由的。[①] 正因为这一特点，比特币被称为公有链。这里公有链的内涵也反映了这些无政府主义者心中的某种理想，[②] 或至少是以这种理想作为号召，其在某种程度上类似于数字世界中的"巴黎公社"。早期的加密无政府主义者蒂莫西·梅（Timothy May）在《加密无政府主义宣言》中宣称，正如印刷技术改变并削减了中世纪行会的权力以及社会权力结构。同样，加密方法会根本改变企业和政府经济交易界面的性质。[③] 这种理想甚至可以与左翼社会主义运动相联系。参与比特币的密码朋克们也会受到左翼运动的感召，与以美联储为代表的现实世界的货币交易系统相对抗。[④] 因此，比特币代表了某种理念性的存在。这些参与者希望可以在数字世界中建立一个对所有人都开放的新数字货币系统，因此被称为公有链。

然而，在实际运营中，比特币的公有链特征在不断地减弱，最后甚至可能消失，主要原因如下：

第一，精英的控制。尽管中本聪在其发布的《比特币：一种点对点的现金交易系统》白皮书中，宣称了一种乌托邦理想，即没有人能够真正拥有和控制这个数据库。中本聪的白皮书渲染了一种大众自治的可能性。在白皮书中，中

---

① ［日］野口悠纪雄：《虚拟货币革命：比特币只是开始》，邓一多、张蕊译，哈尔滨：北方文艺出版社，2017年版，第58页.

② 布莱恩·凯利：《数字货币时代：区块链技术的应用与未来》，廖翔译，北京：中国人民大学出版社，2017年，第74页.

③ ［美］蒂莫西·梅："加密无政府主义宣言"，马楠译，《新美术》2014年第2期，第111页.

④ William Magnuson，*Blockchain Democracy：Technology，Law and the Rule of the Crowd*，Cambridge：Cambridge University Press，2020，pp. 10－11.

本聪称只要绝大多数的 CPU 计算能力被诚实的节点控制，就能使得攻击者事实上难以改变交易记录。① 按照中本聪的构想，社会大众在比特币中成为真正的主导者。美国学者威廉·马格努森（William Magnuson）用“大众之治”（the rule of the crowd）这一概念来描述区块链可能带来的民主潜能。② 然而，在实际运用中，大众自治最有可能导致的结果就是暴民自治，或者说是一种没有任何秩序的系统。实际情况是，比特币的运营与一些精英密切相关。中本聪是比特币系统的设计者。然而，中本聪在创立之后就逐渐隐去。早期的核心运营者是加文·安德烈森（Gavin Andresen），其创建的比特币水龙头网站在比特币早期的导流和商业模式探索方面发挥了重要作用。之后，比特币系统由比特币基金会来运作。比特币基金会是一个类似于一种委员会式的政治机制，并不是一个大众自治的决策模式，因为真正的大众自治成本过高，也无法通过现有的比特币结构来实现。

这点在另一事件中也有所体现。以太坊在出现了黑客盗取接近其三分之一的以太币事件后，需要所有的参与者来进行投票是否要回到黑客攻击前的旧版本。这时似乎出现了大众决策的影子。然而，以太坊的创始人维塔利克·布特林（Vitalik Buterin）却采取了按照拥有币数量来决定投票权的制度，这在很大程度上并不是大众自治而是资本自治。最后，决策结果导致了以太坊社区出现了硬分叉。③ 因此，无论是数字货币的运营，还是出现重大问题之后的决策，实际上都是由核心参与者来做出的，而不是由所有的参与者决策。

在比特币系统中出现了三个分层。第一层级是核心运营精英，因为这些运营精英在比特币系统中拥有超额利益。早期比特币的采矿成本极低，加文·安德烈森为了运营比特币，在运营早期的水龙头网站时还会免费赠送参与者 5 个比特币。当比特币的交易金额达到 5 万美元时，其赠送的 5 个比特币价值就接近 25 万美元，这就是一笔巨大的金额。第二层级是参与比特币采矿的矿工。这些矿工同时也发挥了记账员的功能，属于比特币系统中的第二等级。当然，

① 详见 Satoshi Nakamoto，“Bitcoin：A Peer-to-Peer Electronic Cash System，” available at：https：//bitcoin. org/bitcoin. pdf.

② William Magnuson，*Blockchain Democracy：Technology，Law and the Rule of the Crowd*，Cambridge：Cambridge University Press，2020，pp. 10 - 11.

③ William Magnuson，*Blockchain Democracy：Technology，Law and the Rule of the Crowd*，Cambridge：Cambridge University Press，2020，pp. 62 - 66.

拥有较强能力的矿工会以某种元老的方式，参与比特币运营的核心决策当中。一旦出现分歧时，拥有较强能力的元老级矿工就可能会被征询意见。第三层级是开放参与的社会大众。任何人都可以下载比特币客户端，并登录到系统中查看所有参与比特币系统的交易记录。从这一意义上来讲，比特币系统是对所有人开放的。但是，实际上这样的系统分层导致了整个比特币系统的主导者是第一阶层和第二阶层。这样的阶层划分某种程度上类似于柏拉图在《理想国》中的等级划分。柏拉图认为国家由统治者、辅助者以及被统治阶级三个等级组成，三个等级体现了灵魂的三个组成部分，即理性、激情和欲望。[①] 整体来看，比特币维系了一种平等主义的印象，但实际上内部却出现了寡头统治。

第二，算力资本主义。比特币系统中的权力精英是由算力来决定的。算力强的参与方就是真正的主权者。在 2018 年，比特大陆公司曾一度控制了比特币网络上 42%的哈希算力。[②] 互联网在早期致力于建立一个扁平的世界，而发展到今天却出现了寡头式的平台型企业。[③] 与这一点类似，在比特币系统中也出现了寡头化倾向。而权力精英背后的基本逻辑是资本逻辑。资本与权力、技术纠缠在一起。算力本身是技术，然而，拥有这样的算力就需要有大量的投资，才能购买相关的采矿设备，这就使得资本的力量进入系统之中。同时，拥有这样算力的人就成为主权者，使其具备某种权力精英的属性，因此，整个比特币的运营逻辑就是一种资本主义的逻辑。资本借助了技术的力量，使得比特币系统变成了一个精英控制的权力系统。

因此，从严格意义上讲，比特币系统并不能被称为公有性质的链，或者说这种公有链更多是比特币早期的一种理想。根据其实际运营的情况来看，比特币已经存在越来越强的寡头化倾向。从这一意义上讲，比特币系统是一种私权区块链，其并没有经过国家的公权力，是少数参与者的一种私权行为。特别是在运营之后，比特币系统以“公有链”这一招牌来吸引公众参与，因此需要对其以正视听。

---

① 范明生：《柏拉图哲学述评》，上海：上海人民出版社，1984 年版，第 391 页.

② William Magnuson, *Blockchain Democracy: Technology, Law and the Rule of the Crowd*, Cambridge: Cambridge University Press, 2020, p. 76.

③ 阿里尔·扎拉奇、莫里斯·斯图克：《算法的陷阱：超级平台、算法垄断与场景欺骗》，余潇译，北京：中信出版社，2018 年，第 225 页.

二、比特币：私权区块链的代表形态

如上所述，比特币系统并不能被称为公有链，而应该被称为私权区块链。从另一角度来讲，私权区块链对区块链的运营和落地有重要的实践意义。简言之，区块链之所以能够进入落地和实践阶段，首先要得益于比特币这样的数字货币系统。区块链代表了一种在数字世界中无政府主义者希望建设某种数字秩序的努力。例如，早期密码朋克的参与者蒂莫西・梅（Timothy May）、约翰・吉尔摩尔（John Gilmore）、埃里克・休斯（Eric Hughes）等都是伟大的实践者。[①] 因此，这一实践可以看成是数字世界中的“巴黎公社”事件，是一种全新的社会契约。中本聪在消失之前已经讨论到了比特币系统可能出现的问题，其最大的担忧是挖矿者的 GPU 军备竞赛。他已经看到，将来比特币系统在流行之后一定会出现大量的专业矿机，这必然会导致比特币系统的混乱，这一点中本聪已经有清晰的预见。同时，中本聪还呼吁参与者要尽量推迟 GPU 军备竞赛。[②] 然而，这其中的悖谬就是，如果没有专业系统和矿机生产商的介入，比特币系统就无法流行。而这样的寡头者进入比特币系统以后，又会导致比特币系统背离初衷。中本聪似乎已经看到了这样的无奈结果。

如此革命意义与异化的循环在历史上不止出现过一次。例如，在乘坐着五月花号从英国来到美国新大陆的早期殖民者心中，其理想是要重构一种新的社会契约，这在美国早期社会的传统中得到了充分体现。托克维尔将其描述为美国社会的结社传统。在《论美国的民主》中，托克维尔认为美国人习惯于结社和合作，并在社团中了解自己的使命。[③] 然而，在经过两百年的发展之后，美国社会却不断地权力化、寡头化和部落化。部落化是美国社会最新出现的一些现象，已经有多位学者对其进行过讨论。例如，刁大明认为，美国两党在竞选过程中对族裔认同的强化导致了两党政治对峙中的部落化。[④] 美国学者弗朗西

---

① William Magnuson, *Blockchain Democracy: Technology, Law and the Rule of the Crowd*, Cambridge: Cambridge University Press, 2020, pp. 16 - 22.

② William Magnuson, *Blockchain Democracy: Technology, Law and the Rule of the Crowd*, Cambridge: Cambridge University Press, 2020, p. 75.

③ [法] 托克维尔：《论美国的民主》，董国良译，北京：商务印书馆，1991 年版，序言viii.

④ 刁大明：“身份政治、党争‘部落’与 2020 年美国大选”，《外交评论（外交学院学报）》2020 年第 6 期，第 48—73 页.

斯·福山将美国政治的这种部落化看作是政治衰败的问题和不可避免的结果。① 美国社会越来越被资本精英所控制，这在19世纪末期就已经非常显著。当卡内基和洛克菲勒等巨头形成之后，整个美国社会的防垄断举措就是要将其拆掉，其目标就是要回到原初的理想。然而，这样的反垄断措施在20世纪末时却未能成形。微软已经处于反垄断的风暴之中，但是微软并没有被肢解，这就反映了《谢尔曼反托拉斯法》的无力。

目前这样的革命意义和局限性的悖谬正在数字空间中出现，尽管比特币系统在早期似乎实践了一种数字空间中的新契约。需要特别说明的是，社会契约这样的叙事方式在很大程度上仍然来自于基督教文化，其源头是上帝与人的立约，而被定约的那部分人则是被上帝拣选的人，即这部分人就会有某种使命感，从而成为新的革命精神的布道者。这样的隐喻和叙事在比特币早期的传播中都有明显的痕迹。然而，在比特币不断发展的过程中，特别是其进入公众视野后，逐渐转向资本运作和经济利益。

为什么最近比特币的价格不断创新高？这存在几方面的原因：

第一，美国政治和社会的动荡使得一系列避险资产价格不断上升。比特币被称为数字黄金，特别是在国际黑市交易中非常活跃，因此一些企业和个人将比特币作为其避险资产的一种。

第二，比特币受到国际炒家的追捧。对于炒作而言，关键是要有一个完整的叙事。只要叙事能说服大量的追随者，这样的炒作就有可能成功。另外，炒家要通过一种自买自卖的、左手换右手的方式来推动资产价格的不断上升。

第三，比特币矿机生产者也是价格的不断推升者。例如，在房屋交易中，中介最希望推高房屋价格，其在房价炒作过程当中发挥了重要作用。推高价格一方面可以使得佣金增加，另一方面也使得各方都呈现出比较满足和快乐的状态，最有利于整个市场的活跃，这就形成了一种上涨的生态链。因此，矿机提供者在很大程度上要将这些矿机卖出去，那就只有在比特币价格升高之后才会出现新的利润空间，因此两者形成了一个复杂的生态系统。这一点类似于房产中介和房产开发商之间的共生关系。房产中介所推高的主要是二手房的价格，

① Francis Fukuyama, "Rotten to the Core? How America's Political Decay Accelerated During the Trump Era," *Foreign Affairs*, 2021-01-18, available at: https://www.foreignaffairs.com/articles/united-states/2021-01-18/rotten-core.

而二手房价格的上升会刺激一手房，也就是房屋开发商的价格上涨。同时，一手房价格上升之后，房屋中介就可以以此为名来说服二手房拥有者出售或者更换新的住宅。在拥有者频繁更换住宅的过程中，最大受益方是房产中介，其可以从中收到高额租金，这就形成了一个上涨的生态链。在比特币系统中，也发展出类似机制。

第四，近期美国完全不负责任地无限量化宽松，也是最近股市价格上升和比特币价格上升的根本性原因。美国为了抗击疫情和避免经济的崩溃，不断地向经济中注入流动性资金，通过大量制造货币来转嫁矛盾，这种超发货币实际上使得之前的资产都会呈现出贬值效果。短期来看，这种超发会刺激经济的增长和各方面的繁荣，然而，长此以往则不可避免地会造成严重的通货膨胀。一旦这样的价格达到某个顶点之后，就可能会出现崩盘，而市场投资者感知到价格上升的顶点之后，一切都会灰飞烟灭。

在上一轮上升周期中，比特币的价格在达到 2 万美元的顶点之后，到 2020 年 3 月曾一度下跌到 3 000 美元。这一轮下挫让许多后期投资者出现了巨大的亏损。《纽约时报》曾针对比特币的高投机性进行报道和批评。[①] 历史上的郁金香泡沫事件就是典型例证。比特币价格存在巨大浮动性。例如，2020 年其价格的最低点为 3 800 美元，2021 年年初的最高价格为 5.1 万美元，这两者之间存在十几倍以上的差距。如果再加一定的杠杆，如再加十倍杠杆，那么就会出现百倍的差距。

这种高收益与高风险之间的双重特征就会刺激投机者的不断加入，这就是私权区块链的根本问题。由于缺乏公权力，因此，在这样一个数字空间中出现了巨大的投资泡沫。尽管各主要国家都出台了对比特币进行监管的措施，然而，比特币本身就是一个特殊的存在。比特币主要在国际黑市和暗网中活动，这就使得其会产生类似于蚯蚓一样的运作方式，其被斩断一截之后，剩下的一截仍然会在整个世界蔓延。中本聪也已经预见到这一点。没有一个国家可以完全禁止比特币，因为比特币总是可以找到适合它的土壤。这也是比特币受到如此众多参与者追捧的一个原因。

---

① Nathaniel Popper, "After the Bust, Are Bitcoins More Like Tulip Mania or the Internet?" *The Nork York Times*, 2019, available at: https://www.nytimes.com/2019/04/23/technology/bitcoin-tulip-mania-internet.html?auth=link-dismiss-google1tap.

三、私权区块链的内在问题

目前比特币在发展过程中存在的问题主要有三方面：

第一，其涉及国际黑市交易和犯罪。根据国外学者的统计，44%的比特币交易会涉及黑市交易和犯罪。[①] 英国学者凯伦·杨（Karen Yeung）指出，区块链技术附带的匿名性导致其容易沦为逃避监管的工具。[②] 换言之，人们极为强调比特币匿名性的原因是用比特币来进行洗钱或者非正规的活动时，可以隐藏自己的身份，从而避免犯罪记录，这也是比特币在暗网中极为流行的根本性原因。[③] 当然，比特币并不是匿名度最高的数字货币，门罗币和其他的数字货币进一步增强了这种匿名性。比特币的公共地址是向大家开放的。然而，比特币交易的实际信息是以消息摘要的方式发给参与者的，其中运用了哈希算法，这就使得其可以起到加密的作用。而在门罗币和其他隐蔽性更高的数字货币中，地址也是可以加密的，这就使其更加便利于非正规交易。另外，还有一些交易所将比特币、门罗币以及法币之间关联起来，就可以进行大规模的洗钱活动。

第二，其会造成财富分配的不公平和不正义。比特币系统的早期介入者采矿成本非常低。之后，比特币的采矿成本不断升高。采矿成本主要由投入电费和比特币矿机构成。比特币矿机主要是由GPU和专用芯片构成。这样的矿机本身是有磨损和消耗的，其每天都会有一定的计算损耗。而这样的运营成本使得比特币采矿成本不断上升，一度逼近比特币的价格。简言之，如果比特币价格跌到一定的边际价格以下时，那么采矿机即便是采到了比特币，那也是赔钱的。正因如此，比特币矿机的提供者会不断地推高比特币，这样才能维持一个巨大的生态产业链。因此，这背后涉及一个巨大的操控和炒作逻辑。这种不公平还体现在，某些人可能还会运用黑客技术直接黑掉被害者的账户，并将其所

① Sean Foley, Jonathan Karlsen and Tālis Putniņš, "Sex, Drugs, and Bitcoin: How Much Illegal Activity Is Financed Through Cryptocurrencies?" *Review of Financial Studies*, Vol. 32, No. 5, 2019, pp. 1798 - 1853.

② Karen Yeung, "Regulation by Blockchain: the Emerging Battle for Supremacy between the Code of Law and Code as Law", *The Modern Law Review*, Vol. 82, No. 2, 2019, pp. 207 - 239.

③ Moritz Hütten and Matthias Thiemann, "Moneys at the Margins: From Political Experiment to Cashless Societies," in Malcolm Campbell-Verduyn, ed., Bitcoin and Beyond: Cryptocurrencies, Blockchains, and Global Governance, London and New York: Routledge, 2018, pp. 25 - 26.

有的数字货币转移走，这就是更大形式的数字暴力。这种炒作还导致了后期进入者的接盘和套牢。后期进入者往往是价值的投机者，希望从中获利。然而，比特币价格的巨大波动可能使这些投机者一进入就会被套牢。

第三，无意义的能源消耗。比特币矿场的场所一般会选择在电费较低的区域。例如，在靠近水电站的区域部署矿场。另外，考虑到矿机散热问题，一般会选择一些温度较低的区域部署。[①] 例如，挪威的某区域成为采矿者的天堂。这样的能源消耗是极其巨大的。比特币采矿的电力投入会相当于一个中等国家的整体电力消耗。[②] 同时，这种能源消耗又是毫无意义的，因为比特币挖矿并不会解决某一类问题，如自动驾驶或城市交通管理等。而比特币采矿仅仅是为了在相互算力竞争中，得到某个数字货币的权证。当然，这些数字货币矿场的建设者，为了增强自己的合法性，也会寻找一些可再生能源，如利用一些地方的风能或地热资源来进行挖矿。然而，绝大多数的矿场仍然是建立在不可再生能源的基础之上的。例如，在蒙古建设的比特币矿场主要基于火力发电。矿场建设的核心逻辑是成本效益的逻辑，而不是环保的逻辑。

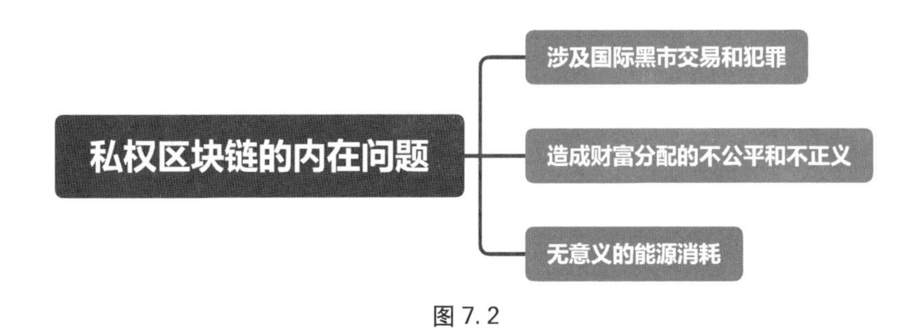

图 7.2

因此，在以比特币为代表的私权区块链世界中，就出现了早期的野蛮生长，其中更多地表现为算力野蛮人的野蛮游戏。算力野蛮人拥有巨大的算力，将会得到更加符合自己预期的结果。算力野蛮人与普通用户之间存在严重的权力不对称。[③] 而这种野蛮游戏是建立在技术、资本和权力三者结合的基础之

① William Magnuson, *Blockchain Democracy: Technology, Law and the Rule of the Crowd*, Cambridge: Cambridge University Press, 2020, pp. 126 - 128.

② Alex de Vries, "Bitcoin's Growing Energy Problem," *Joule*, Vol. 2, No. 5, 2018, pp. 801 - 805.

③ Marcella Atzori, "Blockchain Technology and Decentralized Governance: Is the State Still Necessary?" *Journal of Governance and Regulation*, Vol. 6, No. 1, 2017, pp. 45 - 62.

上的，使得中本聪早期理念中的数字自由空间成为不可能实现的梦想。类似于五月花号的流亡者本希望在美国建立一个新大陆，但是，经过两百年之后，美国大陆又变成一个权力和资本精英运营的、一个比之前英国还要堕落的大陆。

这样的野蛮生长还酿成了许多悲剧，后期进入者的接盘效应则不可避免地会成为悲剧。在韩国年轻人中，有大量的比特币参与者。由于韩国对比特币的监管持相对宽松的态度，因此，在韩国出现了大量的年轻参与者。这对于他们来说，却更多是一种悲剧场景。而在中国，我国并不允许投资者参与比特币。例如，在 2020 年江苏盐城中院审理的案件中，中国监管方查封了相关以比特币和其他数字货币募集的投资，并将其定义为网络传销案，其缴获的涉案金额非常之高。在中国，一旦此类的投资事件被立案审查，那么所有涉案的数字货币都要依法收缴。在中国还出现了一个典型后期进入者的接盘案例。一位中国参与者郑某伟在 2020 年 6 月由于其投资的比特币价格在低位徘徊，认为自己到达了人生的最低谷。经历投资失败的个体无法承受这一压力，夫妻二人约定自杀。而在自杀之前，夫妻二人先杀死了自己的孩子，悲剧的是，夫妻二人的自杀并没有成功，而被其他人救起。之后，比特币价格在 2021 年年初却创历史新高，价格翻到了以前的十几倍之高。这就意味着其之前的亏损，可能会转化为一个巨大的账面浮盈。更为悲剧的是，该参与者还要接受谋杀的指控。这就使得这种数字空间的非常规行为正在映射到物理空间。

尽管这种投资事件出现在数字空间，但是这样的行为会位移到物理空间。因为个体仍然是在物理空间生存的，而数字空间产生的巨大权力转移，使得个体在其中面临一种新型的数字剥削和数字剥夺。因为参与者会把自己在物理空间中的财富与数字空间相映射。例如，上文的参与者郑某伟变卖自己的房产和其他资产投入到比特币之中，还说服其他亲友借给他相应的金额来参与比特币，这就把自己在数字空间中的所谓财富跟物理空间相绑定。因此，在数字空间中产生的巨大财富变动折射到物理空间后，就会导致一系列的巨大社会问题。如果这里问题的外溢大规模出现的话，那就很可能会成为一系列社会问题的诱发点。

正是鉴于这一点，各国目前都在加强对比特币的介入和监管。即便是对比特币和区块链态度相对宽松的美国，实际上也在不断地加强对比特币的监管。

例如，美国警方对丝绸之路暗网的查封。[①] 再如，另一个典型的案件是美国对以比特币投资为诈骗的案件审理。[②] 在 2013 年，中国人民银行就联合工信部等其他部门发出了风险提示，要求各金融机构不得参与比特币相关业务，并防范其可能产生的洗钱风险。

四、为何要将公权力引入区块链?

目前，当我们提到区块链时，多数人的第一反应就是比特币。这一点本没有问题，然而，用比特币来完全代表区块链会产生很多问题，因为比特币自身的很多弱点及其具备的私权区块链属性，并不能完全将区块链的整体特征一一展现出来。从本质上讲，比特币仍然是私权区块链。[③] 因此，要在国家公共权力的基础上，推动新形式的公权区块链。这其中代表性形态就是国家法定数字货币。公权区块链就是在公共权力基础上的区块链形式。

为何要将公共权力引入区块链？这其中的根本性问题是，国家在数字空间中的特殊作用。数字空间是人类拓展的一块新领地。之前人们主要在物理空间中运作，然而，目前人类社会在信息文明和智能文明的基础上，构筑了一个新的数字空间。这些空间往往也被称为虚拟空间，就是其必须要通过数字技术来进行展示。然而，人们在数字空间中的运作可以被看成是一个相对独立于物理空间的存在。伴随着人们大量进入数字空间，并且将数字空间与物理空间的相关条件相互映射，这就会出现新的问题。一方面，数字空间可能会存在不正义的问题，另一方面，数字空间中的不正义可能会外溢到物理空间。

国家在物理空间中有优势性的存在，然而，在数字空间领域国家却是相对缺位的。伴随着数字空间的进入者越来越多，之前的许多民事行为慢慢变为具有一定公共属性的行为。早期参与者还比较少，个体和个体之间更多的是一种民间的私权行为。然而，伴随着参与者越来越多，在数字空间中逐渐形成一种

---

① Francesca Musiani, Alexandre Mallard and Cécile Méadel, "Governing What Wasn't Meant to Be Governed: A Controversy-based Approach to the Study of Bitcoin Governance," in Malcolm Campbell-Verduyn, ed., Bitcoin and Beyond: Cryptocurrencies, Blockchains, and Global Governance, London and New York: Routledge, 2018, pp. 138 - 140.

② 关于该案件的详细内容，详见美国司法部的相关报道：https://www.justice.gov/usao-nj/bitclub.

③ 高奇琦："主权区块链与全球区块链研究"，《世界经济与政治》2020 年第 10 期，第 54 页.

新的社会形态，同时，这种数字空间还会将其效应外溢到物理空间。这就使得数字空间中的公共属性大大增加，这就意味着国家必须要进入到该领域。从这个意义上讲，数字空间不是法外之地，也不是强者为所欲为的领地。

同时，在数字空间中，我们也需要警惕资本和数字、技术的结合。我们应力图避免在数字空间中产生数字新权贵，更需要避免基于强者权力对弱者实施暴力的行为。人们在构建新空间时带有一些数字乌托邦理想。[①] 正如中本聪在描述其比特币理念时，已经充分预见到这一点。人们并不希望新的数字空间成为一个霍布斯意义上的自然状态。在数字空间中出现的数字赤裸生命，由于其缺乏与物理世界的联系，往往成为被暴力的对象。[②] 而施加暴力的新权贵则可以隐姓埋名，通过匿名化的技术逃脱监管。所以这些戴着面具的数字新权贵，很可能会成为数字空间中的法外之徒，而国家介入的意义就是要摘掉这些面具。面具在黑客世界中具有某种特殊的意象。例如，黑客在软件中经常使用面具来做自己的化身。黑客希望用这种面具来保护自己的非法行为和身份，而国家的介入就是要在数字空间中建立一种数字新秩序。

这种国家介入才可以保证数字空间中的社会意义的本初含义。社会最大的意义在于人和人之间的联合，涂尔干将其表述为社会团结。这种团结不是之前原初状态的团结，而是一种有机团结。之前在物理空间中，尽管我们也致力于推动社会正义，使得社会越来越倾向于弱者，同时在整体上体现公平。然而，这些努力在整体上会受到外部条件，特别是历史条件的制约。在新的数字空间中，其存在一种伟大实践的可能。换言之，数字空间具备伟大社会实验的基础。由于人在其中介入的是一种数字身份，这就意味着人可以在其中采取某种意义上的脱离方法。因此，这样的数字空间应该更具有社会联合的意义，而不是一种充斥着丛林法则的暴力空间。

结语

这里需要重点思考的是，数字世界中的国家与社会的关系。数字世界在建立之初往往是一个以社会为中心的世界，因为进入者都是以个体的身份来进入

---

① 张培培：“加密货币的乌托邦”，《宁夏社会科学》2020 年第 5 期，第 139—146 页.

② Giorigio Agamben, *Homo Sacer*: *Sovereign Power and BareLife*, Thans. by Daniel Heller-Roazen, Stanford: Stanford University, 1998, p. 84.

的。进入以后，个体和个体之间会形成某些社会联合。然而，在联合过程中，就会产生一些非正义甚至是暴力。从这个意义上讲，国家是必要的善。国家的介入代表了一种分配正义。在数字世界中，会产生优势权力者。优势权力会将资本和技术结合，从而成为数字空间的新权贵。而我们要实现数字空间的正义，就要将国家权力引入进来。

国家代表了一种整体性力量，会对多方利益进行平衡。[①] 同时，国家可以给整个数字空间建立新的秩序，通过税收和再分配的双重机制，对社会财富进行协调和再分配。这就使得数字空间有进一步实现正义的可能。然而，同样需要注意的是，介入的国家不能过于强调家长制。因为国家是一种外部介入的强力，国家的介入可以给整个数字空间建立秩序框架。但如果国家介入过强，很可能会抑制社会团体和企业的创新空间。因为数字空间是一个新大陆，其运行的规则与传统的物理空间有明显的区别，其中有许多规则是在运行中才能建立起来的。如果国家的约束过强，可能会抑制企业和社会的创新努力。因此，不能将国家的介入变成一种强国家的监管主义。目前，西方社会已经出现了对于西方国家的国家监视主义的批评。这其中隐含的观点是，过强的国家介入可能会伤害数字世界中的创新和活力。

这一点尤为集中体现在国家数字货币的发行过程当中。由于国家可以完全主导数字货币的发行，因此，很容易把数字货币的发行完全变成一种国家行为。而国家行为在某种意义上可能会限制区块链自身的多中心特征，因为区块链本身意味着一种分布式账本的技术，多方参与和多方协调是其本意。因此，国家在法定数字货币发行的过程当中，需要社会团体、专家和公民个体的充分介入。这种介入一方面使得国家数字货币在发行之时，可以采用多维视角，避免国家强力对数字秩序活力的一种抑制。同时，还可以充分吸纳企业、社会团体以及公民多方的意见，在新的数字货币基础上构建一个全新的数字空间。在这样的数字空间中，国家与社会的平衡是其基础。简言之，在这样的数字新空间中，不能任由新权贵在其中为所欲为，同时，也不能让过强的家长制来限制企业和社会团体的创新行为，这就需要积极的社会行动主义和企业行动主义加以平衡。

在新的数字空间中，协商民主和多方对话应该成为常态，而协商民主的结

① 高奇琦：“智能革命与国家治理现代化初探”，《中国社会科学》2020 年第 7 期，第 83—85 页.

果，可以通过智能合约的方式加以固定。[①] 区块链的优势本身就是一种多方的信息交换、行动协同和共识积淀。而区块链的发展，特别是数字货币的发展，本身就要把这种协商精神发挥到极致，这样才能保证一个新的繁荣的数字世界。我们在构建这种数字世界时带有一种对未来的期望，希望其可以成为一个具有活力、更加正义的数字世界。在这样的数字新大陆之中，多方权力和规则进行重组，一场新的社会契约活动会加以开展。未来的数字新世界是，以国家作为一个基本调停力量和仲裁力量，社会各方在有规则秩序、更具有平等精神和各方利益得到保障的基础上展开良性互动的和谐世界，而不是建立在资本、技术和权力基础上的一个充满血腥、隐性暴力和争夺的丛林世界。

① Konstantinos Christidis and Michael Devetsikiotis, "Blockchains and Smart Contracts for the Internet of Things", *IEEE Access*, Vol. 4, No. 11, 2016, pp. 2299 - 2301.

第八章

科层区块链：区块链与科层制的融合形态

区块链作为智能革命的重要相关技术，正在对人类社会产生重大影响。作为区块链应用的最重要形态之一，比特币从诞生初始就显现出极强的无政府主义特征。近年来比特币的币值屡创新高，这就使得政府不得不深入思考其给政府监管带来的新挑战。同时，在面对信息革命和智能革命的过程中，政府的科层制结构也出现了一些适应性问题。通过将区块链这一技术整合到科层制的框架之中，可以为政府未来的组织重构提供新的思路。本文将围绕区块链和科层制的融合提供一些探索性思考，并尝试提出科层区块链这一概念。

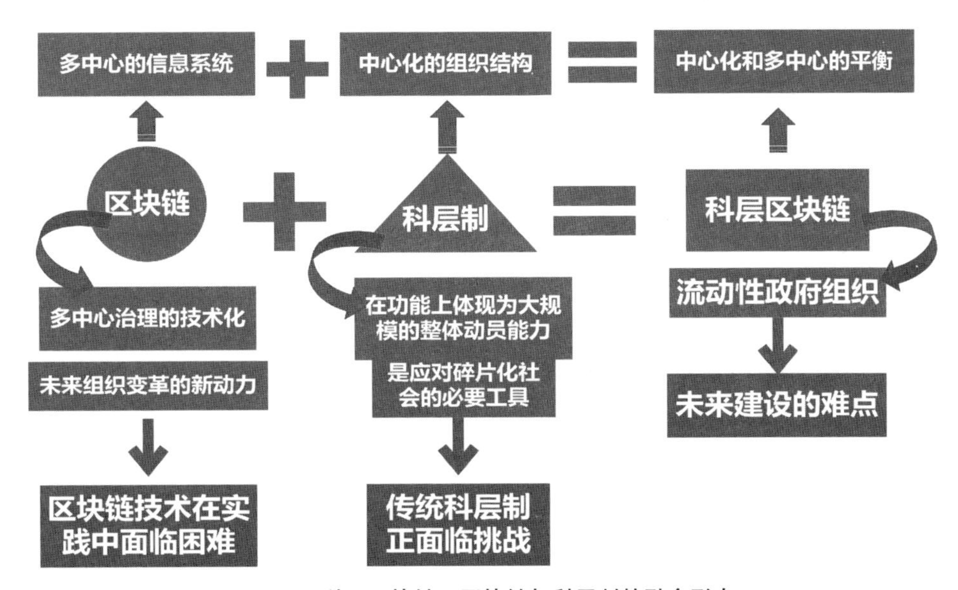

图 8.1　科层区块链：区块链与科层制的融合形态

一、科层制在后现代社会中的困难

科层制是在前两次工业革命的基础上形成的。第一次工业革命是蒸汽革命，其带来了生产方式的巨大转变，同时也使得国家能力开始集聚。从社会角度来看，在第一次工业革命之后出现了工人运动，马克思的思想也成为工人运动反抗资本主义国家统治的重要思想武器。第二次工业革命深化了第一次工业革命的成果，使得国家动员的能力进一步增强。以电力革命和内燃机革命为基础的国家能力的增强最终体现为科层制度的建立。科层制是一种层级的行政制度，其可以从国家的顶端到基层社会整体建立一种强动员的组织架构。一旦国家和政府做出某个决策，科层制就可以将这一决策从国家的顶端一直传递到神经末梢，并深入到社会基层。

科层制的整体动员结构之所以在农业社会很难实现，与之前技术基础的不足有很大关系。现代国家建立在强大的征税权力和对边缘社会强大掌控的基础之上，这都需要强大的国家机器动员能力。在中国传统农业社会中，也出现了某种类似于现代科层制的体系。中国的制度一直被描述为一种农业官僚体制，也就是在农业社会基础之上形成的一种自上而下的整体动员机制。这是人类政治史上的一个奇迹，正因为如此，中国被认为是具有早熟特点的文明国家。然而，这种官僚体制与现代官僚体制还有很大的区别。例如，传统中国的治理方式是“皇权不下县”，即最高统治者的权力很难涉及基层，这也是农业科层制的弱点。正如费孝通先生的论述，乡土社会是个小农经济，在经济上每个农家，除了盐铁之外，必要时很可关门自给。[①] 而这一问题在现代官僚体制中可以得到有效解决，这与技术革命有很大的关系。需要说明的是，传统中国是一种治水文明，这是一种建立在当时农业科技基础上的强国家整合。

科层制的出现与两次工业革命的核心技术密切相关。现代意义上的国家整合更多是在新型科技的基础上完成的。例如，蒸汽机带动了棉纺织业、瓷器业等产业的进一步发展，同时也推动了社会分工。这种社会分工最终对科层制内部的行政分工也产生了影响。例如，在政府内部要区分政务官和事务官，在各个行政部门内部又要进一步分工。同时，在蒸汽革命的基础上，铁路的大量铺设进一步增强了运输能力，轮船的进一步发展也使之成为成本最低的运输方

① 费孝通:《乡土中国》，北京：生活・读书・新知三联书店，1985 年版，第 64 页.

式，这都大大加强了国家对边远地区的直接控制能力，也是现代科层制形成的基础。电力革命则使得城市的进一步发展成为可能。城市是现代治理精细化的开端。相较于农村，城市可以在更大程度上集聚资源，并使得社会分工更加细化。同时，城市产生了传统农业社会中较少具备的、第二产业和第三产业的部门。内燃机革命则使得国家对边缘地区的控制能力进一步增强。例如，汽车的发明大大降低了城市和农村之间物资交流的难度，使得以整个国家为单元的整合成为可能。这都使得现代科层制的征税基础得到进一步强化。对于这一点，马克斯·韦伯（Max Weber）也有过论述："行政管理的精确细致需要有铁路、电报、电话，而且愈来愈和它们结合在一起。"①

科层制在功能上体现为大规模的整体动员能力。现代科层制涉及大规模的行政开支，而行政开支建立在大量文职人员的雇佣之上，其前提是现代国家能够从社会大众手中汲取稳定的税收。同时，在两次工业革命的基础之上，国家的暴力机器也进一步形成，使得国家在很大程度上能够垄断暴力。因此，在科层制内部还需要形成一个强大的军事和司法体制。这一体制使得民间社会不能滥用私刑，而是将对人的惩罚和暴力的使用变成国家和政府的垄断性权力。这就使得在传统的农业社会中，中下层社会的自治空间逐步被国家和科层制侵入。科层制对于现代社会的意义重大，其是现代国家的基础。特别是在进入现代社会之后，一旦出现大规模战争，或者出现重大灾难事件时，科层制的强大动员能力就会成为国家应对危机的关键。因此，科层制最大的意义在于它的整体动员能力，其可以将一个国家中分立为不同单元的社会群体整合为一个类似于紧密团体的组成部分，这其实就是托马斯·霍布斯（Thomas Hobbes）在《利维坦》一书中的核心思想。② 尽管构成国家的单元是分化的，但是，现代国家就是要像一个整体一样进行运作，而这中间整合的关键就是科层制。韦伯是科层制的重要论述者，其从个人在事务上服从官职的义务、个人处在固定的职务等级制度中、拥有固定的职务权限、根据专业业务资格任命、自由选择和契约受命、固定货币薪金支付报酬、职务为唯一或主要职业、职务升迁可评

① ［德］马克斯·韦伯：《经济与社会（上卷）》，林荣远译，北京：商务印书馆，1997 年版，第 249 页.

② ［英］霍布斯：《利维坦》，黎思复，黎廷弼译，北京：商务印书馆，1986 年版，第 132 页.

价、不得将职位占为己有、职务纪律和监督等十个方面论证了科层制的内涵。[①]

然而，目前面临的新挑战是，当人类社会进入后现代社会以后，碎片化结构成为社会的常态，这对传统的科层制构成巨大挑战。这些挑战主要体现在如下几点：

第一，后现代价值观对科层制的整体动员结构产生置疑。罗纳德·英格尔哈特（Ronald Inglehart）主持的“世界价值观调查”表明，西方社会在进入后现代社会之后，出现了强烈的后物质主义价值观。之前人们将生活富裕等物质层面上的追求作为核心的价值观考量，但进入后现代社会之后，后物质主义的价值观逐渐成为主导，即人们会更多地考虑尊重、安全、价值实现等元素。[②] 这一点在亚伯拉罕·马斯洛（Abraham Maslow）的需求层次理论中也可以找到佐证。人们最初的需求是生存需求，然后，伴随着需求层级的逐步实现，人们可能会逐渐将重点转移到了安全或是价值实现等需求层次。[③] 对于西方社会而言，并不是所有跟物质有关的目标都已实现。例如，在西方社会，人们的住房拥有率并不是很高。然而，在福利国家推动的背景下，特别是经历了某些后现代社会思潮的洗礼后，西方绝大多数的年轻人似乎接受了后现代价值观。后现代主义的思想家米歇尔·福柯（Michel Foucault）、雅各·德里达（Jacques Derrida）、让·弗朗索瓦·利奥塔（Jean Francois Lyotard）等思想的传播都对传统价值观起到了强大的解构作用。换言之，在民族国家形成之初形成的国家强动员能力，在后现代思潮的巨大解构效应之下已变得脆弱不堪。尽管科层制仍然是国家的核心架构，然而，在后现代社会思潮以及青年人价值观转变的背景之下，这样的科层制和政府体系已面临诸多挑战。特别是在西方社会，在左翼批判传统的巨大影响之下，人们很容易对政府的行为进行较为激烈地批判，这在很大程度上都会使得科层制面临巨大的压力和挑战。

第二，面对后现代社会多元化、个体化的需求，整体动员的科层制结构似

① ［德］马克斯·韦伯：《经济与社会（上卷）》，林荣远译，北京：商务印书馆，1997 年版，第 246 页.

② Ronald Inglehart, “The Silent Revolution in Europe: Intergenerational Change in Post-Industrial Society,” *The American Political Science*, Vol. 65, No. 4, 1971, pp. 991 - 1017.

③ Abraham. H. Maslow, “A Theory of Human Motivation”, *Psychological Review*, Vol. 50, No. 4, 1943, pp. 372 - 382.

乎很难满足多元化的需求。科层制结构在较大程度上仍然建立在工业体系的基础上，其特点是对全部公民提供某种程度的一致性商品，而公民一旦需要个性化服务时，就超出了科层制服务的范围。法国社会学家米歇尔·克罗齐埃将其称为科层制的恶性循环和体系的僵硬性。[①] 特别是在应对重大危机时，在强社会动员的背景下，每个个体的需要和目标都可能会被激发出来。因此，科层制其相对缓慢的节奏，以及提供公共服务的能力，似乎并不能满足多元化利益的需求。因此，在面对某些重大危机时，政府的科层制结构似乎都会成为社会公众批判的重点。在应对某些重大危机事件时，公众个体似乎对危机有更加敏感的反应，然而，这种类似于"吹哨人"制度的反应，则可能会引起科层制度的压制或否定。这可能会使活跃公民与科层制体系之间形成巨大的冲突。如何调和这一冲突，成为政府治理的一个难题。整体而言，科层制就像一头大象，而后现代社会则像一个装满了瓷器的屋子。因此，一旦出现危机，就像一头大象进了瓷器店，社会结构变得异常脆弱，科层制体系似乎并不能有效应对这些充满风险的突发事件。

在这一背景下，就出现了关于众多批评或质疑科层制的讨论。例如，邱泽奇指出，在迈向网络化的今天，以工厂化为背景的经典组织理论已经面临困境。[②] 童星指出，科层制的缺陷在社会领域暴露得十分明显，而社会治理创新的关键路径在于从科层制管理走向网络型治理。[③] 敬乂嘉将政府扁平化看成是后科层制的一个重要特征。[④] 吴建南等在行政集中执法改革的案例研究中讨论了整体性政府与后科层制的关系问题。[⑤]

二、区块链的革命意义及其限度

区块链的革命意义体现在其分布式特征上，而这一特征与后现代思潮非常

① 米歇尔·克罗齐埃：《科层现象》，刘汉全译，上海：上海人民出版社，2002年版，第300—301页.

② 邱泽奇："在工厂化和网络化的背后：组织理论的发展与困境"，《社会学研究》，1999年第4期，第1—25页.

③ 童星："从科层制管理走向网络型治理——社会治理创新的关键路径"，《学术月刊》2015年第10期，第109—116页.

④ 敬乂嘉："政府扁平化：通向后科层制的改革与挑战"，《中国行政管理》，2010年第10期，第105—111页.

⑤ 吴建南、张攀："整体性政府与后科层制——行政集中执法改革的案例研究"，《行政论坛》2017年第5期，第118—124页.

契合。区块链本身是分布式的，也就意味着区块链不可能接受绝对的中心化。从这一意义上讲，区块链的核心理念与后现代社会的价值观具有很强的一致性，而治理是后现代社会的基本特征。福柯、德里达、利奥塔和吉奥乔·阿甘本（Giorgio Agamben）可以被看作是后现代主义的代表性思想家。福柯关于治理的核心概念是治理术（gouvernementalité）。福柯明确指出，“我们生活在一个治理术的时代”。[①] 在治理术的相关论述中，福柯明确表达了对国家的强批判：“国家的治理化是一个非同寻常的扭曲现象”。[②] 德里达通过延异、解构、踪迹和超文本等一系列概念来表达其中心化的内涵。延异是在拓展中表达一种不同的观点，是差异性的进一步发展。解构的后现代特征更加明显，就是要把中心的内容完全去除。踪迹则是“无目的的符号生成过程中得以可能的起点”。[③] 通过以上概念，德里达构筑了一种超文本结构，其意义在于其自身结构不断解构而造成意义播撒。整体来看，德里达的解构思想与比特币原教旨主义的去中心理念达成了某种一致。解构最重要的功能在于摧毁原有的秩序，然而，其带来的新问题是，在打破原有秩序的同时，如何建立新的秩序？

利奥塔的核心概念是语言游戏。在利奥塔看来，研究和教学都是现代社会合法化的工具，而需要通过语言游戏来解构这种合法化。[④] 传统社会在论证秩序的功能时，往往会谈到政府提供公共物品的基本功能，而游戏则从文化意义上对这种传统秩序的功能进行了解构。从利奥塔的观点出发，可以将权力也看成是一种语言游戏。阿甘本在对未来社会的解决方案时也提到了游戏的意义。阿甘本认为，未来社会最大的风险在于例外状态的常态化，各国以紧急状态之名会将这种紧急状态下的人权克减变成一种常态，而人们为了应对这种例外状态的常态化，所需要做的就是与之游戏。[⑤] 整体而言，区块链的去中心内涵与前述思想家的核心观点有诸多一致之处。

区块链是多中心治理的技术化。区块链本质是一种技术，同时区块链这种

① ［法］米歇尔·福柯：《安全、领土与人口：法兰西学院演讲系列，1977—1978》，钱瀚、陈晓径译，上海：上海人民出版社，2010 年版.

② ［法］米歇尔·福柯：《安全、领土与人口：法兰西学院演讲系列，1977—1978》，第 92 页.

③ ［法］德里达：《论文字学》，汪堂家译，上海：上海译文出版社，2005 年版，第 65 页.

④ ［法］让-弗朗索瓦·利奥塔：《后现代状态：关于知识的报告》，车槿山译，北京：生活·读书·新知三联书店，1997 年版，第 89—116 页.

⑤ Giorigio Agamben, *State of Exception*, trans. by Kevin Attell, Chicago: The University of Chicago press, 2005, p. 64.

技术的背后却蕴含着极强的治理色彩。[①] 简言之，社会科学学者近年来一直推动的治理概念，在实践层面往往被批评为其缺乏推进的抓手。然而，区块链技术却可以提供这一方面的帮助。区块链也可以被看作是一个整体协作的多方协同系统。区块链的革命意义在于其为治理提供了技术基础。[②]

然而，区块链技术的革命意义在实践中同样面临如下困难：

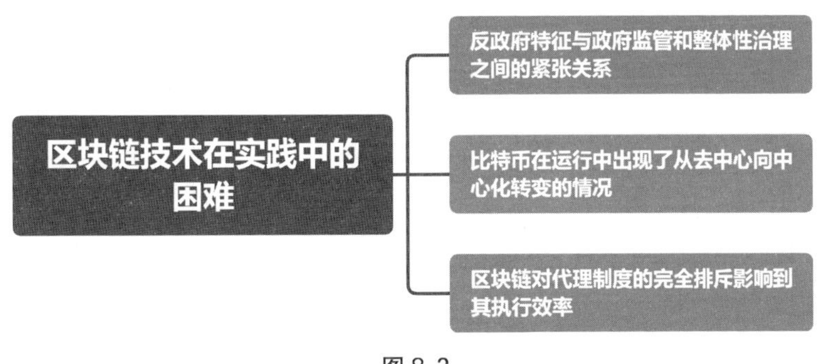

图 8.2

第一，区块链早期参与者所强调的去中心有极强的无政府主义或反政府特征，而这种反政府特征与政府监管和整体性治理之间就会出现紧张关系。西方学者多数将区块链定义为去中心，[③] 在最初推动比特币时，这一理念也起到吸引众多参与者的功能。比特币在最初推动时的核心推动者是一群无政府主义者，其也被称为“密码朋克”，即掌握密码学技术的反政府群体。在美国次贷危机的背景下，此类群体希望通过一种新技术来挑战美元在国际货币系统中的霸权地位。[④] 中本聪在《比特币：一种点对点的电子现金系统》白皮书中确实也表达了去中心的理念。这群无政府主义者批判的中心是美元体系，因此，在比特币的首个区块里就记录了次贷危机这一背景事件。在区块链最初的参与者看来，美元是整个全球金融体系诸多问题的源头。由于美国掌握了发行货币的

① 高奇琦：“智能革命与国家治理现代化初探”，《中国社会科学》2020 年第 7 期，第 90—96 页.

② 贾开：“区块链的三重变革研究：技术、组织与制度”，《中国行政管理》2020 年第 1 期，第 63—68 页.

③ ［美］布莱恩・凯利：《数字货币时代：区块链技术的应用与未来》，廖翔译，北京：中国人民大学出版社，2017 年，第 74 页.

④ William Magnuson, *Blockchain Democracy: Technology, Law and the Rule of the Crowd*, Cambridge: Cambridge University Press, 2020, pp. 10 - 11.

超级特权，而美国对发行货币权利的滥用导致了此次次贷危机。[①] 所以，比特币的创始人中本聪在一开始就将比特币的发行总量锁定为 2 100 万，这使得比特币从一开始就是反美元系统的。比特币的反叛倾向使其力图摆脱政府的监管，这样就使得一种革命性力量一直处于传统体制之外。从本质上讲，比特币仍然是私权区块链，[②] 同时，其开发人员与用户之间存在严重的信息不对称问题。[③]

第二，比特币在运行中出现了从去中心向中心化转变的情况。比特币是区块链的一个重要应用，然而区块链的完整技术特征和应用前景却远远超过比特币。[④] 在比特币的实际运行当中，中心化却越来越成为其显性特征。例如，在早期运作中，加文·安德烈森成为整个比特币系统的核心运营者。创始人中本聪之后在比特币系统中逐渐淡去，不再参与比特币系统的具体运作。之前中本聪与其他参与者沟通的主要渠道是电子邮件，然而，之后中本聪存在于电子邮件的信息系统中，也似乎是希望维持社会大众对比特币的一种去中心化的印象。加文·安德烈森为了推动比特币还建立了比特币水龙头网站，并确定了比特币的基础商业模式。因为比特币是一个内部的封闭系统，所以只有将比特币与外部的货币世界建立联系，比特币的价值才能体现出来。在实际运作当中，比特币的运行方式从去中心化逐渐转向中心化。

比特币系统背后的核心运营团队以比特币基金的方式来运作。随着比特币的变现能力进一步增强，以及比特币在市场上价格的进一步攀升，整个比特币的挖掘产业化实现了进一步发展。由原来的个人计算机挖矿，到之后专业的矿机挖矿，再发展到矿池挖矿，这使得比特币的挖矿产业越来越专业化。[⑤] 同时，算力逐渐集中到少数个体手中，这一点与互联网的发展非常相似。互联网在发展初期时，就将去中心作为一个核心理念。然而，经过三十年的发展，互

---

① [美] 布莱恩·凯利：《数字货币时代：区块链技术的应用与未来》，廖翔译，北京：中国人民大学出版社，2017 年，第 44 页.

② 高奇琦："主权区块链与全球区块链研究"，《世界经济与政治》2020 年第 10 期，第 54 页.

③ Marcella Atzori, "Blockchain Technology and Decentralized Governance: Is the State Still Necessary?" *Journal of Governance and Regulation*, Vol. 6, No. 1, 2017, pp. 45 - 62.

④ Sarah Underwood, "Blockchain beyond Bitcoin", *Communications of the ACM*, Vol. 59, No. 11, 2016, pp. 15 - 17.

⑤ [美] 保罗·维格纳、迈克尔·卡西：《加密货币：虚拟货币如何挑战全球经济秩序》，吴建刚译，北京：人民邮电出版社，2015 年版，第 133—140 页.

联网出现了严重的去中心化，即整个互联网经济和运作的生态被少数大型平台型企业所掌握，这在世界范围内都是如此。整体而言，比特币的革命潜能在实践中遭遇异化，这使其与创始初心明显不相符合。

第三，区块链对代理制度的完全排斥也会影响到其执行效率。从效率的角度来讲，完全去中心无法实现有效的社会共识。区块链的分布式治理特征有助于消除传统中心化机构，然而却往往容易导致个体权利的流失。[①] 尽管区块链的核心构成技术之一也包括共识机制，然而，参与者人数越多也意味着达成核心共识的难度越大。而现代政治的一个重要发明就是“代理人机制”。例如，议会制度的内核是在人民议会中选择代理人代表人民去参与立法和其他事务的讨论。再如，现代交易组织中最核心的部分就是交易中介。交易中介通过代表委托人，在交易过程中可以节省委托人的参与成本。现代代理机制的核心也是效率原则，即委托人不直接去参与政治或者经济事务，从而有更多的自由时间可以从事其他工作。因此，委托代理机制可以有效实现效率提升和成本降低。当然，代理人机制也有自身的弱点。例如，代理人在长时间代理后，可能会形成某种垄断效应，即代理人会利用其在代理服务中的特殊地位，向委托人收取高价，使得委托人可能会付出更多的成本。整体来看，在代理人实现某种行业垄断地位之后，会使得整个代理系统变得更加低效。另外，代理人在进行专业服务时，还可能会违背委托人的初始意愿。以上问题都可以归结为代理人的异化问题。

因此，区块链的发展并不是要完全取代代理人，而是要避免代理人异化。没有代理人的世界，就会变成一个完全由委托人进行互动的世界。在这样的世界中，运营成本会非常之高，因为每个个体不可能对人类社会事务中的所有细节都非常清楚。因此，当完全变为委托人之间的互动后，就会使得委托人不得不去学习各方面的专业知识，就会形成专业知识的负荷超载。另外，委托人的时间也是相对有限的。让委托人事无巨细地去处理所有事情的细节，委托人的时间也会变得非常局促，即形成委托人时间的负荷超载。以上两大超载就使得区块链仍要引入代理人机制，同时也促使联盟链在区块链技术中越来越成为主流。比特币最初的设计理念被称为公有链。公有链即委托人互动的世界，其目

① Marcella Atzori，“Blockchain Technology and Decentralized Governance：Is the State Still Necessary?” *Journal of Governance and Regulation*，Vol. 6，No. 1，2017，pp. 45 - 62.

的是去掉代理人。然而，这样的互动只能涉及非常简要的信息。一旦涉及的信息比较多元，信息量比较大，那么对整个系统就是一个超大负荷。因此，公有链在实际运营中面临了诸多方面的挑战。

三、为何要将区块链与科层制融为一体？

前文讨论了区块链的革命意义及其限度。在未来发展过程当中，区块链需要逐渐将其功能调整为社会治理。区块链是克服人类集体行动难题的重要技术路径。[①] 然而，目前在西方世界，区块链主要是作为一种反抗者的角色出现。无政府主义者是一种反抗者，其出发点是表达一种社会抗争，或者说是表达一种公民不服从的态度，其更多是一种批判者而非建设者。建设者就需要完成一种体制化的转型。

这里可以以西方社会运动作类比。在早期出现时，西方社会运动完全是一种表达意义的抗议性运动，如生态运动、女性主义运动、和平运动等。这类运动在 20 世纪 60 年代大量出现，形成了美国反对种族歧视的多次大规模社会抗议。同时，在欧洲，法国也出现了六月风暴等社会运动。一大批思想家也卷入了这种社会运动。例如，赫伯特·马尔库塞（Herbert Marcuse）、福柯等都是该次社会运动的积极参与者。然而，在浪潮过去之后，无论是思想家还是实践者，都对社会运动进行了长期反思，同时也深刻认识到，此类社会运动仅仅是为了抗议而抗议，缺乏对社会治理的整体建设性考虑。这是之后社会运动转向议会斗争的一个重要背景。其中，最典型的案例就是绿党的发展。绿党最初的形态是生态运动。绿党转型为政党的议会斗争就是其运动组织者看到了社会运动的不足，主张对西方资本主义社会的改造需要通过体制内路线来进行。这类新出现的政党往往被称为运动型政党。运动型政党既包括左翼的生态主义政党，也包括极右翼政党。简言之，在早期社会运动中的一些反抗力量，在经过长期反思之后逐渐进入政治系统内，转变为通过体制内的表达不满来作为其反抗的常规形态。

西方社会运动的体制内转型对区块链的发展有重要意义。区块链在西方最

---

① 高奇琦："区块链在智能社会中的政治经济意义"，《上海师范大学学报（哲学社会科学版）》2021 年第 1 期，第 108—115 页.

初出现时，也是以一种反抗运动的形式出现的。目前比特币的发展还面临某种时间的窗口，也就是主权国家对其采取了相对容忍的态度。例如，比特币在很大程度上适用于黑市交易。最近比特币在市场上的交易价格屡创新高。一方面，这里存在少数资金炒作的原因；另一方面，就是各国对其监管的态度相对比较宽容。一旦监管政策加强（特别是一些核心国家如美国）之后，那么比特币的空间就会迅速缩小。因此，如果区块链希望发挥更大的作用，就需要进入体制，并与体制相结合，使传统的科层制结构发生内在的核心性变化。如韦伯所指出的："正如对于迄今为止合法型政府来说，它发挥着职能一样，对于获得权力的革命以及占领的敌人来说，一般情况下，它也干脆地继续发挥其职能。"① 韦伯这里的"它"是指科层制。韦伯明确指出，即便是那些希望推翻科层制的革命者，最后也不得不使用科层制。区块链的多中心特征在重塑人类社会的权利结构方面具有非凡潜力，但同时，区块链的应用又必须加入必要的治理机制。② 当然，这里需要考虑如何在联盟链的基础上，推动区块链与科层制的结合。一方面，这种结合可以避免科层制中的结构臃肿、行动缓慢等问题。另一方面，其又可以避免区块链的少数代表问题。

另外，我们同样需要将区块链这样的革命性力量注入科层制中。要讨论清楚这一问题，需要在如下两点上展开。

第一，为何西方会存在强大的无政府主义或反政府思潮？比特币和其他非主权加密货币的最大问题就在于，其背后的基本理念是完全的无政府主义，所以其在实践中会遭遇诸多困境。这里需要对西方文化中对政府的排斥作深入的理解。为什么在西方政治思想中会出现一种对政府的天然排斥？为什么要将政府看成是一种必要的恶？为什么西方人将政府的功能定义为恶而不是善？在西方的基督教文化中，上帝是一个泛在化的存在。尽管在新教改革之后，西方社会进入了世俗化，但是，基督教在西方的社会大众中，仍然是一个泛在化的存在。对于许多信教的个体而言，个人所信仰的只能是上帝，人必须匍匐在上帝的主权之下，这是西方的基督教文化传统。这其中蕴含的政治寓意是，人们所

---

① ［德］马克斯·韦伯：《经济与社会（上卷）》，林荣远译，北京：商务印书馆，1997 年版，第 249 页.

② Malcolm Campbell-Verduyn, "What are Blockchains and How Are They Relevant to Governance in the Global Political Economy?" in Malcolm Campbell-Verduyn, ed., *Bitcoin and Beyond: Cryptocurrencies, Blockchains, and Global Governance*, London and New York: Routledge, 2018, pp. 3 - 4.

完全信任的只能是上帝。在上帝之外，其他都不可信任，包括国家。

然而，在近代世俗化的过程中，人们产生了一种对国家的实际需求。人们并不能完全推翻上帝的影响，但同时也需要借助国王的力量，因此就把国王和国家看成了必要的恶，是一种不得已而必须借助的工具，这构成了西方近代政治哲学的思想源头。尽管一些西方近现代政治思想家（如霍布斯和黑格尔）对国家的功能给予了正面评价，但是从整个西方政治思想的长河来看，绝大多数思想家对于国家仍然保有一种内在的排斥。这与西方的基督教文化传统密切相关，而这一点与中国的文化传统恰恰相反。中华文明本身是一种相对世俗化的文明，并且中国很早就进入了一个治水社会，这需要人们完成大规模的协作，因此，在中华思想中，就产生了一种整体协作的文化。在中国的语境和文化之中，君主和国家被看作一种善的存在，当然这需要对君主的贤能和美德有较高的要求。对中西方文化的比较可以帮助我们更加全面理解国家和政府在人类活动中的意义，而不是像西方那样将反对政府看成是一种当然的传统。

第二，在今天的后现代社会，科层制完全失去意义了吗？之前我们讨论了后现代社会的发展对传统科层制形成的冲击。实际上，需要看到的是，后现代社会对人类之前存在的一切事物都发起解构效应，同时，在这样的巨大碎片化影响之下，科层制的整体动员效应似乎更加可贵。韦伯的判断今天仍然适用："没有官僚体制的机构，除了那些自己还占有供应物资的人（农民）外，对所有的人来说，现代的生存可能性都将不复存在。"[①] 科层制在应对重大危机面前具有重要意义。但这里需要对常态和非常态进行区分。在常态事务面前，人们似乎感觉不到国家的存在，然而，国家和政府科层制都是政治系统运作的基本形态。例如，科层制会通过一种政治仪式来表明自己的存在。当然，如果社会基本运行良好，普通公民在日常事务中并不是时刻都会强烈感受到科层制的系统性。但是，在非常态之下，科层制就会变得极为重要。在危机状态时，社会需要在短时间内动员大规模的社会力量，并实现某个整体性目标，这使得整体化动员变得至关重要，而科层制在其中可以发挥重大作用。

整体而言，科层制是应对碎片化社会的必要工具。如前所述，在后现代社会中，利益和社会单元将出现碎片化。然而，要应对这种碎片化仍然需要社会

---

① ［德］马克斯·韦伯：《经济与社会（上卷）》，林荣远译，北京：商务印书馆，1997年版，第249页.

的再组织，因为社会本身就是在动态平衡之中发展的。过于分散的社会将很容易陷入社会分裂。当然，目前社会日益走向多元化，这与生产力发展和信息革命有密切关系。生产力进一步发展使得社会物品进一步丰富。对个体而言，其可以不需要依赖其他人就可以维持自身的生活。但是，这种不需要也有可能是一种感知上的不需要。例如，即便是一个失业的人，他也需要在国家的救济体系下维持基本的生活。这看似是不需要其他人的帮助，然而却依靠着一个强大的国家。同时，在信息技术条件下，媒体的中心发生了转变。在现代国家之初始，当时的媒体主要是印刷媒体，如报纸。之后，媒体逐渐拓展为电视等形式。进入互联网时代之后，媒体日益分散化。每个个体都可以成为媒体的中心，这就使得意见的表达越来越碎片化。这种碎片化的力量，在危机出现时会产生巨大的影响，即多方的意见都可以通过媒体得到表达。这就使得在紧急状态下，如何协调一致变得至关重要。如果政府在这一状态下缺乏决断力，那很有可能会陷入民众无益的讨论当中，最后可能延误时机，并丧失对危机处置的主动权。简言之，在碎片化的时代更加需要整体性治理的介入。[①] 在未来的公共管理形态中，管理科层会受到一定程度的压缩，但不会完全消失。[②]

因此，从这一意义上讲，需要将区块链与科层制相结合。国外已经有学者注意到将区块链与政府治理结构的结合。[③] 区块链会成为未来组织变革的新动力，其具备改变人类社会形态的巨大潜力。[④] 区块链本身是一种多中心的信息系统，而科层制则是一种中心化的组织结构。两者的结合可以在中心化和多中心之间达成某种平衡。区块链的内核是分布式的自律组织，而这种组织形态恰恰可以与科层制进行结合。[⑤] 科层制的优点在于其巨大的垂直结构，对整个社会具有穿透性。同时，由于科层制自身的责任系统，也使得整个科层制结构在应对危机时会综合各方面的利益，不会对某个群体过度偏袒。区块链则代表了

① 竺乾威："从新公共管理到整体性治理"，《中国行政管理》2008 年第 10 期，第 52—58 页.

② 何哲："面向未来的公共管理体系：基于智能网络时代的探析"，《中国行政管理》，2017 年第 11 期，第 100—106 页.

③ MyungSan Jun, "Blockchain Government—A Next Form of Infrastructure for the Twenty-First Century", *Journal of Open Innovation: Technology, Market, and Complexity*, Vol. 4, No. 1, 2018, p. 7.

④ 贾开："区块链的三重变革研究：技术、组织与制度"，《中国行政管理》，2020 年第 1 期，第 63—68 页.

⑤ [日] 野口悠纪雄：《区块链革命：分布式自律型社会出现》，韩鸽译，北京：东方出版社，2017 年，第 165—172 页.

一种水平化的动员，可以让优势群体和弱势群体在同等重要的平台上进行个性化展示。同时，这种个性化展示有可能会将社会撕裂，因此也需要将区块链整合到科层制系统之中，这样才能够使中心化与多中心之间形成动态平衡。过度中心化会导致社会个体丧失主动性，而过度的多中心则可能会导致社会团结的困难和社会协同的不利。近年来，社会科学学者围绕治理提出了一系列核心概念，如多中心治理、多层治理与整体性治理等。治理本身是分布与整合的辩证统一。治理首先建立在分布的基础上，即需要各个单元发挥主动性。同时，治理的内核是一致行动，也就是要达到整体主义的目标，所以，部分之间的合作就会变得至关重要。因此，治理就是部分与整体的辩证统一。通过区块链和科层制的融合，可以使得治理的目标更容易实现。

四、科层区块链：一种新的形态

笔者认为，科层区块链可以被看作是一种流动性政府组织，即可以在一定程度上突破传统组织结构的液态组织。在传统的科层制结构中，绝大多数参与者都是正式员工，而未来可能会出现大量的非正式员工。换言之，正式员工变成极少数，而非正式员工成为大多数。在特殊的紧急状态下，政府可以广泛地动员社会，通过其高效的智能合约机制，可以在短期内雇用大量的社会人士来进行整体性动员。智能合约可以将合约的相关条件固定在区块链上。一旦条件达成，交易自动实施。[①] 智能合约是区块链在数字货币之外最为广泛的应用。然而，一旦完成任务之后，就可以让短期内动员的志愿者回归到原来的工作岗位和状态。

目前，在实践中已经出现了一些相似的特征。例如，在中国抗击新冠疫情的过程中，这一功能的发挥更多以政党动员的方式来进行。通过党员的组织结构发动党员或者积极分子来进行社会任务的分配和安排，这一点在应对疫情中发挥了重要作用。然而，对于其他政党制度化程度并不高的国家而言，那如何实现这一目标？那么科层区块链就可以在这一过程中发挥重要作用，即通过各类正式和非正式的智能合约，短期内进行社会招募。同时，组织者也可以将任

① Konstantinos Christidis and Michael Devetsikiotis, "Blockchains and Smart Contracts for the Internet of Things", *IEEE Access*, Vol. 4, No. 11, 2016, pp. 2299 - 2301.

务分割成一些小的任务单元，其中可以采用志愿体制或薪酬体制。由于智能合约的存在，合同可以进行进一步分解。同时，这种方式不仅可以在非常态下使用，还可以在常态下实现政府工作人员精简的目标。伴随着现代事务的日益繁杂，政府的功能越来越多，大政府就会成为一种自然形态。然而，大政府反过来却成为社会大众的负担。因此，通过科层区块链可以将一些岗位和工作以智能合约的方式发包到社会大众。威廉·马格努森（William Magnuson）将区块链的民主价值定义为大众之治（the rule of Crowd）。[①] 之前关于任务型组织的讨论已经跟这一趋势有交集，[②] 而区块链就是把这种任务型组织进一步制度化，同时整合到政府的科层结构之中。韦伯还多次谈到科层制的赋权效应，即科层制可以推动社会的平等化。同时，韦伯还强调，推动科层制的有力发展，需要强调专业知识在其中的作用。韦伯明确指出："为了能普遍地从专业业务上最有资格的人当中招募人才，倾向于等级拉平化"。[③] 韦伯所强调的这两点与区块链的本质都是一致的。区块链的原初含义就是推动社会的平等化，同时，区块链可以在智能合约的基础上推动基于专业知识的政府精准治理。

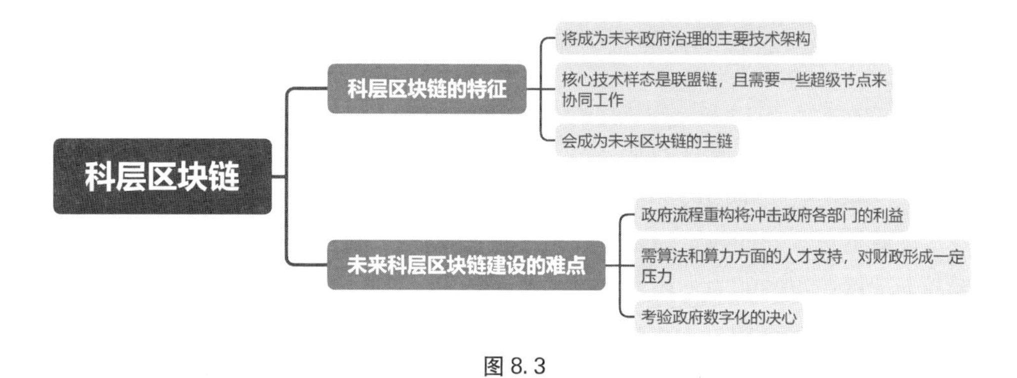

图 8.3

具体而言，科层区块链主要表现为如下特征：第一，科层区块链将成为未来政府治理的主要技术架构。伴随着政府的数字化进程，大量的数字系统之间

---

① William Magnuson, *Blockchain Democracy: Technology, Law and the Rule of the Crowd*, Cambridge: Cambridge University Press, 2020, pp. 191 - 205.

② 张康之、李东："论任务型组织的资源获取能力"，《公共管理学报》，2008 年第 1 期，第 100—105 页.

③ ［德］马克斯·韦伯：《经济与社会（上卷）》，林荣远译，北京：商务印书馆，1997 年版，第 250 页.

要互相协同，这就需要建立在区块链的基础上。区块链的分布式系统可以实现各部门之间的加密信息共享，并提高协同效率。[①] 区块链可以通过加密算法，既能在系统间同步数据，又可以保障原数据的私密性。[②] 第二，科层区块链的核心技术样态是联盟链，且需要有一些超级节点来进行协同工作。这些超级节点由政府部门、企业代表以及公民代表共同构成。政府来发挥中介和监管的功能，企业代表可以反映其诉求，也可以提供必要的技术支持，公民代表则代表公民个体直接将其意愿注入科层区块链之中，这就形成了政府、企业与公民的三元科层区块链结构。伴随着政府数字化转型提速，信用数字化技术倒逼政府信用体系改革。[③] 科层区块链的建设还可以大大提高信用数字化的水平。第三，科层区块链会成为未来区块链的主链。目前在现实中有大量的公有链和私有链。对大量区块链缺乏监管的情况，未来要通过科层区块链来实现。科层区块链需要建立有效的区块链发现和追踪机制，并将绝大多数区块链逐步纳入到政府的监管框架之下。科层区块链在某种意义上也是对所有区块链系统进行监管的监管链。第四，科层区块链可以完整地反映出未来的液态政府形态，这就使得一系列传统的政府结构要进行重构。例如，政府的审批功能就需要重新设计和建构。这样的政府形态会变得更加扁平化，个体与政府之间的层级会减少。

未来科层区块链建设的难点主要如下：第一，科层区块链推动的政府流程重构会对政府各个部门的部门利益形成冲击，因此，要推动这样的改革，需要极大的政治勇气，同时也需要在顶层上进行整体设计。这样的整体设计不仅需要重新建构组织的能力，还要考虑到实际情况。政府流程再造要在解决实际问题的过程中进行建构，否则的话，完全的重新塑造可能会失去组织建立的基础，从而导致改革的失败。第二，要构建这样的完整科层区块链需要算法和算力方面的人才支持，对财政也会形成一定的压力。这样的一个整体性系统的构建，对资源的消耗非常惊人。同时，这一系统对人才也有较高要求。以互联网企业为例，短视频企业快手的员工数量在两万人以上。因此，如果运用这样的

---

① 张楠、赵雪娇："理解基于区块链的政府跨部门数据共享：从协作共识到智能合约"，《中国行政管理》2020年第1期，第77—82页.

② Francesco Restuccia, "Blockchain for the Internet of Things: Present and Future," *IEEE Internet of Things Journal*, Vol. 1, No. 1, 2018, pp. 6 - 7.

③ 刘淑春："信用数字化逻辑、路径与融合"，《中国行政管理》2020年第6期，第65—72页.

科层区块链来服务于整个政府架构，并且对公民提供服务，这其中对算力和算法人才的要求都极高，同时也需要财政对其有一定的保障。第三，科层区块链的建构最终会考验到政府数字化的决心。在数字化的过程中，政府是被卷入这一进程的。换言之，在数字世界的建构过程中，主要是平台型企业在发挥巨大作用。同时，平台型企业与资本合作，正在通过数字方式似乎走到政府公共性的对立面。[①] 然而，目前的数字化已经深入到政府治理的各个领域，这使得政府不得不介入。然而要构建这样的科层区块链，无论是对整体架构还是各方面资源都提出了较高要求，因此就需要政府下定决心主动介入数字化的过程之中。未来数字中国建设的过程中，数字政府建设会成为核心支撑内容，[②] 而科层区块链则需要成为数字政府建设的重要内容之一。科层区块链的发展也可以为中国政府的数据治理提供新的思路。[③] 当然，在科层区块链的建构中，政府也要充分考虑成本与收益的平衡、短期利益与长期利益的平衡等一系列问题。需要特别强调的是，科层区块链不是简单地将区块链运用于政府服务，[④] 而是需要将区块链的组织框架与科层制结构形成内生性的融合。

结语

科层区块链的本质是分布式整合。首先，科层区块链应基于分布，因为社会治理的大趋势是多中心化，而多中心就需要分布式地处理各种社会需求。然而，科层制的内涵是进行整体性的社会动员，这其中的核心内涵是整合。科层区块链是两者核心特征的结合，即分布式整合。这里的核心问题是，科层区块链是多中心的科层制还是科层化的多中心治理？换言之，科层区块链要更偏向科层制，还是更偏向多中心治理？

---

① 孟庆国、崔萌："数字政府治理的伦理探寻"，《中国行政管理》2020 年第 6 期，第 51—56 页.

② 江小涓："以数字政府建设支撑高水平数字中国建设"，《中国行政管理》2020 年第 11 期，第 8—9 页.

③ 鲍静、张勇进："政府部门数据治理：一个急需回应的基本问题"，《中国行政管理》2017 年第 4 期，第 28—34 页；黄璜、孙学智："中国地方政府数据治理机构的初步研究：现状与模式"，《中国行政管理》2018 年第 12 期，第 31—36 页；郑磊："开放政府数据研究：概念辨析、关键因素及其互动关系"，《中国行政管理》2015 年第 11 期，第 13—18 页.

④ 张楠、迪扬："区块链政务服务：技术赋能与行政权力重构"，《中国行政管理》2020 年第 1 期，第 69—76 页.

对这一问题的回答要基于情境来具体分析。在常态下，科层区块链更主要是科层化的多中心治理，其内核是多中心治理，而科层化是外在规定性。在常态下，政府的许多功能是模块化的，而模块化的功能都可以交给社会组织，甚至是企业来完成。当然，在这一过程中，需要由政府邀请一些第三方机构对社会组织或企业完成的效率和公正度等内容不断地进行评估与监督。只要社会组织或企业能高效率地完成相关工作，那么绝大多数的任务就可以交出去。这就是之前讨论较多的公私部门合作。政府在其中发挥重要的协调性作用，即发挥核心发包的功能。被细分的任务可以由一些非政府部门来完成。一方面，基于市场的原则来进行评价可以提高效率。另一方面，也可以减少政府运作中可能会产生的寻租问题或者效率低下等问题。区块链在其中的功能是，将非常复杂的任务分解发包，并以智能合约的方式精准固定。区块链的本质是一种分布式协同，可以通过共识机制为智能社会的形成提供助力。[①] 同时，一旦某个任务没有有效完成，由于相关资产都被锁定在链上，那么就会触发相关的督促或惩罚机制。区块链的核心是分布式自律组织，其在常态中可以更多实现自我管理。[②] 这种智能合约功能可以约束被委托人更加忠实地完成委托者的委托义务。在这一过程中，核心是多中心治理。

在非常态下，科层区块链更主要是多中心的科层制，其内核是科层制，而多中心是外在规定性。在公共危机应对中，需要充分发挥人工智能的作用，[③] 同时，也要将区块链的作用导入其中。人工智能在危机治理中会产生一些问题，如公民隐私泄露的问题，区块链中的加密算法可以有效地应对这一问题。在非常态的状态下，社会很容易陷入混乱和碎片化，特别是在目前信息革命和智能革命的背景之下，社会多元的利益被表达出来，因此整合是一个难题。所以，在这样的背景下，政府结构要在短时间内实现功能扩大。简言之，政府在常态下可能是小政府，然而，到非常态下就可能会变成大政府。政府经过短时期内的全面动员，才能够有效地应对危机，其中就需要科层制的垂直机

---

① Melanie Swan, "Blockchain Thinking: The Brain as a Decentralized Autonomous Corporation", *IEEE Technology and Society Magazine*, Vol. 34, No. 4, 2015, pp. 41－52.

② ［日］野口悠纪雄：《区块链革命：分布式自律型社会出现》，韩鸽译，北京：东方出版社，2017年，第167—172页.

③ 周慎、朱旭峰、薛澜："人工智能在突发公共卫生事件管理中的赋能效用研究——以全球新冠肺炎疫情防控为例"，《中国行政管理》2020年第10期，第35—43页.

构发挥核心作用。当然，这种垂直结构仍然需要以分布式的方式来进行平衡，因为垂直结构有可能会带来权力中心化的一系列问题。例如，缺乏监督可能会造成权力滥用问题。而区块链的内核是中心通过制度化的方式运用智能合约，将政府在短期内的权力扩大化，限定在相对有限的范围之内，这就起到了对科层制的有效监管。

当然，其中的难题是伴随着人类社会日益进入风险社会，或者说人们对风险的承受能力越来越弱，这种常态和非常态的方式可能会逐渐模糊化。阿甘本将其概括为例外状态的常态化。[①] 当然，这种情况也不能被过度解释。在疫情结束之后，人类社会就会相对进入一个平稳时期，这就属于常态。当然，非常态和常态可能会交叉进行，这样两者处于一种不断地动态调整之中，这恰恰是科层区块链的意义。科层区块链可以让政府的组织结构不断地处在动态调整之中。在常态时，这一机制可以让社会大众休养生息，更多依赖于社会大众自身的力量来运作。而进入紧急状态之后，其又可以高效地进行整体动员，对所针对的问题给予有效应对和解决，这就是科层区块链的核心本质。

---

① Giorigio Agamben, *State of Exception*, trans. by Kevin Attell, Chicago: The University of Chicago press, 2005, p. 2.

第四部分

全球治理变革与区块链的潜能

第九章

主权区块链与全球区块链：区块链与全球治理的未来

目前我们正处在第三次工业革命和第四次工业革命的交叉点上。第三次工业革命是信息革命，而第四次工业革命是智能革命。区块链是智能革命的重要支撑技术之一。围绕区块链技术，近年来中美等国都在进行相关的技术创新。中国启动了国家数字货币的发行，而美国在这一领域的创新则更多体现为脸书等超级公司推动的天秤币（Libra）。同时，全球治理体系也处在剧烈的变动之中，即“百年未有之大变局”。笔者试图回答的核心问题是，区块链对于未来全球治理体系的重构究竟有何种影响？笔者将目前已经处于实践状态的主权区块链，以及未来对全球治理体系将有重大重构性影响的全球区块链作为讨论的重心。

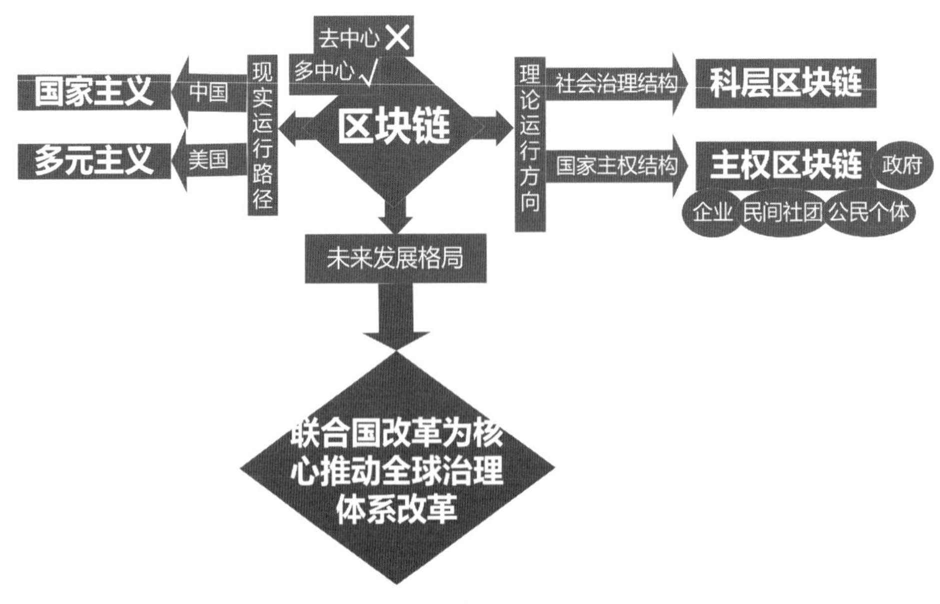

图 9.1　主权区块链与全球区块链：区块链与全球治理的未来

一、科层区块链与主权区块链：从去中心到多中心

在区块链的早期发展中，许多区块链的研究者都主张将区块链定义为去中心。例如，劳里·休斯（Laurie Hughes）等认为，从结构来看，区块链是围绕分布式数据库和去中心化的不可变机制而构建起来的。[①] 另外，一些学者从金融开放与包容的角度出发，认为区块链技术支持下的金融开放可以实现金融中心的去权力化与边缘化。[②] 然而，笔者认为，将区块链的核心要义定位为去中心是不准确的。具体有如下理由：

第一，在现实运作中，中心和去中心是相互辩证的关系。绝对的去中心是乌托邦的理想。马尔科姆·坎贝尔-威尔杜恩（Malcolm Campbell-Verduyn）认为，区块链的去中心化机制特色在重新配置人类活动中具有非凡潜力，但同时，区块链的应用又必须加入必要的治理机制。[③] 中心的优点是节省个体与权威者之间的交易成本，可以使得协调好的命令得到快速且高效执行。缺点是中心可能会对其他个体的意愿形成一定的压制。换言之，中心容易形成规模效应，然而，中心也容易导致对个体多样化意愿的限制。

第二，绝对的去中心无法实现治理的目标。马切拉·阿托里（Marcella Atzori）指出，区块链分散式的治理模式消除了传统中心化的平台，但是却容易导致公民丧失普遍权利。[④] 并且，在完全去中心的情况下，共识很难实现。比特币被定义为公有链，并被认为是去中心化的代表。但实际上，在比特币的

① Laurie Hughes, Yogesh Dwivedi, Santosh Misra, Nripendra Rana, Vishnupriya Raghavan and Viswanadh Akella, "Blockchain Research, Practice and Policy: Applications, Benefits, Limitations, Emerging Research Themes and Research Agenda", *International Journal of Information Management*, Vol. 49, 2019, p. 115.

② Daivi Rodima-Taylor and William W. Grimes, "Cryptocurrencies and Digital Payment Rails in Networked Global Governance, Perspectives on Inclusion and Innovation," in Malcolm Campbell-Verduyn, ed., *Bitcoin and Beyond: Cryptocurrencies, Blockchains, and Global Governance*, London and New York: Routledge, 2018, p. 109.

③ Malcolm Campbell-Verduyn, "What are Blockchains and How Are They Relevant to Governance in the Global Political Economy?" in Malcolm Campbell-Verduyn, ed., *Bitcoin and Beyond: Cryptocurrencies, Blockchains, and Global Governance*, London and New York: Routledge, 2018, pp. 3 – 4.

④ Marcella Atzori, "Blockchain Technology and Decentralized Governance: Is the State Still Necessary?" *Journal of Governance and Regulation*, Vol. 6, No. 1, 2017, pp. 45 – 62.

运营当中，早期的去中心化产生了巨大问题。在 2013 年出现的“硬分叉”（hard fork）便是由于缺乏中心化的运营团队，导致新的区块格式无法兼容旧的数据格式。①

第三，中本聪的消失是为了支撑人们对比特币去中心特征的印象，然而作为个体而言，中本聪是实际存在的。无论是早期的比特币白皮书的撰写，还是对创世比特币的掌握，都赋予了中本聪（Satoshi Nakamoto）某种类似于上帝的存在。比特币的第一个区块被中本聪掌握，这一区块被称为创世区块，这也是一种中本聪将自己类比于上帝的隐喻。但是为什么中本聪在之后的邮件交流列表中消失了呢？② 谁是中本聪便成了比特币领域的一个经典疑问。③ 笔者用“中本聪是谁”这个例子想说明的是，中本聪本人是客观存在的，然而他之所以不愿意出现，就是希望维持参与者对比特币去中心化的认识。

第四，在实际运营中，比特币仍然存在一个寡头结构。比特币的分布式账本看似是由全体“矿工”来维持。比特币协议是规则的集合，而任何计算机加入或退出这一规则都是自由的，这被认为是去中心化的一个重要例证。④ 但是从比特币发展过程中的重大事件来看，在涉及版本更新、比特币的扩容问题、交易暂停等重大问题时，仍然是由少数的社区管理者进行决策。⑤ 并且，目前

---

① Francesca Musiani, Alexandre Mallard and Cécile Méadel, “Governing What Wasn't Meant to Be Governed: A Controversy-based Approach to the Study of Bitcoin Governance,” in Malcolm Campbell-Verduyn, ed., *Bitcoin and Beyond: Cryptocurrencies, Blockchains, and Global Governance*, London and New York: Routledge, 2018, pp. 138 - 140.

② 比特币的理念是在密码朋克的相互邮件之中诞生的。中本聪的比特币白皮书《比特币：一种点对点的电子现金系统》一文，就是发表在密码朋克之间交流的群发邮件之中。2011 年后，中本聪逐渐在人们的视野中消失。即便在邮件列表之中，中本聪也不再显示自己的存在.

③ 早期的时候，人们猜测在数学领域有声望的望月新一是中本聪，然而没有任何直接的证据证明这一点。2014 年黑客入侵中本聪的邮箱，这对于确认中本聪的身份至关重要。因为中本聪只是一个笔名，与其他的密码学家联系的主要工具便是这个邮箱。所以黑客侵入这个邮件所找到的人有大概率是中本聪本人。黑客发现之人真名叫多利安·中本（Dorian S. Nakamoto）。然而多利安·中本之后对外宣称自己并不是中本聪，自己只是非常巧合地得到了该邮箱的密码和地址。克雷格·赖特（Craig Knight）在 2016 年宣称他是中本聪。但后来其他的比特币参与者希望他可以提供中本聪的私钥，而赖特并不能提供，之后，在大家纷纷向赖特提出质疑之后，赖特又撤回了自己的声明。因此，赖特是中本聪的可能性极小.

④ 野口悠纪雄著，邓一多、张蕊译：《虚拟货币革命：比特币只是开始》，哈尔滨：北方文艺出版社 2017 年版，第 58 页.

⑤ 周晓垣：《区块链时代：数字货币意味着什么》，天津：天津人民出版社 2018 年版，第 106—108 页.

的比特币交易仍然存在很大的延迟问题，这也需要中心化的运营团队进行解决。[①] 另一个例子是基于去中心化的“分布式自治组织”（TheDAO）在运营之后就由于遭到攻击而被迫回到中心化的管理体系中。[②]

因此，在笔者看来，去中心只是一种乌托邦的理念。正因为如此，在实践之中，比特币的特征也往往被称为去中心化。这里之所以强调“化”就说明去中心也只是一个过程。因此，笔者认为，从理念和实践相结合的角度来看，区块链的核心特征应该是多中心，而不是去中心。

从现实运行角度来看，未来区块链的发展会朝着两个方向发展：

第一，从社会治理结构来看，科层区块链会成为主权国家内部治理的重要区块链形态。科层区块链的实质是将科层制和区块链的双重特征结合在一起，在科层制的垂直结构和区块链的扁平结构之间寻找平衡点。科层制的优势主要有两点：一、可以通过层级传递，相对高效地完成任务；二、科层制建立起金字塔式的责任体系，下一层需要对上一层级负责，同时最高层向整个治理对象负责。这样一种强执行和广泛负责的体系，在治理现代化过程中发挥了重要作用。例如，在传染病疫情暴发的紧急状态下，科层制就会发挥重要的功能。自发的扁平治理形态往往会增加协调的难度，最后容易导致治理失效。[③] 然而，科层制很容易压制个体的创新努力。近代工业社会从效率出发塑造了科层制的管理结构。但是随着社会的发展，科层制也出现信息失真、低效、体制僵化等问题。[④]

区块链的特点是多中心和扁平化。扁平化会容易产生长尾效应，可以满足人们多样化的需求。扁平化结构可能会扩大个体的自由空间，激发个体的积极性和创造活力。然而，扁平化也存在如下缺点：一、与科层化的大型组织相

---

① 亚当·格林菲尔德：《区块链、人工智能、数字货币：黑科技让生活更美好》，张文平、苑东明译，北京：电子工业出版社，2018 年版，第 162 页.

② Quinn DuPont，“Experiments in Algorithmic Governance：A History and Ethnography of ‘The DAO,’ a Failed Decentralized Autonomous Organization”，in Malcolm Campbell-Verduyn，ed.，*Bitcoin and Beyond：Cryptocurrencies，Blockchains，and Global Governance*，London and New York：Routledge，2018，pp. 157 - 158.

③ 敬乂嘉：“政府扁平化：通向后科层制的改革与挑战”，《中国行政管理》2010 年第 10 期，第 105—111 页.

④ 叶林、侯雪莹：“互联网背景下的国家治理转型：科层制治理的式微与重构”，《新视野》2020 年第 2 期，第 74—80 页.

比，扁平化的结构很难发挥规模效应。[①] 二、扁平化的治理结构很容易导致责任的真空。特别是在紧急状态之下，责任主体的缺失会导致治理的低效。这就是福山所批评的美国当下正在进入一种否决型政体，其本质就是由于过多的否决者而导致责任主体难以确定。[②] 因此，社会治理往往需要在科层制和区块链之间进行平衡，而科层区块链将是这一难题的最佳解决方案。

第二，从区块链的整体形态来看，主权区块链会成为未来主权国家在推动区块链发展时的主流形态。科层区块链是将科层制的垂直结构与区块链的扁平结构相互整合后的新型区块链形态。科层区块链的提出主要基于社会治理的视角，两者的功能相似，只是出发点有所不同。科层区块链主要基于政府的科层制结构，而主权区块链则主要基于国家的主权结构。以比特币为代表的、并未基于主权国家的虚拟数字货币都可以被称为私权区块链。私权区块链是没有经过公权力确认的、在公民个体或企业间形成的区块链形态。私权区块链最大的特点是自发性，即在公民个体之间围绕着私权利的转移和让渡发挥一定的功能。私权区块链扩展至公权力范围就会出现诸多问题。私权区块链在开发过程中存在大量的第三方和中介服务，因此开发人员和用户之间存在很大的信息不对称。[③] 一些人号称自己拥有"发币"的能力，发行各种虚拟货币。[④] 然而，货币的发行权本来应该在国家。因为货币本身具备公共属性，所以才能在人们之间实现某种交易中介功能。因此，这种所谓的"发币"就是试图把私权区块链在公共领域扩展的一种努力，其在某种意义上是不合法的行为。

与私权区块链对应的是公权区块链，即这种区块链的发行和应用基于公共权力。公权区块链分为不同层级，而主权区块链则是基于主权国家这一层级的公权区块链。换言之，主权区块链就是在坚持国家主权的前提下，利用区块链技术加强法律监管，实现共识、共治、共享的治理统一体。[⑤] 国家法定货币的

---

① 野口悠纪雄：《区块链革命：分布式自律型社会出现》，韩鸽译，北京：东方出版社，2018 年版，第 180—181 页.

② 弗朗西斯·福山：《政治秩序与政治衰败：从工业革命到民主全球化》，毛俊杰译，桂林：广西师范大学出版社，2015 年版，第 449 页.

③ Marcella Atzori, "Blockchain Technology and Decentralized Governance: Is the State Still Necessary?" *Journal of Governance and Regulation*, Vol. 6, No. 1, 2017, pp. 45 - 62.

④ Stephen T. Middlebrook and Sarah Jane Hughes, "Regulating Cryptocurrencies in the United States: Current Issues and Future Directions", *Social Science Electronic Publishing*, 2014, pp. 814 - 845.

⑤ 大数据战略重点实验室：《块数据 3.0：秩序互联网与主权区块链》，北京：中信出版社，2017 年版，第 114 页.

数字化便是主权区块链实践的最初形态之一。以比特币为代表的私权区块链的流行与活跃，很大程度上是由于主权国家在数字货币领域的缺位。主权区块链的出现会极大地限制私权区块链的价值和意义。英国学者凯伦·杨（Karen Yeung）指出，比特币如果仅仅在民间交易，其影响力与跳蚤市场并无差别。但是由于区块链技术附带的匿名性导致其容易变成逃避监管的工具。[①] 目前不少私权区块链集中在暗网或跨国地下交易等不被国家权力认可的领域。私权区块链依靠加密算法提供不同程度的匿名，来保证自己的违法活动可以逃避公权力的监管。为了避免区块链成为逃避监管的工具，主权国家需要积极推动主权区块链的创新，以避免区块链向错误的方向创新。

主权区块链是主权国家在进行制度设计中以分布式账本为基础建立的多中心架构的区块链形态。多中心的主权区块链设计不仅需要政府的参与，还应该邀请企业、民间社团和公民个体参与其中，通过多方力量对政府行为进行监督。因此，主权区块链是在主权国家的基础上通过多方共同参与形成的整体性架构，可以在国家治理中发挥重要的功能。中国目前正在积极开展主权区块链的探索与实践。现阶段中国的国家法定数字货币（Digital Currency Electronic Payment，DCEP）已经展开完整布局。在阿里和腾讯的移动支付经验，华为、中兴、中国移动、中国联通、中国电信等提供的通信设施基础上，DCEP的实践随之展开。DCEP与支付宝和微信支付重大的区别在于两点：首先，DCEP由国家发行，属于主权区块链的应用。其次，DCEP可以离线支付。之前，支付宝和微信支付在中国移动支付的发展中发挥重要作用，但移动支付仍然依托人民币进行交易和结算。因此这两个应用可以看成是私权辅助公权。同时，这种私权辅助公权的模式在未来DCEP的实践当中仍然会发挥作用。

DCEP的发展与人民币的国际化结合在一起。人民币的国际化在先前推进时面临多重阻力，其根本在于人民币与美元之间是一种零和博弈。如果中美之外的其他国家更多持有人民币，那就要相应减少对美元的持有。在传统的金融领域中，两者的此消彼长是客观存在的事实。人民币国际化就意味着人民币不断替代美元承担国际货币的职能，同时美元的国际影响力就会一定程度地下

① Karen Yeung, "Regulation by Blockchain: the Emerging Battle for Supremacy between the Code of Law and Code as Law", *The Modern Law Review*, Vol. 82, No. 2, 2019, pp. 207 - 239.

降。[1] 因此，此前人民币国际化面临巨大的阻碍是如何促使其他国家放弃美元转向人民币。人民币国际化的传统途径主要包括贸易、投资、金融等。[2] 然而，在新技术的加持下，人民币国际化可以在货币数字化的赛道上首先发力。在"一带一路"倡议和"新基建"政策的基础上，中国可以凭借在移动支付领域的经验率先开展全球的数字支付，为人民币国际化开辟新的渠道。人民币国际化的另一重要限制是缺乏相应的全球结算支付体系。全球的跨境结算支付体系主要建立在环球同业银行金融电讯协会（SWIFT）和纽约清算所银行同业支付系统（CHIPS）的基础之上。这两大机构共同构成美元体系中跨境支付的重要手段，并且美国可以通过这一体系对其他国家的跨境支付进行制裁。[3] 换言之，在双边贸易中，中国还可以通过约定的形式以人民币进行支付和结算，但是在多边贸易中跨境支付需要通过 SWIFT 和 CHIPS 进行结算，而通过这一系统就不得不受到美国的监管，从而弱化了人民币的国际地位。因此，中国的主权数字货币有助于完善自身的货币制度，增强人民币的国际影响力，逐步实现国际货币的"去美元化"。[4]

二、国家主义与多元主义：中美发展区块链的不同思路

就数字货币和区块链技术而言，各国的政策反应可以影响到技术发展的不同方向。[5] 中美在区块链技术发展的指导思想上采取了不同逻辑。中国发展区块链背后的深层逻辑是国家主义，即在强大国家能力的基础上形成主权区块链。目前正在推动的 DCEP 便是其典型案例。美国的发展模式却明显不同。美国希望以脸谱等大公司为中心进行区块链创新，将数字货币纳入证券发行框架

---

① 保建云："主权数字货币、金融科技创新与国际货币体系改革——兼论数字人民币发行、流通及国际化"，《人民论坛·学术前沿》，2020 年第 2 期，第 24—35 页.

② 林乐芬、王少楠："'一带一路'建设与人民币国际化"，《世界经济与政治》2015 年第 11 期，第 72—90 页.

③ 王朝阳、宋爽："一叶知秋：美元体系的挑战从跨境支付开始"，《国际经济评论》2020 年第 2 期，第 36—55 页.

④ 张发林："全球货币治理的中国效应"，《世界经济与政治》，2019 年第 8 期，第 96—126 页.

⑤ Kai Jia and Falin Zhang, "Between Liberalization and Prohibition, Prudent Enthusiasm and the Governance of Bitcoin/blockchain Technology," in Malcolm Campbell-Verduyn, ed., *Bitcoin and Beyond*: *Cryptocurrencies*, *Blockchains*, *and Global Governance*, London and New York: Routledge, 2018, p. 88.

进行监管。[①] 这是一种多元主义的思路。具体而言，中美两国在区块链发展的不同特征主要集中在如下几点：

第一，中国更加强调国家和政府机构在区块链发展过程中的作用，而美国则鼓励大公司先行推动然后再将其整合。伴随着DCEP的发行，中国人民银行在货币运行和金融监管中发挥的作用会更加显著。强国家主义的主权区块链可以对洗钱和腐败等犯罪行为进行更好地监管。同时，国家对经济的宏观调控政策也可以更有效地落实。例如，此前面对流动性不足的问题时，尽管央行希望将流动性有效释放给民众以刺激消费，然而由于商业银行受到各种条件的限制，往往将资金投入金融资产，无法对资金进行有效配置，最终导致央行政策难以落实。[②] 然而，在DCEP的基础上，这种流动性释放就可以做到更加有效。在区块链和大数据技术的加持和明确的政策目标支持下，中央银行可以通过可追溯的过程直接将流动性资金释放到个人或企业手中，这在保障金发放、特定用途资金使用等方面会有重要作用。

然而，中央银行直接进行调控同样存在不少风险。之前，商业银行发挥着重要的稳定和调节作用。中央银行把资金以比较低的成本提供给商业银行，商业银行以获得利润差为目的将资金进行有效地配置。例如，商业银行往往会倾向给那些比较稳定且信誉良好的项目提供资金，这实际上是通过市场进行资源配置的重要方式。如果完全采用强国家主义的主权区块链方式，这意味着所有的决策都会上移到国家端，那么国家层面的基础设施和决策的负担就会加重。并且，强国家主义的主权区块链强化了数字货币运行的各种规则，降低了数字货币的灵活程度。[③] 因此，绝对国家主义的区块链方式也会面临诸多困难。未来更加合适的方式应是，国家提供基础设施和交易环境的建设，具体执行仍然由商业银行和科技公司等商业组织来进行。国家通过主权区块链的方式强化交易的可追溯和监管的能力，同时也要留给商业银行和科技公司足够的弹性和空间。商业银行和科技公司可以通过相应机制，促进资源的优化配置，并使相关

---

① 陈晓静：《区块链：金融应用及风险监管》，上海：上海财经出版社2018年版，第66页.

② 马理、范伟："央行释放的流动性去了哪？——基于微观层面数据的实证检验"，《当代经济科学》2019年第3期，第39—48页.

③ Rainer Böhme, Nicolas Christin, Benjamin Edelman and Tyler Moore, "Bitcoin: Economics, Technology, and Governance," *Journal of Economic Perspectives*, Vol. 29, No. 2, 2015, pp. 213-238.

决策更多在中间层发挥作用。这样才可以保持社会和市场的活力，更加有利于社会和经济体的创新行为发生。

与中国不同，美国推动的是更加巧妙的、以商业公司为中心的区块链发展路线。因此，美国在推动数字货币的发展时会首先支持以 Facebook 等为中心的 Libra 稳定币，这种方式更加鼓励社会创新。区块链本身是颠覆性的，而美国采取这种方式与其社会和国家结构也有关系。在美国的政治架构之中，国家自主性是相对有限的，而且国家子系统之间会更多出现权力纷争。在进行制度变革时，美国政治体系存在“宪法否决者”和“政党否决者”两类主体。[①] 无论是党派之间，还是三大子系统之间都会出现许多权力的争夺和制约，以至于无法出现绝对的一致性。换言之，美国从国家层面直接推动区块链的基础设施变得极为困难。在这样的背景下，由商业大公司作为基础来推动就会变得更加可行。

事实上，美国在之前整个世界经济的霸权治理中经常会采用类似方法。例如，SWIFT 系统和 CHIPS 系统都采用的是民间协会的形式，但其在美国乃至全球的经济社会生活中发挥重要的支撑和监管功能。再如，Wi-Fi 联盟、IEEE 在世界信息技术领域发挥重要的管理功能，然而其自身同样是以民间协会的方式来运行。需要说明的是，美国通过国家隐性合作的方式对这类组织进行赋权。美国学者弗雷德·布洛克（Fred Block）指出，在科技创新中，美国通过网络化的政府发展主义，推动国内的创新。[②] 由于这些社会组织更多表现出社会属性，这样其在从事国际业务拓展时更加容易被接受。其他国家也会认为其是社会组织，从而对其更多采取开放的态度。法国思想家托克维尔曾讨论过美国社会的特征，认为其一开始就是建立在自我组织的社会团体之上的社会。[③] 因此，在多元主义的基础上，美国发展区块链的路径仍然是以社会驱动为主。国家仅仅对社会创新提供一些确认，这也是美国作为一个经济体不断在挫折中重新崛起的重要秘诀。

第二，对待之前就存在的私权数字货币，中国的态度倾向于清场模式，而

① 田野：“贸易自由化、国内否决者与国际贸易体系的法律化——美国贸易政治的国际逻辑”，《世界经济与政治》2013 年第 6 期，第 47—76 页.

② Fred Block, “Swimming Against the Current: The Rise of a Hidden Developmental State in the United States,” *Politics & Society*, Vol. 36, No. 2, 2008, pp. 169 - 206.

③ 托克维尔：《论美国的民主》，董果良译，北京：商务印书馆 1991 年版，第 639 页.

美国则倾向于招安模式。Celo 作为目前美国最流行的区块链框架之一，试图作为一种中间状态，在加密货币和国家法币之间搭建桥梁。尽管 Celo 在区块链技术上坚持公有链，但它仍然采取了一种俱乐部式的联盟链形式。作为一种中间状态，Celo 的设计目标是将资本和社区开发人员的利益整合在一起。如果这种形式成功实现，美国对待之前的私权数字货币态度就演变为招安模式。招安模式的优点在于，后来者可以吸收前者庞大的开发人员和社区维护人员，在此基础上进一步创新会变得容易。比特币等数字货币在美国最初出现时，是作为反对主流货币的“边缘货币”（Moneys at the margins）存在。之后随着大型商业组织的不断支持，比特币逐渐从边缘货币向合规化的方向发展。[①] 这种变化的本质就是招安模式在起作用。这一模式的缺点是无法保障所有参与者的公平。之前参与私权数字货币的玩家会在招安后获得大量利益，之前没有被国家认可的私权数字货币可能会部分合法化。[②] 那么，相对于其他没有参与前期建设的玩家来说，早期参与者便成为既得利益者，这一点在整体上会造成社会分配的不公平。

中国国家数字货币的推动则倾向于采取清场模式，即把原来的私权加密货币如比特币、以太币等的空间完全排除掉。清场模式的优点在于，不仅对大多数参与者而言是公平的，也为进一步建设公平的区块链体系创造了前提。主权数字货币采取分布式多中心的网络结构，通过中央银行担保并由国家信用支撑来保障定价和公信力。[③] 然而，这一模式的缺点是，在区块链的早期建设中，激励效应会减弱。私权区块链的参与者有可能成为主权区块链的反对者。这是中国在发展区块链过程中要考虑的问题。由于中国的国家能力相对较强，因此在国家强力推动的情况下新的参与者仍然会基于国家信用加入。换言之，以国家力量为基础的强力推动以及在此基础上的技术创新路径同样可行。但是，我国在发展区块链时仍然要讲求策略，并照顾各方面的舆情。因为从发展策略和

---

① Moritz Hütten and Matthias Thiemann, “Moneys at the Margins: From Political Experiment to Cashless Societies,” in Malcolm Campbell-Verduyn, ed., *Bitcoin and Beyond: Cryptocurrencies, Blockchains, and Global Governance*, London and New York: Routledge, 2018, p. 24 - 25.

② 例如在比特币的发展中，扩容既有可能损害矿工处理交易的积极性，也会导致矿池公司完全占据节点，最终导致比特币网络的中心化。高航、俞学励、王毛路：《区块链与新经济：数字货币 2.0 时代》，北京：电子工业出版社，2016 年版，第 121—124 页.

③ 大数据战略重点实验室：《块数据 3.0：秩序互联网与主权区块链》，北京：中信出版社 2017 年版，第 134—135 页.

技巧上讲，一个新事物的推动要尽可能考虑结盟策略，这才可能会使得区块链的发展在更加友好的环境和背景下展开。

第三，中国区块链未来发展的预期背景是强信任社会，而美国在搭建未来区块链的发展架构时则更多基于弱信任社会。相比而言，中国的区块链发展模式更具革命性，而美国模式则主要是基于社会现状的改良。DCEP的双离线支付考虑更多的是便利性，然而便利性过强会导致一系列安全隐患。DCEP之所以采取便利性更强的设计，实际上是为未来的智能社会做准备。智能社会的理想状态是一个强信任社会。在目前的互联网格局下，电商生态尽管采取了服务评价体系，但是还是无法有效解决欺诈的问题。[①] 但是在区块链支持的强信任社会状态下，每个个体只需要一个账户，甚至不需要通过个体的授权交易就可以完成。同时，这样的交易也是可逆的。只要个体提出申请，经过某个程序，就可以将之前交易的结果撤回。这会带来一种交易模式的根本改变。之前人类社会的交易一般模式是先达成合意再订立契约，然后进行履约。未来区块链主导的交易模式将转变为先履约的方式。如果履约过程中出现问题再对交易进行撤销。这实际上是一种强信任社会的表现，相当于在区块链共识机制的帮助下，建立交易双方之间的自律式监管。[②] 但类似的交易同样会出现较大的风险。雷塞尔·韦塞尔（Wessel Reijers）和马克·科克伯格（Mark Coeckelbergh）认为，区块链技术在实现个体解放的同时，也制造了负面的道德风险。这样的交易模式导致人与人之间的互动僵化，从而出现新的风险。[③] 与目前手机诈骗的案例类似，一些不法分子仍然可能会利用多个账户进行国家数字货币的交易，从而将违法所得通过多个账户快速取出。由于目前的监管无法确保所有的交易都是在国家数字货币的基础上完成，因此一旦交易的一方将国家数字货币转到另外的非此类货币的账户之中，就可能出现相关的风险。

国外已经出现了对中国国家数字货币试点的强烈不安。国外一些机构认为区块链必须是去中心化的，而中国所开展的区块链建设则向中心化方向发展。

① 黄步添、蔡亮：《区块链解密：构建基于信任的下一代互联网》，北京：清华大学出版社2016年版，第203页.

② 石超："区块链技术的信任制造及其应用的治理逻辑"，《东方法学》2020年第1期，第108—122页.

③ Wessel Reijers and Mark Coeckelbergh, "The Blockchain as a Narrative Technology: Investigating the Social Ontology and Normative Configurations of Cryptocurrencies", *Philosophy & Technology*, Vol. 31, 2018, pp. 103 - 130.

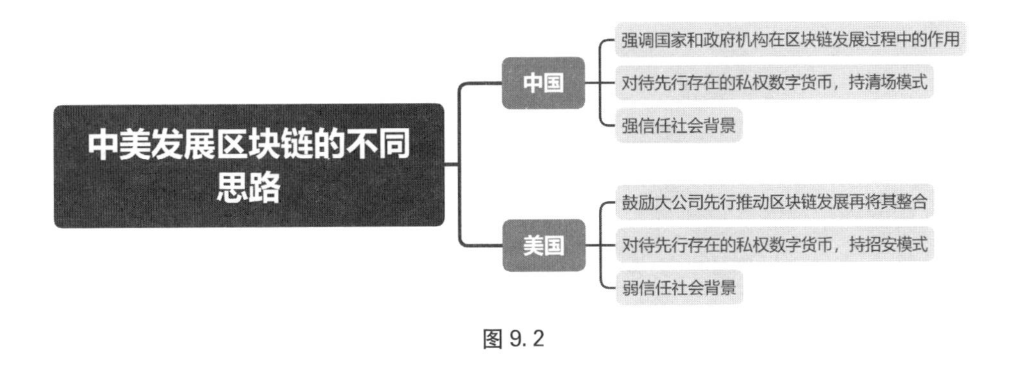

图 9.2

事实上，中国所遭受西方批评的原因从根本上来说是双方政治哲学和社会背景的不同。需要明确的是，主权区块链作为未来智能社会的基础设施至关重要，同时私权区块链同样不可或缺。主权区块链与私权区块链最大的不同在于通过国家主权的介入增加了国家信用。因此，在建设过程中，主权区块链不能变成中心化架构，而一定是多中心架构。中国需要在未来的建设过程中将多方的利益相关者都引入到区块链治理当中，这样就会有力回击和抵消西方区块链原教旨主义的强烈批评。①

换言之，西方所担忧的是，在区块链技术的背景下，中国的国家权力和国家治理能力会进一步增强，同时公民的空间隐私会受到更大限制。这种担忧也并不完全是空穴来风。这就需要我们在推动区块链的时候进一步加强社会的权力。在区块链治理中，存在内部治理和外部治理两种形式。区块链的外部治理就是要对区块链社区、媒体以及涉及的公共利益进行全方位治理。② 只有通过强化外部的制约机制，才能保证权力的正确行使，即将权力关进制度的笼子里。同时，主权区块链作为区块链的基础设施出现，而更多的创新活动都要尽量放在私权区块链或社会区块链的项目中去完成。换言之，主权区块链作为一种基础设施，提供了智能社会更加公平的制度环境，这样各类创新性活动更容易展开。但同时，主权区块链并不能变成区块链的唯一形式，而更应该作为基

① 大数据战略重点实验室：《块数据 3.0：秩序互联网与主权区块链》，北京：中信出版社 2017 年版，第 156 页.

② Ying-Ying Hsieh, Jean-Philippe Vergne and Sha Wang, "The Internal and External Governance of Blockchain-based Organizations: Evidence From Cryptocurrencies", in Malcolm Campbell-Verduyn, ed., Bitcoin and Beyond: Cryptocurrencies, Blockchains, and Global Governance, London and New York: Routledge pp. 52 - 53.

础设施而存在。

中国将来在推动区块链时，也不能仅仅停留在国家数字货币或以国家为中心的新计划经济模式，这样会在很大程度上减弱社会的创新动力。如果完全是以程序理性为基础，将所有的东西都以某种程序或智能合约的方式固定下来，这种高度确定性就会减少弹性空间，这是不利于创新的。简言之，在发展主权区块链的同时，仍然要大力发展以社会为中心的社会区块链。区块链的本质是多中心，这意味着区块链可以作为一项基础技术为我们创造新的经济和社会体系。① 在区块链的发展中不能有过多的权力集中思维，这样会扼杀区块链的创新潜能。丹顿·布莱恩斯（Danton Bryans）指出，对于虚拟货币的监管应当坚持最有效和成本最低的原则。因此，在实践中应当积极寻找区块链技术与实践结合的地方，而不是简单的加强监管。② 中国以国家数字货币为基础推动主权区块链的行为，可能会在区块链的基础服务提供等方面发挥引领作用。这样可以推动区块链在一些核心领域形成突破性进展，使得我们在基础创新方面走到世界前列。但是，在未来的区块链构架中，要充分思考如何进一步释放社会的活力。换言之，主权区块链是区块链作为基础设施整体架构的核心，而区块链的本质在于以多中心为原则释放社会的活力，而这一点则需要在未来的区块链发展过程中更多地进行强调。

三、全球区块链、联合国改革与全球治理

联合国改革是未来全球治理体系改革的核心。如果希望全球治理体系出现根本性的变化，重中之重是对联合国进行根本性的改革。此前关于联合国改革的主张主要是一些国家在联合国的安理会体系内争夺权力，例如“四国集团”“非洲集团”等不同力量所提出的联合国改革方案。这些改革方案目前仅针对联合国安理会的体制变动，很难对未来的全球治理产生根本性影响。而如果要对未来全球治理体系产生重大影响，就必须对联合国的整个运行机制进行重新塑造。联合国体系是在二战之后形成的。在当时，第三次工业革命还没有开

① Marco Iansiti and Karim R. Lakhani, “The Truth About Blockchain”, *Harvard Business Review*, 2017, January-February, pp. 3 - 11.

② Danton Bryans, “Bitcoin and Money Laundering: Mining for an Effective Solution”, *Indiana Law Journal*, Vol. 89, No. 1, 2014, pp. 441 - 472.

启，联合国反映的仍然是第二次工业革命时的制度和技术特征。而目前已经进入第四次工业革命即智能革命，因此需要在智能革命的新背景下重新思考联合国体系的改革。

为什么一定要以联合国改革为核心来推动全球治理体系改革？

第一，全球治理是未来全球社会发展的必然选择。尽管目前在全世界范围内出现了一些逆全球化、甚至反全球化的态势，一些国家日益表现出孤立主义的态度，例如美国的一系列退群主张、英国脱欧等。[①] 但是应该看到，这些主张其实是人类一体化发展大趋势之中的回潮。人类社会的整体治理思路就是从最小单元向更大单元扩展。例如，人类社会在渔猎采集时期的治理单元主要是部落。在农耕时期，以村庄为基础在更大的地域范围内集聚，同时一些成熟的文明逐渐发展出古代帝国。进入工业时代之后，现代意义的民族国家诞生。工业化又推动了全球化。在全球化的基础上，全球治理成为可能。因此，从全球视野出发来整体思考人类社会的治理问题，这是世界发展的大趋势。

第二，世界政府的理念短期内很难实现。未来全球治理发展的一种可能是世界政府，即在全球层面成立类似于民族国家的强政府。从历史和现状来看，世界政府出现的可能性极低，因为世界政府的产生依赖于世界秩序的重构。[②] 而民族国家缺乏让渡全部自身主权的动力。民族国家的产生与治理机制建立在税收的基础上。因此，世界政府的建立就需要在民族国家体系之外建立一套直接征税的税收体系，并使得各民族国家的人民变为世界政府的人民。这是各民族国家无法接受的。

第三，非政府组织无法独立承担全球治理的重任。西方学术界较为强调公民社会组织在全球治理中的作用。冷战结束以来，全球公民社会成为全球治理中的一种新现象。全球公民社会的组织与活动为全球治理的相关理论和认识带来了新的理解。[③] 但是全球公民社会组织最大的问题就在于其碎片化特征。这些组织往往是针对某一议题而出现的，其思考也会局限在某些领域或某些地区，很难从全局角度对全球治理的关键问题进行整体思考。

第四，全球治理体系改革的重点和难点是如何进一步强化以联合国为核心

---

① 毛瑞鹏："特朗普政府的联合国政策"，《国际问题研究》2019年第3期，第34—49页.

② 任晓："从世界政府到'共生和平'"，《国际观察》2019年第1期，第36—50页.

③ 赵可金、赵远："人类命运共同体的中国智慧与世界意义"，《当代世界与社会主义》2018年03期，第26页.

的国际组织的权威。需要特别说明的是，国际组织的权威化不同于世界政府的建立。世界政府的建立是完全从无到有的构建，而权威化则是在原有制度的基础上进行改良，即由民族国家让渡一定的权力，而且这部分权力的让渡建立在各国充分谈判、相互认可、相互接受的基础之上。欧盟的发展给全世界提供了一个非常好的样板，即通过谈判形成超国家行为体。[①] 通过制度化的努力，未来的联合国改革可以达到类似欧盟的程度，即可以成立类似于欧洲议会的全球议会，同时也通过一定的民主程序产生联合国的首脑。联合国改革的两大重点：一是民主化，二是权威化。民主化是要把国内的代议制原则运用到联合国改革的实践当中，即在联合国层面成立由各国代表构成的全球议会。经费使用、联合国维和部队的派出等重大事项都需要通过全球议会讨论来决定。全球议会的议员资格和数量分配，主要以人口为中心，同时可以兼顾一定的小国利益。在全球议会的基础上，选举出议会的常务执行机构即常委会。联合国运行的整个行政力量可以采取委员会制。联合国的元首可以由委员会主席来担任。联合国的元首与各国首脑之间是一种平行的关系。联合国与各国之间形成一种强权威的指导关系，但不是行政关系。

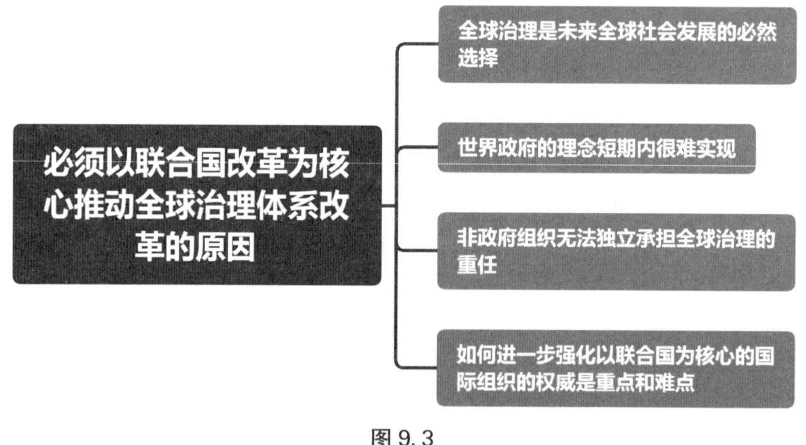

图 9.3

联合国权威化的基础是以全球数字货币为中心构建全球区块链体系。数字货币是区块链的灵魂。没有一个各国共同接受的全球数字货币，就无法把各国

① 贺之杲："欧盟的合法性及其合法化策略"，《世界经济与政治》2016 年第 2 期，第 89—103 页.

的资产映射到虚拟空间之中，也就无法实现未来的智能合约。2008 年的金融危机已经证明，美国所主导的美元体系正面临严重的危机。[①] 因此全球数字货币的发行是全球治理体系改革的前提。在全球数字货币的基础上，原有的全球治理机制可以得到充分的赋能和改造。例如，可以在特别提款权 SDR 的基础上进行数字化改造。SDR 改造模式的优点在于之前已经有一个相对成熟的 SDR 框架，那么接下来的工作只不过将其进一步的数字化和货币化。从某种意义上讲，这是一种改良方案，这意味着原先的核心参与国对这一方案的接受度可能会相对较高。然而，这一方案的缺点在于，SDR 是之前的制度性安排，其本身就是各国在某个阶段相应经济力量对比的体现，那么认为 SDR 具有不公平性的国家的参与意愿就会很弱。

因此，更具革命性的方案是，重新构造一个全新的全球数字货币。这样的全球数字货币构架要建立在各国联合参与的基础之上。首先，一些核心国家共同构建一个底层的、关于智能合约的编程语言框架。然后，在这一框架之上，根据相应的规则发行全球数字货币。同时，需要建立一个全球央行来管理全球数字货币的发行。目前的国际货币基金组织发挥着相关的功能，因此可以在国际货币基金组织的基础上进行权益的再协商。由于全球央行发行全球数字货币本身就会获得类似铸币税的收益，全球数字货币则可以将这些财富集中到国际组织手中，作为联合国等国际组织的资金来源。同时，各国将一定的资产映射到全球数字货币体系之中。一旦某国违反国际组织的相关规定，那么智能合约就会自动生效，而各国的数字资产就会在相应的区块链系统中增减，这样就会对相应国家产生一种威慑效应。在这一背景下，联合国制定的法律或相关决议，就会逐渐增强其效力。

因为全球治理涉及方方面面的问题，囿于篇幅所限，这里以全球科技治理为案例来讨论区块链对这一领域的重构性潜能。何谓全球科技治理？全球科技治理就是从全球视野出发思考科技对人类社会的整体影响，把科技的积极性影响发挥到最大，以推动人类社会的整体福祉。目前全球科技治理面临以下几个重要问题：

第一，发达国家设置科技壁垒，不愿向发展中国家分享其科技成果。发达

① Pietro Alessandrini and Michele Fratianni, "Dominant Currencies, Special Drawing Rights and Supernational Bank Money", *World Economics*, Vol. 10, No. 4, 2009, pp. 45－68.

国家一直以来利用科技成果产生的红利来维持其在国际权力体系中的优势地位。近年来，以美国为首的西方发达国家看到一些发展中国家的技术进步之后，便采用各种方法打击发展中国家的高科技企业，并限制与科技相关的要素流动。例如，在中美贸易摩擦中，美国政府将华为、中兴、海康、大华、商汤等中国的高科技企业列入限制性实体清单中，其目的是阻止中国企业在人工智能、5G等高科技领域的技术进步。发达国家还力图限制科技要素向发展中国家流动，如通过限制国际学术交流、阻止人才流动等各种方法以达到其目的。美国在科技领域采取的科技民族主义破坏了全球科技的交流合作与产业互动。[①]

对美国而言，经济、军事、科技、文化是维持其世界霸权的四根重要支柱，而科技在其中所发挥的作用举足轻重。一旦科技这一支柱受到挑战，其他支撑力量也会受到不同程度的削弱。具体如下：一、科技对以美元为中心的经济体系具有重要支撑作用。例如，美国市值较高的公司如苹果、微软、Alphabet（谷歌母公司）、亚马孙、脸书等都是高科技公司，而这些公司是目前美国经济体系中最活跃、最具未来发展潜力的力量。在美元体系中，回流的美元可以作为风投资金投资这些科技公司，既为科技创新提供了资金，又降低了创新导致的社会风险。[②] 二、科技对美国的军事力量同样有重要的支撑效应。例如，美国国防部高级研究计划局（DARPA）一直在规划和支持颠覆性技术的发展，并将其充分运用于军事领域。三、科技对美国文化的支撑效应同样明显。好莱坞影片反映了美国的意识形态和价值观，同时其很大一部分是以科幻或伪科幻的方式呈现的。例如，美国队长、钢铁侠等超级英雄的形象便是科技和美国超级权力相结合的一种文化产品。

美国不能接受其在科技上的超级霸权受到发展中国家的挑战。简言之，美国霸权很大程度上建立在科技的基础上。唯有垄断对科技的超级优势，整个的霸权秩序才能继续维持。美国通过科技对产品的价值进行定义，利用自身在科技层面的优势拓展产品的价值链长度和产业发展空间，从而在全球的经济体系

---

① 杨洁勉："中国应对全球治理和多边主义挑战的实践和理论意义"，《世界经济与政治》2020年第3期，第9—12页.

② 刘伟："从经济实力与国际货币体系看美国贸易逆差——基于马克思货币理论"，《华南师范大学学报（社会科学版）》2013年第4期，第91—96页.

中占据优势地位。[①] 以苹果手机为例，尽管苹果手机的制造地在美国本土之外，但是苹果母公司通过对整个产品的设计和研发拿走了利润中的绝大部分。正是通过对高科技力量的掌控，美国在全球经济体系中获得超额利润，也是美国长期以来保持经济繁荣的秘诀。因此，一旦认为其科技地位受到挑战（甚至是潜在挑战），美国也会不惜一切代价阻止相关科技要素向发展中国家流动。

第二，科技上的激烈竞争在某种程度上会导致各国科技投入的重复和浪费。例如，目前是人工智能发展的黄金期，各国都会在人工智能的发展上大量投入，这会快速刺激相关产业的发展。但是，如果科技的产出被限制在某个范围之内，即用“以邻为壑”的观念来看待科技竞争，那么各国都会力图保有自己在高科技领域中的优势地位。由此各国在高科技领域的竞争就会转变为恶性竞争。[②] 从全球治理和人类命运共同体的角度来看，各国在相同项目上的重复投入无法在全球层面形成更大的规模效应。从更广阔的视野来看，各国应在科技的研发和产业化上形成相互协作的共识，把科技力量给人类带来的革命性影响放到最大，而不是以自身在科技竞争中获得的独特利益为出发点。简言之，各国在科技竞争中的自助想法，在某种程度上会限制科技对人类整体福祉贡献的规模。

第三，如果各国将高科技用于恶性竞争（甚至可能引发军事冲突），这会对人类带来毁灭性灾难。科技的目的原本是要为人类增进整体福祉，但科技同时也蕴含着极大的爆炸性效应。换言之，科技的善用可以极大改善人类社会的状况，快速提高社会生产力，然而，科技如果用在恶的方面，就会造成巨大的人员伤亡和财物损失。例如，核能可能是人类最重要的清洁性能源，但是如果将其用于核武器，在冷战时期开发的核武器就足以将人类所生存的地球毁灭成百上千次。再如，互联网是第三次工业革命后期的重要构成技术之一，然而，伴随着互联网技术的发展，黑客、恐怖分子、激进分子乃至罪犯会大量增加。[③] 因此，要从人类命运共同体的观念出发去思考科技对各国带来的整体性影响。主权国家用科技来提高本国的军事能力，这本身无可厚非，因为各国首

① 李括：“美国科技霸权中的人工智能优势及对全球价值链的重塑”，《国际关系研究》2020 年第 1 期，第 46—48 页.

② 罗云辉：《过度竞争：经济学分析与治理》，上海：上海财经大学出版社，2004 年版，第 5—7 页.

③ 克劳斯·施瓦布：《第四次工业革命：转型的力量》，李菁译，北京：中信出版社，2016 年版，第 86—87 页.

先要把自己的安全保卫放在首位。但是，无节制的将高科技产品用于军事目的，特别是用于侵略性的军事目的，那无疑是错误的。

因此，全球社会需要构建全球治理机制来保障科学技术的健康发展。那么，在区块链技术的支撑下，作为一个具体领域的全球科技治理如何重构和展开？笔者的思考主要为如下几点：

第一，在全球层面形成可以对各国科技活动进行协调的组织性权威至关重要。联合国的权威化是全球科技治理的前提。在联合国权威增强的基础上，要形成关于全球科技治理的核心协调部门。目前联合国之下设有联合国科技促进发展委员会（UNCSTD），但是其地位还不够高，并隶属于联合国经济及社会理事会（ECOSOC）。未来的发展目标可以是，将科技促进发展委员会建设成地位等同于 WTO、IMF 和世界银行这类的强功能性国际组织，使其可以对全球的科技活动进行整体性协调。

第二，在全球数字货币的基础上形成全球知识产权体系。知识产权主要有三大块：著作权、商标和专利。在知识产权中，与科技最相关的是专利。专利是全球科技创新活动的基础，然而目前的专利活动以公司为中心、以盈利为目的。并且，以公司为中心的专利霸权模式越来越呈流行趋势。[①] 专利本来是希望保护创新者的创新动力，但是专利活动出现了异化。西方的一些超级科技公司把大量的资金和精力用在专利的申请上，并逐步形成"专利流氓"战略。这些企业依靠其在专利和法律等各方面的优势，讹诈其他中小公司，这在某种意义上对全球性的创新活动形成限制。哥伦比亚大学经济学家格雷希拉·齐齐尔尼斯基（Graciela Chichilnisky）指出，在发展中国家应该实施适当的知识产权保护而非严格的知识产权保护。[②] 另外，超级科技公司对创新型公司收购的重点目标是收购其拥有的专利。因此，在全球科技领域，马太效应愈发明显。

在区块链基础上，可以在世界范围内形成以发明者为中心的知识产权模式。这种模式的形成既有助于对某些国家设置的科技壁垒形成突破，同时也有助于在全球范围内协调资源的有效利用，以避免各国在科技投入上的重复和浪

① 龙柯宇：《滥用知识产权市场支配地位的反垄断规制研究》，武汉：华中科技大学出版社，2016 年版，第 4—6 页.

② Graciela Chichilnisky, "The Knowledge Revolution", *Journal of International Trade & Economic Development*, Vol. 7, No. 1, 1998, pp. 39 - 54.

费。在传统的以企业为中心的知识产权模式中，其核心是利益驱动，而以发明者为中心的知识产权模式中则是兴趣驱动。在区块链基础上，可以通过有保障的知识付费方式，将知识的消费与需求紧密地结合在一起，实现对发明者及其团队的激励。[①] 因此，全球性的知识产权体系可以突破主权国家的限制，并在全球层面铺开。例如，在美国，一个发明者发明了某项专利，而在区块链的平台上，中国的工程师可以使用，但同时这种使用并不是免费的，而是有偿的。通过智能合约的方式，全球知识产权平台可以将双方的权利义务固定好。这样，在未来的产业化过程中，就可以对早期的创新者给予足够的激励。这样的激励会分布在各个环节，包括中间的应用型工程师都可以得到一定的激励。同时，相关激励建立在以全球数字货币为基础的智能合约上，相关利益方产生纠纷的概率减少。知识产权的维权难是常见的问题。智能合约的制度设计可以快速确认侵权行为，精准追踪侵权人，实现知识产权的保护。[②]

这样，在全球层面会逐步形成一个更容易达成一致、同时纠纷不断减少的全球科技创新体系。这种创新体系既能保证对原始创新者的激励，又能保证中间的应用者也能得到相应的激励，还鼓励各种创新的成果进入社会生活。因此，在区块链的基础上，就逐步形成了一个更加理想的科技为人类社会服务的场景。简言之，在全球科技治理的新体系当中，各个环节的交易成本可以降到最低，而交易成本降低的基础便是区块链。全球知识产权体系的形成有助于推动科学技术在全球范围内的自由流动，同时区块链的透明化机制有助于防止科学技术的滥用。智能合约和各国在区块链上映射资产等机制也有助于实现各国在科技领域行为的规范化。

四、区块链、中美战略冲突与全球治理的远期前景

近年来中美日益激烈的贸易摩擦，使得未来全球治理的前景似乎堪忧。关于这一点，笔者的观点如下：

第一，未来短期内中美的战略竞争可能会呈现常态化的特征。伴随着经济

① 长铗、韩峰等：《区块链：从数字社会到信用社会》，北京：中信出版集团，2016 年版，第 200—201 页.

② 王清、陈潇婷："区块链技术在数字著作权保护中的运用与法律规制"，《湖北大学学报（哲学社会科学版）》2019 年第 3 期，第 150—157 页.

力量的上升和国际影响的不断扩大，中国越来越需要世界。伴随着中国经济实力的进一步上升，中国在海外的利益越来越多，中国被迫卷入的海外事务也会逐年增加。同时，中国与美国发生战略冲突的可能性也会增加。此前，美国依靠经济、军事和文化霸权维持全球秩序，但随着其各方面实力下降，维持这种霸权性秩序的成本越来越高昂。[①] 现在美国之所以会做出一系列“退群”举动，与美国自身实力的相对下降密切相关。美国实力下降和中国海外利益扩展之间会产生巨大的张力，因此，在许多领域（特别是科技领域），中美之间会展开激烈竞争。在这样的背景下，全球治理短期内很难出现大的突破。在科技领域，美国可能会采取接触和遏制并用的策略。既享受中国在价值链低端提供的红利，又要遏制中国的科技发展。[②] 美国在生物、医药、半导体、核心算法、基础信息架构等领域仍然有较大优势。同时，美国会联合其最亲密的盟友对中国的科技进步进行围堵。近年来，中国在大数据、人工智能应用以及区块链应用方面取得了一些成绩，这些都会刺激美国加大对中国科技封锁的力度。在美国脱钩的战略背景下，中国在科技领域的创新要更加依靠自身实力的激发。通过强调内部的创新能力，中国需要在基础科学、关键核心技术等方面激发本国的创新能力，实现更高程度的科技创新。在国际层面，中国也要通过加强对华相对友好的发达国家的科技合作。科技发展具有很强的外部性，而加强国际交流有助于打破美国的科技封锁。当然，国际交流的根本是要对中国内部创新能力的提升有所帮助。

第二，只有在中国整体实力大幅超过美国之后，未来与美国共同推动全球治理改革的需求才可能会出现。与美国共同推动全球治理的需求在近期（三年到五年内）出现的概率是比较低的。最根本的原因是中美力量的接近，且中国稍逊一筹。从 GDP 上来看，目前中国的 GDP 总量只是美国的 70%左右。[③] 从现实主义的角度来讲，只有中国的 GDP 总量远远超过美国，比如达到美国的 1.2 倍甚至 1.5 倍，才会产生推动全球治理体系改革的结构性力量。总体来说，中国经济的总量越大，美国与中国战略性冲突的可能性越低。当然，不仅

---

① 阿米塔·阿查亚（Amitav Acharya）将美国霸权下降的表现成为“美国秩序的终结”。阿米塔·阿查亚著，袁正清、肖莹莹译：《美国世界秩序的终结》，上海：上海人民出版社 2016 年版，第 7 页.

② 徐进：“中美战略竞争与未来国际秩序的转换”，《世界经济与政治》2019 年第 12 期，第 28 页.

③ 2018 年中美两国的 GDP 分别为：13.608 万亿和 20.544 万亿，数据来源：世界银行。https://data.worldbank.org.cn/indicator/NY.GDP.MKTP.CD?locations=CN-US，访问时间：2020 年 6 月 9 日.

仅是经济总量，中国需要在科技创新、文化等各方面发力，这样才能让超级现实主义的美国认可中国。目前中美两国就像两个正在比赛的拳击手。现在美国认为，中国侥幸赢了一场比赛，是因为中国有可能利用了规则的漏洞。总之，美国认为比赛规则是不公平的。只有中国多次击败美国，让美国认识到中国是一个强大的对手并由此产生敬意时，中美之间的竞争和冲突才会逐渐减少。而这样一个过程可能需要几十年。这一过程要在综合国力和国家治理的各个方面来体现，包括对突发状况的快速有效反应、获得诺贝尔奖的数量等。在本次新冠疫情当中，中国政府在疫情应对方面表现得非常出色，而西方发达国家在疫情应对中出现了许多问题。但目前这样的强烈反差的事件数量仍然较少。只有将来出现更多类似的事件，美国才能逐渐转变对中国的错误观念。

简言之，新冠疫情对中美之间的力量对比格局会产生影响，但结构性的变化仍然要在较长时间之后才能出现。2019 年中国在全球 500 强中的企业数量首次超过美国。[①] 中美之间的经济结构变化原本需要二十至三十年的时间才可以完成，然而新冠疫情似乎加速了这一趋势。美国股市在 2020 年 3 月的暴跌对美国的传统行业巨头如波音公司等形成较大打击，对科技巨头也形成一定的负面影响。而中国股市相对稳定，这似乎意味着中美科技巨头之间的力量比拼在发生微妙的变化。然而，苹果、微软、谷歌、亚马孙、脸书等超级公司的股价到 2020 年 5 月中旬时已经迅速恢复到 3 月份暴跌时的高位水平。这说明美国科技公司在全球的影响力并未受到根本性削弱。同时，新冠疫情对石油国家产生不利影响，这一点反向助力科技在未来国际政治经济格局中的作用发挥。人工智能的发展离不开对新能源的利用。新能源与人工智能之间有密切的交叉支撑效应。例如，在新能源汽车中更容易实现无人驾驶系统的应用。石油地位的下降也相对意味着新能源地位的上升，这在某种程度上有利于科技进步。

第三，要将与美国共同推动全球治理体系改革作为一种未来储备的战略方案。尽管短期中美剧烈冲突不可避免，但是长期来看，全球化和全球治理仍然是世界发展的宏观大趋势。美国学者在讨论中往往引用“修昔底德陷阱”，来

---

① 2019 年共用 129 家中国企业进入世界 500 强，首次超过美国 121 家。详见财富：“2019 年财富世界 500 强排行榜”，http：//www. fortunechina. com/fortune500/c/2019-07/22/content _ 339535. htm，访问时间：2020 年 6 月 9 日.

描述中美之间的战略安全困境。[1] 但实际上从中国的文化传统来看，中国是一种内向文明，即所有的战略考虑都围绕内部。中国在海外的活动也是以中国内部为中心的，这意味着中国并不会大规模投入海外力量。因此，美国所担心的“中国的全球霸权性存在”发生概率较小。在这一背景下，中国会寄希望一个强有力的联合国的存在。这样，在世界各国的国际交往当中，会存在一个重要的国际组织来对全球事务进行协调，而不是在绝对的无政府状态下进行权力斗争。[2] 美国完全是从自己的角度来理解中国。美国在孤立主义和霸权主义之间摇摆。[3] 当其力量很强时，它会采取霸权主义的姿态来参与全球事务。当其力量减弱时，它会退回到孤立主义。这两种态度都是无视联合国的权威和制度，而中国恰恰愿意接受一个相对力量较强的联合国进行全球事务的维持。中国文化中强调以小博大、以柔胜刚，所以美国这样的利用全球霸权充当世界警察的角色和方式，并不是中国所预期的。然而，美国基于自身文化特征误解了中国的行为，致使美国认为中国会寻求全球性霸权。

但是无论从中国的政治传统出发，还是从中国自身的力量来看，中国不会成为像美国一样的霸权国家。对中国来说，霸权既不是理性的，也不是必要的。因此，在这样的背景下，全球治理对于中国而言就是必需的。加强联合国的权威不仅会让中国受益，也会让全世界受益。因此，中国将来会更加主动地去推动联合国的权威化。美国国内同样也存在相对理性的政治力量。而美国在经历了波动以及自身有可能出现的经济衰退之后，国内的建制派也会希望全世界进入一种相对和平的发展期，这样全球治理就会成为世界共同的需求。将来中国可以同美国的理性政治力量形成密切合作，这样就能在全球层面形成未来全球治理改革的动力。区块链的重要特征是智能合约，其用算法技术来保障参与方的信任。区块链对于未来中美双方管理冲突以及推动更深层次的全球合作都有重要意义。

第四，将全球区块链的构建作为未来全球治理体系改革的远期方案。如果

---

① 格雷厄姆·艾利森，陈定定，傅强译：《注定一战：中美能避免修昔底德陷阱吗?》，上海：上海人民出版社 2018 年版，第 46—48 页.

② 在国际无政府状态下，全球治理存在“全球问题、地方价值”的怪状，而无法实现全球价值的保障。韩雪晴：“自由、正义与秩序——全球公域治理的伦理之思”，《世界经济与政治》2017 年第 1 期，第 46 页.

③ 韩召颖、岳峰：“金融危机后美国的新孤立主义思潮探析”，《美国研究》2017 年第 5 期，第 9—10 页.

中美双方在长时间的冲突之后出现较长时间的缓和，那么中美联合欧洲在全球层面成立全球区块链就会成为可能。全球治理的基础仍然要建立在全球数字货币和联合国权威强化的基础上。因此中国应当以全球数字货币为突破口，支持联合国改革，提升联合国的国际地位，逐步推动以联合国和全球数字货币为中心的多领域全球治理改革。全球区块链以全球数字货币为基础，建立在全球国家协调一致且相互认同的基础上。目前流行的虚拟数字货币如比特币、以太币等都无法承担全球区块链的功能，因为这些货币本身建立在私权的基础之上。因此，要将区块链变成世界各国都能接受的全球区块链一定建立在全新的全球数字货币的基础之上，而且主权国家和公民社团要在全球区块链搭建的过程当中充分参与。构建全球区块链的技术架构、主体方案、推进步骤等都应当受到全面监督，相关的程序代码在技术允许的条件下也尽量要向公众开放。这样新的技术形态才能够在最大范围被各国所接受。这种公开透明的目的就是希望降低国际制度的交易成本和各国的协商成本，而这也是区块链的本质。

同时，中国可以在国家数字货币的自身实践以及在“新基建”中储备更多经验和基础能力，为未来的全球区块链发展做好准备。区块链对于中国在中美竞争中取得优势地位具有重要的意义。在中美激烈竞争的背景下，中国要突围，就需要加速推动区块链的布局。在布局区块链的进程中，中国发行国家数字货币就显得至关重要。没有数字货币的支撑，区块链就成了无源之水。2020年3月以来中国在“新基建”上的推动与区块链同样密切相关。“新基建”可以把中国的科技进步和“一带一路”倡议结合在一起，即科技和地缘政治的结合。“新基建”虽然是中国对国内基建投资的规划与升级，但是其具有明显的外部效应。例如云南在新基建中的项目资金较多。换言之，中国数字货币启动后首先产生的外部效应，就体现在与“新基建”密切关系的国家。这些国家与“一带一路”国家也有密切的交集。因此，围绕着中国的新型数字货币，会形成新的人民币国际化方向。

结语

主权区块链只是区块链发展中的过程形态。将来可以在主权区块链的基础上进一步发展超主权区块链，甚至是全球区块链。这样的发展过程取决于中美双方在未来的冲突程度。如果未来中美形成长期的战略竞争态势，美国完全不能接受中国，那么中国则需要在“一带一路”倡议中发挥越来越重要的作用。这时中国在国家数字货币实践的基础上，就可以逐步推出基于“一带一路”倡议的超主权区块链，可以简称为“带路币”。任何区块链的基础首先是数字货币。如果没有数字货币，就无法将相应的资产映射到区块链之上，智能合约就很难实现自动执行交易功能。因此，未来的超主权区块链或全球区块链首先要以数字货币为基础。鉴于此，使用何种数字货币就会变得极为关键。中国已经开始推动国家法定数字货币，然而，主权区块链要得到其他国家的认可是一个漫长的过程。从外部性角度来看，某些国家可能永远不会承认或接受别国的主权货币。从各国自己的角度来看，中国发行的数字货币有可能会变成类似于美国的美元一样，即虽然充当全球货币，但却向其他国家征收铸币税。因此，如果从共商共建共享的原则出发，让各国更能接受一种新的机制，那就同样要考虑新型的货币形态，因此超主权数字货币就成为较好选择。所以，在“一带一路”的建设过程中，发行数字货币就会变得非常必要。

区块链的本质是一种自动机制。首先出现一种参与方都认可的数字货币，然后将参与方的资产映射到数字货币之上，这样就可以将双方要执行的协议，以非常精准的程序化语言表达出来，以对应相应的计算机程序。一旦条件达成，程序自动执行。这种程序执行还包含有相应的惩罚机制。如果对方不能履约的话，相应的惩罚机制也需要自动执行。未来区块链的发展路径应是，各国先进行主权区块链的实践，然后逐渐将主权区块链在更广的范围中拓展。例如，可以拓展到一带一路国家，或者在未来的亚洲一体化过程当中发挥重要功能。最后，一旦全球层面的改革需求强化之后，那么就可以在全球层面逐渐推广全球区块链。因此，未来区块链的发展路径应是“主权区块链—区域区块链—全球区块链”这样一个发展路径。到全球层面时，涉及的相关国家越多，谈判的成本和难度就越大。然而，区块链自身的意义就在于它用算法来保证合约自动执行，其本身就是节省交易成本的一种制度设计。而且，各国在主权区块链上的实践会对未来在区域和全球层面形成更高层次的智能合约机制形成重要参考。

第十章

区块链技术与全球贸易治理体系变革

布雷顿森林会议结束后，美国主导的以关贸总协定为核心的全球贸易治理体系基本建立。关贸总协定将开放互惠的自由贸易原则作为全球贸易的基本原则，促进了全球贸易的长期稳定与发展。贸易方式的变革决定了治理形式的变革。20 世纪 90 年代，互联网技术的革新促使全球贸易向虚拟化、电子化方向转变。在此背景下，世界各国经过长期协商谈判建立了更具全球性的世界贸易组织 WTO。目前以 WTO 为核心的全球贸易治理体系正面临前所未有的困境。对此美国与欧盟分别提出了各自的 WTO 改革方案。但美欧的改革方案均无法摆脱西方冲突逻辑的传统，反而可能进一步加剧各国在全球贸易中的分歧。从历史来看，技术的革新将深刻改变贸易的形态和贸易治理的方式。区块链作为第四次工业革命的代表性技术，其多中心、分布式和共识机制的算法设计，为合作共赢的全球贸易共治提供了新的技术基础。为此，笔者旨在分析全球贸易治理的困境以及当前各国的解决方案，并对区块链在全球贸易治理中的应用进行梳理，以期为中美关系的缓和与全球贸易治理体系的重构提供新的思路和视角。

一、全球贸易治理体系面临的困境及原因

长期以来，GATT/WTO 对于全球贸易秩序的稳定起到了重要作用。但是当前的 WTO 规则设计在解决新的全球贸易问题时存在明显的不足。在多重因素的影响下，全球贸易治理陷入失灵的尴尬境地。

首先，全球贸易体系难以化解发展中国家和发达国家间的利益冲突，这是其陷入困境的根本原因。早期全球贸易的规则设计主要掌握在主要发达国家手

中，发展中国家的利益很难得到保证。以“特殊与差别待遇”为例，发展中国家参与关贸总协定的一大原因就是为了争取“特殊与差别待遇”。[①] 但一直到1965年GATT1947的修改，发展中国家才在规则中争取到“特殊与差别待遇”。[②] 发达国家与发展中国家发生冲突的一个重要领域是技术领域。经济增长阶段理论指出，后发国家实现经济腾飞的一大重要因素，就是通过参与最新的技术革新实现第二产业的结构性变革。[③] 但是在起飞阶段，发展中国家往往在科技、人才等方面受到诸多限制。发达国家常常利用知识产权限制发展中国家的发展，例如《与贸易有关的知识产权协议》（“TRIPS”协议）即以保护知识产权为主要目的。尽管发达国家在制定知识产权规则时通过设置过渡性条款和例外条款来保障发展中国家的基本技术需要，但是对于最顶尖的技术仍然进行层层限制。实践中，发展中国家在这样的制度设计下获取技术的难度反而增大，CIPR的报告显示，知识产权政策的拓展并不可能为大多数发展中国家带来收益[④]。21世纪以来，随着新兴经济体经济实力和国际地位的提升，南北冲突进一步加剧。新兴经济体通过积极参与全球化，改变了国际贸易的传统格局。2018年金砖国家对世界经济的贡献率达到50%。[⑤] 随着实力的增长，新兴经济体希望改变原有的贸易规则和利益分配格局，要求改革的呼声也越来越高。

其次，协商一致原则降低了WTO的效率。对WTO规则的批评集中于协商一致原则。WTO的协商一致采取“无异议即为一致”的模式，[⑥] 这一模式可以理解为“沉默即同意”。[⑦] 从实践来看，协商一致原则在应用中存在两方面限制。第一，议题的范围被限制。由于协议的通过需要各成员方均无异议，

① Robert Hudec, *Developing Countries in the GATT Legal System*, Cambridge: Cambridge University Press, 2010, p. 81.

② 在GATT1947中增补了第四部分，主要通过36、37、38三个条款扩大欠发达国家的出口收入以及在世界贸易中的份额。参见时业伟：“多边贸易体制对发展权的法律保护”，《中国政法大学学报》2018年第2期，第61—66页.

③ W. W. 罗斯托：《经济增长的阶段：非共产党宣言》，郭熙保、王松茂译，北京：中国社会科学出版社，2001年版，第36—59页.

④ 详见CIPR, “Integrating Intellectual Property Rights and Development Policy,” 2002, available at: http://www.iprcommission.org/papers/pdfs/final_report/ciprfullfinal.pdf.

⑤ 赵成等：《金砖合作为世界发展注入正能量》，《人民日报》2019年11月14日.

⑥ Mary Footer, *An Institutional and Normative Analysis of the World Trade Organization*, Leiden: MartinusNijhoff, 2006, p. 139.

⑦ 盛建明、钟楹：“关于WTO‘协商一致’与‘一揽子协定’决策原则的实证分析及其改革路径研究”，《河北法学》2015年第8期.

因此争议较大的议题往往被排除在 WTO 的议程或协议外。放弃部分议题是谈判中达成一致意见的常用手段，但被放弃的议题并非无关痛痒。第二，协商一致原则有利于强势国家，而且缺乏透明度。相关研究发现，大国往往可以通过其政治经济影响力，在谈判中达成虚伪的合意。[①] 主导谈判的大国在面临分歧时可以通过适当地增加或放弃议题，使谈判结果更符合自己的利益。也就是说，议题中的主导国家，往往可以凭借自己强大的国际影响力来影响其他多数参与者，最终形成“阴影下的投票”（Shadow of the Vote）。

协商一致原则饱受争议的背后，是 WTO 内部规则设计的系统性矛盾。[②] 权力分配体系的设计导致 WTO 在维持全球贸易稳定时更倾向于维护发达国家利益。罗伯特·基欧汉指出，权力的分配在国际制度的设计中影响了制度的有效性。在制度设计中权力分配更加集中的组织具有更强的组织力和执行力。例如由小部分成员国控制的 IMF 就比影响力分散的联合国大会执行力更强。[③] 在国际贸易中发达国家采取的就是少部分发达国家制定规则的俱乐部模式。通过规则设置，发达国家可以将本国的发展需求转化为国际贸易问题。例如欧盟在农产品领域制定了更高的非关税壁垒来限制农产品的自由贸易，在服务贸易方面却希望发展中国家进一步开放市场。发达国家凭借自身在 WTO 制度设计中的优势，在全球贸易中制定符合自己利益的规则，导致全球贸易走向不公平。

再次，区域贸易协定的不断增多，弱化了 WTO 的权威。理论上看，区域贸易协定的参与国通过建立关税同盟降低了成员内部的关税，这有助于减少成员间的贸易成本，提高同盟内部的资源利用效率和消费者福利。[④] 随着区域贸易自由化的不断推广，多边的全球贸易自由化将有更好的前景。[⑤] 但 2005 年 WTO 的报告却指出，在不同区域贸易协定复杂的条文设计下，WTO 的最惠

---

① Ian Brownlie, *The Rule of Law in International Affairs: International Law at the Fiftieth Anniversary of the United Nations*, Hague, Boston: Martinus Nijhoff Publishers, 1998, p. 202.

② 沈伟：“WTO 失灵：困局和分歧”，《上海商学院学报》2019 年第 5 期，第 58—74 页.

③ 罗伯特·基欧汉：“国际制度：相互依赖有效吗?”，《国际论坛》2000 年第 2 期，第 77—80 页.

④ Jacob Viner and Paul Oslington, *The Customs Union Issue*, Oxford: Oxford University Press, 2014, 103 - 132.

⑤ Michael Trebilcock and Robert Howse: *The Regulation of International Trade*, London, New York: Routledge, 1995, pp. 92 - 95.

国待遇已经转变为最差国待遇。[1] 由于不同区域之间的经济水平、规则设计、争端解决都有各自的制度设计，协调各区域之间的政策时会花费更高的成本。这些复杂的制度设计反而导致企业难以迅速适应，增加了执行制度的成本，实际上阻碍了贸易自由化。[2] 概言之，不断增加的区域贸易协定要求不同协定之间的协同，这会增加跨区贸易的成本，从而使国际贸易被局限于地缘性的区域贸易协定中，导致区域贸易协定沦为保护主义的工具。

最后，人工智能、区块链等新技术的迅速发展对多边贸易治理体系提出了新的治理要求。技术变革将推动治理形式转变。WTO 成立的重要原因之一就是信息技术的发展带来的贸易形式的改变。20 世纪 80 年代后期出现的信息技术革命促使国际贸易从单一的有形货物贸易拓展到无形的虚拟化信息贸易。这促使各国在贸易谈判中的议题从传统的关税壁垒向非关税壁垒转变。当前以人工智能、区块链为代表的新技术，将对全球贸易产生深层次影响。技术的发展不仅改变了信息时代的贸易流程，并且将信息发展为新的贸易要素。温德尔·瓦拉赫指出，技术的加速迭代，使得社会应变难以跟上技术变革的步伐。全球性治理规则的缺失进一步导致技术治理的困境。[3] 例如 3D 打印技术的发展既可以减少传统贸易对包装、仓储的需求，又增加了技术的传播与应用。3D 打印的技术创新整合和优化了传统跨境贸易流程，对现有的商业模式产生重要影响。因此随着技术的快速变革，亟须通过 WTO 治理体系的变革促进技术与贸易治理的融合。

二、全球贸易治理体系变革的美国方案与欧盟方案

目前，主要成员方对 WTO 改革的必要性和重要意义具有基本一致的意见，各国均认同 WTO 目前的规则设计严重降低了其治理效率。从各国的改革方案来看，改革的焦点集中于透明度原则、争端解决机制以及基础性概念的规

---

① 郑晓丽：“‘反弹琵琶’：论多边贸易体制对区域贸易协定的影响”，《世界经济与政治论坛》2008 年第 4 期，第 15—20 页.

② 赵晋平、方晋：“区域贸易安排中原产地规则的国际比较”，《对外经济实务》2008 年第 6 期，第 4—8 页.

③ 温德尔·瓦拉赫：《科技失控：用科技思维重新看透未来》，萧黎黎译，南京：江苏凤凰文艺出版社，2017 年版，第 230～232 页.

则解释等方面。

目前美国尚未出台明确、完整的WTO改革计划，其改革方案散见于不同的声明、议案中。综合来看，美国的改革方案体现出其对待WTO的矛盾态度。一方面，美国多次表示，WTO改革具有重要意义；[①] 但另一方面，美国主导的多个区域贸易协定弱化了WTO的权威，同时美国针对其他国家采取的保护主义政策，也违背了WTO的基本原则。与美国相比，欧盟更加忧心多边贸易体系的存续和国际贸易秩序的权威。欧盟的改革方案集中体现在欧盟委员会2018年9月发布的《WTO现代化：欧盟未来方案》中。概言之，欧盟方案集中于以下三大目标：恢复上诉机构的正常运行，解决美国对上诉机构的不满；扭转“不公平贸易”的局面，扩大欧盟的利益；改变谈判规则，提升欧盟在WTO中的领导权。下文分别从透明度原则、发展中国家的标准以及争端解决机制三个方面阐述美国与欧盟的改革方案：

第一，美国与欧盟在透明度改革中具有相同的态度。透明度原则是WTO的一项重要原则，其中通报义务是各国关注的焦点。美欧一致认为，执行不到位的透明度原则导致全球出现“不公平贸易”的现象。2018年11月12日，美日欧等向WTO货物贸易理事会提交了一份透明度改革方案，要求各成员方对参与的WTO协议履行情况进行公开。美欧日认为应通过细化透明度制度设计敦促各成员方履行通报义务。三方希望WTO建立定期审议机制审查和通报各成员方通报义务的履行情况。WTO可以通过审查确定各成员方的履行能力，并为无力履行通报义务的国家提供技术方面的支持，对有履行能力而长期不履行通报义务的国家进行相应的制裁。

第二，美欧均认为“发展中国家地位”的标准不清晰。WTO对发展中国家并没有明确的判定标准，只需要成员方进行自我认定。美国在不同场合指责中国、印度等新兴国家，频频利用自己的特殊地位获取利益而没有承担相应的义务。美国主张建立新的判断标准来重新划分发展中国家和发达国家，将已达

---

① 在2018年9月和2019年1月的会议中，美国、欧盟和日本三方代表就WTO改革的必要性达成共识。详见：USTR，“Joint Statement on Trilateral Meeting of the Trade Ministers of the United States，Japan，and the European Union，” 2018，available at：https：//ustr. gov/about-us/policy-offices/press-office/press-releases/2018/september/joint-statement-trilateral. “Joint Statement of the Trilateral Meeting of the Trade Ministers of the European Union，Japan and the United States，” 2019，available at： https：//ustr. gov/about-us/policy-offices/press-office/press-releases/2019/january/joint-statement-trilateral-meeting.

到新标准的国家排除发展中国家的范围。欧盟同样建议缩小“特殊与差别待遇”的适用范围，对于已经实现经济发展的国家，不再适用“特殊与差别待遇”原则。对于尚未实现发展的成员，应当积极制定相应的路线图和规划时间表，详细公开本国预期全面履行 WTO 协定所有义务的实际日期，并对这一规划进行监督和审议。欧盟提议在未来的协议中加入“特殊与差别待遇”的适用时限，并且在制定协议时对参与协议的成员方进行履行能力的限制。

第三，在争端解决机制的问题上，美欧存在一些分歧。美国以停摆为手段威胁上诉机构的全面改革，欧盟则以维护上诉机构的正常运行为改革的前提。美国认为上诉机构严重损害了美国的利益，因此主张对上诉机构进行全面改革。为了实现自身的目的，美国甚至频频阻挠大法官的遴选，导致上诉机构面临停摆的危机。美国认为，上诉机构随意突破 90 天的审理期限、通过意见报告的形式替代 WTO 规则等行为，不仅导致上诉机构的效率低下，而且增加了 WTO 法律解释的复杂性。美国同时认为，各国的国内法作为国内事务和既定的事实，不应当成为被审查的对象。[①] 上诉机构的调查意见经常推翻专家小组的调查结果，这给 WTO 各成员方造成了额外的负担。[②] 欧盟则希望尽快恢复争端解决机制的运行。因此对美国主张的上诉机构延期问题，欧盟给出折衷的方案。欧盟认为只有当涉案的当事方均同意，上诉机构才可以突破 90 天的审理期限。同时，欧盟为了提升上诉机构的执行效率，进一步提出通过建立新的机构保持上诉机构和各成员方之间的定期交流，促进各成员方与上诉机构在法理和贸易发展方面形成共识。

从美国和欧盟的改革方案来看，美国改革的主要目的是期望通过改革缓解美国实力的相对衰落，进一步打开发展中国家的市场。长期以来美国强大的经济、军事力量使其能直接、快速地实现贸易目标。但是 WTO 作为全球贸易治理国际组织，其中的谈判机制在发挥“保护层”作用的同时也限制了美国霸权主义的扩张。WTO 机制中对弱者保护的规则，限制了美国拓展全球市

① WTO，“Minutes of the DSB Meeting，” 2016，available at：https：//docs. wto. org/dol2fe/Pages/FE_Search/FE_S_S009-DP. aspx? language＝E&CatalogueIdList＝233206，233115，232524，232330，231963，231754，231034，231002，230905，230808&CurrentCatalogueIdIndex ＝ 1&FullTextHash＝&HasEnglishRecord＝True&HasFrenchRecord＝True&HasSpanishRecord＝True.

② Hannah Monicken，“U. S.：DSU Bans Appellate Body Practice of ‘Advisory Opinions’，” 2018，available at：https：//insidetrade. com/daily-news/us-dsu-bans-appellate-body-practice-advisoryopinions.

场的速度。[①] 因此美国所提出的改革方案，既是要维护自己的霸权地位，更是要重塑全球贸易体系。概言之，美国方案的核心是维护美国的国家地位。与美国不同，虽然欧盟的 WTO 改革方案在很多方面都试图迎合美国的利益诉求，但实际上其与美国方案存在根本分歧。欧盟所希望构建的是以国际规则、制度来保障公平的全球贸易体系，这样的理念延续了第二次世界大战结束后的自由国际主义。另外，美欧两国对于 WTO 以及多边贸易体系的存续持有不同的态度。美国对多边贸易体系的态度较为复杂：既希望利用多边贸易机制实现对全球市场的利用，又不希望其限制美国对外经济利益的扩张，因此美国一方面积极推动治理体系和治理规则的变革，另一方面又保留退出全球贸易治理体系的可能。美国总统特朗普多次宣称的“退出 WTO”就是这种思维的具体表现。与美国不同，欧盟则更加重视 WTO 的存续以及全球贸易秩序的维护，将捍卫 WTO 规则视为保障自身长远利益的手段，也将自己视为 WTO 改革的领导者。[②]

从整体来看，美国与欧盟的方案尽管具有一定的合理性，但在实践中却很难得到其他国家的认同。首先，美欧方案通过对发展中国家地位认定的改革，限制中国、印度等新兴国家的发展，遭到许多新兴国家的反对。美国采取的“美国优先”战略，核心就是削弱新兴国家的发展权，弱化新兴国家的国际影响力，最终维护美国在全球的霸权地位。欧盟方案试图通过更新国际制度和规则来维护全球贸易体系，仍然延续了二战结束后的自由国际主义的理念。其次，欧盟为了实现自己的改革方案，在谈判中采取分别结盟的策略。欧盟认为，协商一致原则降低了各成员方达成一致意见的可能，限制了 WTO 谈判功能的发挥，因此应增加谈判方式的灵活性。但是这一做法被某些发展中国家视为欧盟的分化策略，它们指责欧盟采取灵活谈判策略的主要目的，是为了通过绕开协商一致原则分化不同发展中国家的利益。再次，美欧的 WTO 改革方案以维护全球贸易秩序为口号，但两者的目的都是为了建立自己的全球贸易中的领导地位。因此在对弱小国家保护的问题中，美欧的方案都采取以牺牲发展中国家利益来建立自由开放的全球贸易体系的做法，但这只能与真正自由和公平

---

① 肖河：“特朗普反全球化？他是想让世界为美国的‘右翼全球化’买单”，《环球网》2018 年 12 月 17 日，详见：https://baijiahao.baidu.com/s?id=1620077637868650143&wfr=spider&for=pc.

② 石岩：“欧盟推动 WTO 改革：主张、路径及影响”，《国际问题研究》2019 年第 2 期，第 82—98 页.

的全球贸易渐行渐远。

表 10.1　美国、欧盟全球贸易治理体系变革方案的异同

<table>
<tr><th colspan="2"></th><th>美国</th><th>欧盟</th></tr>
<tr><td rowspan="2">相同</td><td>透明度</td><td colspan="2">①目前的透明度原则执行效果差；②建立透明度定期审议、通报的制度；③对无力履行的国家进行技术援助；④对有履行能力而未履行的国家加大制裁力度。</td></tr>
<tr><td>发展中国家地位</td><td colspan="2">①改变划分标准，缩小适用的国家；②尚未发展的成员制订履行时间表和计划书；③限定“特殊与差别待遇”的适用时限。</td></tr>
<tr><td rowspan="3">不同</td><td>根本目标</td><td>①缓解美国实力的相对衰落；②维护美国利益和霸权地位权。</td><td>①维护自由国际主义的全球贸易理念；②重塑欧盟领导权。</td></tr>
<tr><td>对多边贸易体系的态度</td><td>①坚持 WTO 改革的必要性；②必要时可以重新建立新的组织。</td><td>坚持 WTO 改革和 WTO 的延续。</td></tr>
<tr><td>争端解决机制</td><td>①阻挠上诉机构法官遴选机制的启动；②上诉机构进行全面改革。</td><td>尽快恢复争端解决机制的运行。</td></tr>
</table>

三、区块链技术、全球共治与人类命运共同体的构建

美国和欧盟的方案以冲突秩序观为立场，难以从根本上摆脱全球治理的二元观念。中国在新一轮技术革命的背景下所倡导的“人类命运共同体”理念，在全球贸易治理中显得格外重要。多中心、共识和开放的区块链技术，是“人类命运共同体”理念和全球共治思想的技术表达和技术支持。

无论是美国的“美国优先”方案，还是欧盟期望的自由国际主义的全球贸易秩序，其核心都是冲突秩序观的延续。冲突秩序观的理论基于人的斗争性和人性恶的前提。在这一假设下，不信任和冲突是国家间关系的主要特征。事实上，国家的发展无法通过对立的冲突逻辑实现。在国际局势发生重大转变的关键时期，随着西方国家实力的相对衰弱和新兴国家的群体性崛起，美国和欧盟作为全球贸易秩序的主要维护者，会采取“强冲突”的逻辑来保护自身利益。在这样的背景下，仅仅诉诸道德或纸面上的制度，难以实现全球贸易体系的长期有效治理。无论是美国方案还是欧盟方案，注定会导致发达国家与发展中国家的二元对立。全球贸易治理最大的难题，就是解决发达国家与发展中国家间

的冲突。但这种冲突是相互依存而非二元对立的。

全球贸易共治就是期望在全球贸易秩序中树立“弱冲突＋强和谐”的逻辑。[①] 贸易共治强调各方在贸易互动中从利益关系向朋友关系的转变。近年来中国所主张的“人类命运共同体”理念，对当前的全球贸易共治具有重要的指导意义。“人类命运共同体”理念所强调的平等治理、关联治理以及发展治理，体现了全球合作共赢的全球治理理念。[②] 首先，“人类命运共同体”理念将世界视为一个整体。“人类命运共同体”理念下的全球贸易共治，其核心目标并非是促进资本增值，而是扩大全球范围内的总收益以及全球收益的合理、有序分配。这可以弱化国际贸易中的利益关系，强化各国间的和谐交流。其次，“人类命运共同体”理念具有很强的中国文化传统。中国人和谐共生的价值观，强调的是事物之间的调和与统一，是事物之间相生相成而达成的和谐状态。[③]

二战结束以来的全球贸易秩序是通过建立全球性的中介组织来保障有序竞争。但是有研究者指出，制度的有效性表现为纸面上的规定被各成员方心悦诚服地接受，并转化为国家的行为规范。[④] 中国以“人类命运共同体”理念为指导的全球贸易治理方案，强调全球贸易的互动与协作以及各国之间的和谐与共生，对全球贸易治理体系变革具有重要意义。中国对全球贸易体系的改革，不是从根本上动摇全球贸易体系，而是要维护、补充全球贸易体系规则，促进更大程度的开放、互惠。在“人类命运共同体”理念的指导下，中国在2018年提出WTO改革的三项基本原则和五点主张，以解决WTO面临的结构性困境。[⑤]

从中国的改革方案可以看出，中国坚持维护多边贸易体制的核心价值，强调WTO在全球经济治理中发挥更大的作用。同时，中国的改革方案更加侧重保障发展中国家的发展利益，为实现联合国2030年可持续发展目标而做出努

---

① 高奇琦：“全球共治：中西方世界秩序观的差异及其调和”，《世界经济与政治》2015年第4期，第67—87页.

② 孙吉胜：“‘人类命运共同体’视域下的全球治理：理念与实践创新”，《中国社会科学》2019年第3期，第121—130页.

③ 任晓：“以共生思考世界秩序”，《国际关系研究》2015年第1期，第21—22页.

④ 任晓：“从世界政府到‘共生和平’”，《国际观察》2019年第1期，第42—56页.

⑤ 商务部：《中国关于世贸组织改革的立场文件》，2018年12月20日，载于：http：//www.mofcom.gov.cn/article/i/jyjl/k/201812/20181202818736.shtml.

力。中国的改革方案坚持协商一致的决策机制，维护广大发展中国家的共同参与，和 WTO 非歧视和开放的核心原则。中国的改革方案不仅要维护 WTO 权威，而且要积极通过改革 WTO 实现全球贸易共治。中国仍然强调以发展为核心，以保护自由贸易，维护全球的多边开放为主要目的。在发展的过程中，中国倡导多边机制在全球贸易治理中发挥的重要功效，在国际贸易治理体系的改革过程中，构建公平公正、多元共治、共商共建的国际贸易新秩序。

对于全球贸易而言，基于区块链技术的全球价值链分工有助于全球贸易秩序从冲突和对立向和谐共生的方向转变。从历史发展来看，自由贸易对于全球经济秩序的稳定具有重要意义。当前全球经济仍处于后金融危机时期，西方国家的经济发展长期处于停滞状态，而发展中国家缺乏必要的技术和持续发展的能力。通过区块链技术建立起全球贸易治理新体系，才可以避免全球陷入“以邻为壑”的对立局面，进一步推动经济全球化进程。

作为具有框架意义的底层技术，区块链技术的发展可以分为三个阶段。第一阶段是数字货币，主要包括比特币以及其他数字货币。可以说，数字货币是区块链应用的前提。第二阶段是以以太坊为代表的智能合约技术。智能合约通过严格的程序设计，可以将规则化的内容通过算法设计进行固定，在交易条件被触发后可以实现自动交易。第三阶段是智能社会。智能社会的建立基于区块链技术和人工智能技术的融合。由于人工智能的发展会不断形成新的智能体，因此智能体之间以及人与智能体之间的互动需要通过区块链技术进行。基于中心化程度的不同，区块链目前可以分为公有链、私有链以及联盟链三种模式。公有链对所有人开放，任何节点可以自由加入和退出网络。第一代比特币就属于公有链的形式。私有链是非公开的专有链，节点的加入以及对网络的读写都需要一定的授权。例如蚂蚁金服在设计中就采取了私有链的形式。私有链可以保护网络中个人数据的隐私，但是存在集中化、适用范围窄等缺点。联盟链则是由多个机构参与管理的区块链，联盟链中各个节点通常有与之对应的实体机构组织，通过授权后才能加入与退出网络。各机构组织组成利益相关的联盟，共同维护区块链的健康运转。

区块链技术具有多中心、分布式账本、共识机制以及密码学机制的四大技术特征。首先，区块链技术具有多中心而非去中心的重要特征。在区块链的早期文献以及国外学者的研究普遍认为，区块链的去中心特征十分明显。但从比特币 1.0 向比特币 3.0 发展的过程中，具有中心化的运营团队以及比特币的交易平台事实上主导了比特币的发展方向。① 因此尽管一些原教旨主义者认为区块链是去中心的，但是在比特币的发展中仍然出现了一定的中心化特征。其次，分布式账本技术可以保障不同节点具有相同的读写访问权。因此区块链可以不再需要一个统一的中心化数据库进行数据管理。② 再次，区块链技术所建立的共识机制，可以利用不同节点的竞争记账，完成短时间内的交易验证和确认。在传统的交易模式中，交易双方达成共识往往需要确认对方的信用或由第三方机构提供信用证明。区块链的共识机制可以通过预先设计的规则，利用各节点互不信任以及不同利益的特征进行竞争记账，来保障整体交易的准确性。最后，区块链背后的密码学原理，保障了区块链在技术上的安全性。区块链技术中的哈希算法使得暴力破解密码的难度大大增加；非对称加密和数字签名技术则增加了算法的安全性和信息的完整性。

在全球价值链体系中，发达国家与发展中国家之间的全球合作对全球治理至关重要。区块链中的智能合约所产生的算法新秩序，可以在各国的国际活动中建立起基于算法的算法秩序。③ 全球价值链最理想的分工情况是各国的要素禀赋可以在全球范围内实现最优配置。但是在现实的全球贸易中，各国作为全球贸易体系的一部分在发展过程中并非互不干涉。西方治理逻辑长期以都来是区分对手与同盟。在这样的治理理念指导下，发展贸易就转变为寻找盟友和剥削敌人。

区块链技术中各节点具有的相对平等性可以为克服二元对立提供解决思路。二元对立形成的原因，是在西方冲突逻辑的指导下，发展中国家关注的利益被排除出国际贸易，发达国家继续享有不平等的全球贸易份额。④ 在比特币中应用的工作量证明机制，其中参与“挖矿”的各个节点（即“矿工”）都具有平等的资格，各节点的利益分配完全以工作量进行证明。在全球贸易治理体

① 周晓垣：《区块链时代：数字货币意味着什么》，天津：天津人民出版社2018年版，第106—108页.

② 一些国外学者认为，区块链技术上主要基于分布式账本和去中心的设计。Laurie Hughes, et al., “Blockchain Research, Practice and Policy: Applications, Benefits, Limitations, Emerging Research Themes and Research Agenda”, International Journal of Information Management, Vol. 49, 2019, p. 115.

③ 哈佛法学教授劳伦斯·莱斯格（Lawrence Lessig）就指出在赛博空间中，代码所代表的数字规范可以有效地规范不同网络空间参与者的行为。Lawrence Lessig, *Code and Other Laws of Cyberspace*, New York: Basic Books, 1999.

④ Hansel Pham, “Developing Countries and the WTO: The Need for More Mediation in the DSU,” *Harvard Negotiation Law Review*, Vol. 9, 2004, p. 335.

系的变革中，利用区块链技术的这一特征既可以保证对贸易大国进行利益激励，也可以避免弱小国家的利益被大国侵蚀。

在全球贸易治理中，区块链技术可以以联盟链的形式将全球贸易整合在一起，同时通过工作量证明机制实现全球收益的有序分配。在国际贸易中，资源的稀缺性以及对利益的追求会造成国家间的冲突。这恰恰需要贸易双方考虑对方的谈判底线。价值链体系的深层标的是秩序。[①] 区块链中各节点平等的特征也可以避免不同国家间利益分配和话语权的冲突，从而实现"弱冲突＋强和谐"的全球贸易共治。全球贸易共治可以弱化国际贸易中的冲突，在各国的经济往来中实现相互帮助和共同发展。"在经济全球化时代，各国发展环环相扣，一荣俱荣，一损俱损。没有哪一个国家可以独善其身，协调合作是必然选择。"[②] 在全球贸易共同体中，国际贸易行为不仅需要思考自己的利益诉求，也需要容忍对方发展的需要。[③]

WTO 在 2018 年发布了《区块链能否为国际贸易带来革命性变化?》文章，重点关注了区块链技术可能对 WTO 带来的改善，以及目前存在的风险点。[④] 区块链作为未来的重要技术，可以构建以全球共治为核心思想的全球贸易体系。区块链技术的目标是通过技术设计实现制度的开放、透明、高效。[⑤] 四大技术特征期望实现的，是通过技术手段实现陌生人间的信任。其中的理念就是在多中心的技术支持下，实现数据流程的透明、公开，从而增加行为的可信度。这样的理念同样契合了全球贸易共治中"弱冲突＋强和谐"的治理逻辑。

四、如何运用区块链技术推进全球贸易治理体系重构?

笔者所讨论的是全球贸易治理体系改革，是未来较长时间内全球贸易体系

---

① 陈鹏："构建人类命运共同体对全球价值链的影响探析"，《青海社会科学》2020 年第 1 期，第 13—19 页.

② 习近平："中国发展新起点全球增长新蓝图"，《人民日报》2016 年 9 月 4 日.

③ 金应忠："试论人类命运共同体意识——兼论国际社会共生性"，《国际观察》2014 年第 1 期，第 37—51 页.

④ Emmanuelle Ganne，"Can Blockchain Revolutionize International Trade?" WTO，available at：https：//www. wto. org/english/res _ e/booksp _ e/blockchainrev18 _ e. pdf.

⑤ 高奇琦、张纪腾："区块链与全球经济治理转型——基于全球正义经济秩序构建的视角"，《学术界》2019 年第 9 期，第 21—36 页.

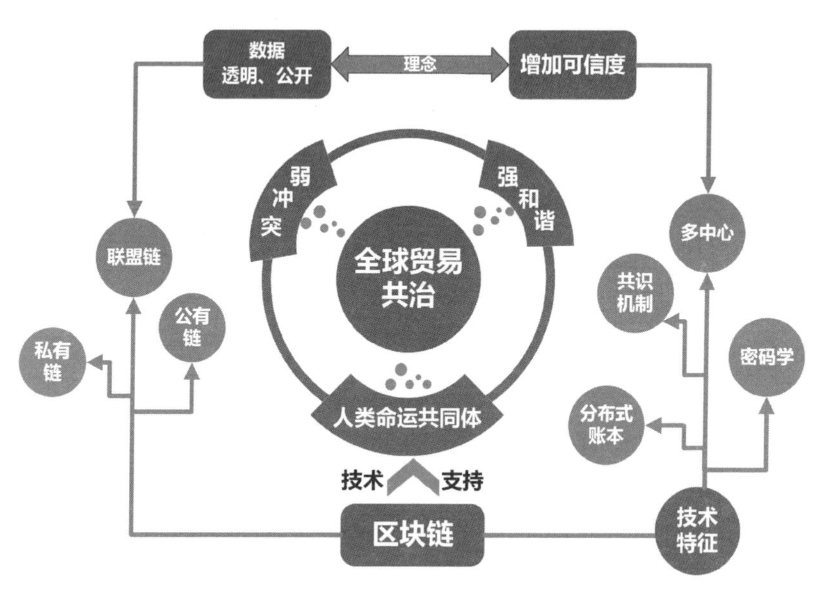

图 10.1　全球贸易共治

的重构问题，因此这一问题的关键是要重构 WTO 的权威。贸易体系是全球治理体系的重要一部分，全球治理体系的变革要以联合国的权威为基础，全球贸易治理体系的变革则是要进一步强化 WTO 的国际地位。WTO 作为重要的国际贸易组织可以通过资源整合和促进全球要素流通，克服区域主义分散性、排他性的弱点。[①] 只有尽快恢复 WTO 的运行和增强 WTO 的权威，全球贸易治理才可以在健康的轨道上运行。区块链技术可从如下几个方面推进全球贸易治理体系的重构：

第一，全球性数字货币是利用区块链重构全球贸易治理体系的前提。区块链背后的治理机制依照其发行的数字货币展开。缺少数字货币的区块链就像无源之水和无本之木。目前基于区块链技术的数字货币主要有三种形态。第一种是以比特币为代表的数字加密货币，在跨境流通支付中会面临洗钱、走私等风险。第二种是各国央行主导的法定数字货币，如中国的 DCEP、瑞典的“e 克朗”等。此类数字货币在设计时主要考虑的是国内支付，跨境贸易结算的功能并不完善。第三种是由大公司或公司联盟主导的数字货币，如 Libra、Celo

① John Ruggie, *Multilateralism Matters: the Theory and Praxis of an Institutional Form*, New York: Columbia University Press, 1993, p. 48.

等。Libra的币值采取一揽子货币的形式，这样的设计不仅增加了资金外逃的风险，也挑战了各国的货币发行权，因此遭到各国监管机构的反对[①]. 以美元为定价标准的数字货币Celo无法改变美元体系的实质。[②] 美元作为中心化货币的一种，其实力的增强反而会加剧国际货币体系的波动性。全球性数字货币可以通过全球各主权国家的协商与谈判，建立类似特别提款权（SDR）的一揽子货币形式。这样的数字货币有助于各国监管机构建立统一的监管体系，避免数字货币匿名交易引发的犯罪风险。同时，全球性数字货币基于全球主权国家的共同背书，改变Libra等数字币的低信用风险和以美元为定价标准的单一体系。而且全球性数字货币也可以发挥数字货币低交易成本、低盗窃成本和高延伸性的服务优势。

第二，通过区块链技术改革协商一致原则，可以进一步增强WTO的权威和多元治理能力。欧盟提出灵活多变的谈判模式就是因为协商一致原则缺乏效率。区块链多中心的设计使各节点具有相对独立性和平等性，这可以保障弱小国家在全球贸易谈判中的发言权和参与度，避免沦为大国的工具。通过区块链可以组建起多中心的谈判结构，这样既可以实现议题的灵活处理，又能够保障发展中国家在谈判中的地位。例如中国在参与谈判的过程中，可以通过区块链与其他发展中国家组成联盟，与欧美发达国家进行交流与合作。[③] 区块链技术通过重构协商一致原则的实现形式，可以扩大广大发展中国家在全球贸易中的参与度，为多元共治、共商共建的国际贸易新秩序提供技术支持。

第三，通过智能合约可以增强WTO惩罚机制的执行力，增强WTO的监管能力。美国和欧盟对透明度原则的不满，很大程度上是因为WTO执行力较低。目前的WTO通报机制不仅通报义务繁多、缺乏规律性，而且对违约的成员方缺乏必要的惩罚机制。未来智能合约的应用可以有效解决通报义务的执行问题。在全球性数字货币的基础上，各成员方需要通过资产上链的方式进行一定程度的信息公开。通过联盟链的形式，将各国的通报义务以数字化合约的形

---

① 详见易宪容："Libra能否成为超主权的全球信用货币——基于现代金融理论的一般分析"，《探索与争鸣》2019年第11期，第30—33页。许多奇："Libra：超级平台私权力的本质与监管"，《探索与争鸣》2019年第11期，第38—41页.

② 杨洁萌："Libra乌托邦与中国法定数字货币的机遇"，《新金融》2019年第12期，第40—47页.

③ 刘志中、崔日明："全球贸易治理机制演进与中国的角色变迁"，《经济学家》2017年第6期，第50—57页.

式进行固定，既可以敦促各成员方建立更加规范、统一的通报形式和通报内容，又可以通过通报信息的时间戳判断通报的时效性，降低通报的额外成本，并且在各成员方资产上链和全球性数字货币的前提下，一旦有成员方没有履行通报义务，WTO 可以通过智能合约之间对违约方直接进行惩罚。

第四，全球性数字货币的建立有助于弱化美元地位和变革全球贸易支付体系。长期以来美国凭借其在军事、金融领域的巨大优势为全球贸易支付建立起庞大的“美元帝国”。SWIFT 系统对全球金融支付的垄断长期绑架全球经济。布雷顿森林体系解体后特别提款权曾是各国缓解美元危机的主要尝试，但是由于 SDR 缺乏信任基础，使用范围受到很大的局限。[①] 美元支付体系所依托的是美国经济以及美元信用，在市场交易中依靠第三方机构实现跨境交易。第三方金融机构之间还需要建立新的代理关系来保证交易机构间的结算。因此传统的跨境交易时间长、速度慢。全球性数字货币基于点对点传输的技术，可以实现交易双方的直接交易。不仅如此，密码学以及分布式账本保障了交易的透明度和安全性，可以降低全球贸易中支付记账造成的额外成本。数据显示，到2022 年区块链技术可以帮助金融企业降低 200 亿美元的记账成本。[②]

第五，利用区块链技术建立统一的跨境交易平台，可以降低全球贸易融资的成本。在全球性数字货币的基础上，区块链可以为解决发展中国家的融资提供帮助。例如在“一带一路”倡议中，沿线的多数国家基础设施十分落后，并且面临巨大的基础设施融资缺口。区块链技术可以帮助沿线发展中国家迅速建设金融服务的相关基础设施。基于区块链数字协议的去中心化特征，区块链技术可以为多方参与者提供完整的交易信息。通过区块链技术还可以解决跨境支付中的交易风险。沿线国家通过协商建立统一的区块链跨境支付平台，利用区块链技术中高效安全的密码学特征，提升跨境交易的安全性。[③] 2018 年中国人民银行与多家机构一起研发“海湾地区区块链贸易融资平台”。区块链平台通过开展线上的数字金融活动，可以为各国金融监管提供实时的平台。同时，区块链平台的多中心、开放的特征，也可以帮助各类金融机构审查企业业务的真

① 张纪腾：“区块链及超主权数字货币视角下的国际货币体系改革——以 E-SDR 的创新与尝试为例”，《国际展望》2019 年第 6 期，第 20—45 页.

② 任哲、胡伟洁：“区块链技术与支付体系变革”，《中国金融》2016 年第 14 期，第 90—91 页.

③ 王娟娟、宋宝磊：“区块链技术在‘一带一路’区域跨境支付领域的应用”，《当代经济管理》2018 年第 7 期，第 84—91 页.

实性，降低审计风险，提升业务效率。

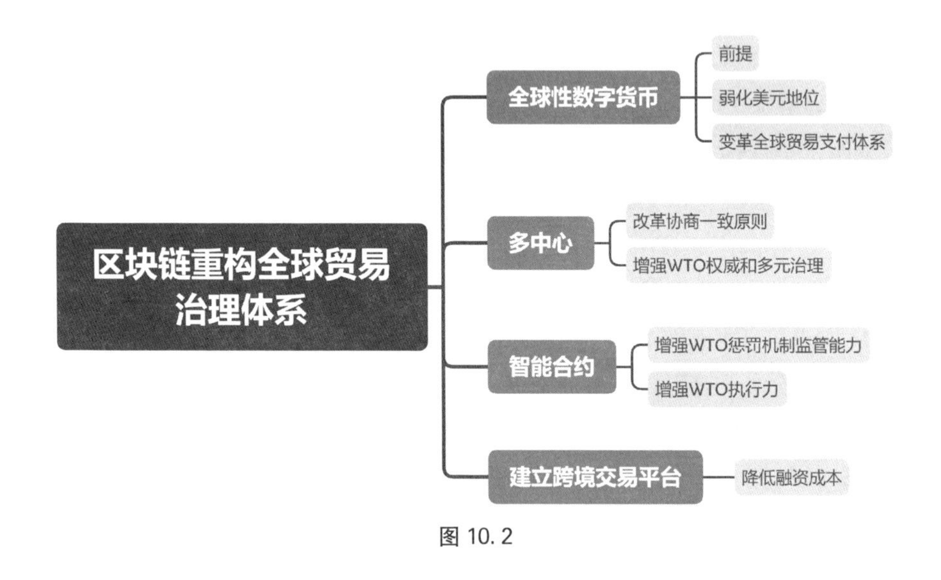

图 10.2

五、用区块链来规制中美贸易冲突的中远期方案

全球贸易治理的长期目标是期望通过增强 WTO 的权威，实现全球贸易共治。当前，全球贸易面临的现实难题是主要贸易经济体之间的贸易冲突。当前美国的单边主义措施，不仅导致中美贸易出现巨大冲突，甚至导致美欧、美日之间也出现巨大分歧。美国对外所展现的独断自利与民粹主义行为，为全球贸易增加了巨大的不确定性。[①] 中美之间的贸易摩擦直接挑战了 WTO 解决国际贸易冲突的能力，也给中美双方带来了不必要的损失。中国商务部 2017 年的报告指出，世贸规则和多双边协定是中美合作的法律保障，双方均从经贸合作中获益。[②] 全球共治的方案的落实需要依靠新技术的支持，中美贸易关系的稳定同样也需要依靠新技术的支持，区块链可以为解决中美贸易争端提供新的空间和思路。

---

① 王志芳："中美摩擦的国际规则之争与全球可持续治理的中国方案"，《东北亚论坛》2020 年第 1 期，第 100—112 页.

② 中国商务部：《关于中美经贸关系的研究报告》，2017 年 5 月 25 日，详见：http://images.mofcom.gov.cn/www/201708/20170822160323414.pdf.

第一，中美可以利用区块链技术增强两国经贸联系。在中美贸易摩擦中，美国对中国施加的非关税壁垒，一定程度上是美国对中国产品的不信任。IBM关于区块链在咖啡贸易应用的演示，为区块链在中美贸易中的应用提供了良好的样本。区块链技术可以为产品创建不可篡改的产品信息。利用二维码等形式，消费者可以直观地看到产品的生产基地以及加工的全貌。这有助于增强美方对中国产品的信任，破除美方的非关税壁垒。区块链多中心的特征可以在两国贸易中引入非政府组织、企业、公民等其他团体进行必要的监督，促进两国贸易的制度化和规范化。通过利用区块链技术，中美可以修复两国的贸易互补性和产业联系。中美贸易摩擦破坏了中美企业间的分工合作，破坏了中美之间的产业链和科技链。长期以来中美企业已经形成了一定的分工，但是由于美国政策因素的影响，不少美国企业不得不被迫中断合作。由于区块链的共识机制和算法秩序基于技术的运用与保障，因此区块链技术的背后是刚性的算法逻辑。这种刚性的算法逻辑可以在很大程度上避免个人情绪或政策对贸易的影响，从而在中美贸易间建立基于技术的“秩序共识”。[①]

第二，全球性数字货币的建立有助于缓解中美贸易逆差。中美贸易摩擦的直接原因是美国对中国长期的贸易逆差。从美国的对外贸易额来看，造成美国长期逆差的重要原因，是美元长期充当主要世界货币。国际贸易实质是商品和货币之间的双向互动。[②] 因此贸易逆差的实质是两国之间商品和货币交换的不对等。在美元主导的全球体系下，出口导向型政策的国家通过贸易顺差获得美元是保持外汇储备的重要手段。因此美元在充当国际货币时，如果保持币值坚挺会导致美国进口增加，贸易逆差扩大；如果美元贬值则导致其他国家外汇储备贬值，出现全球清偿能力的不足。在这样的情况下，美元逆差造成的汇率贬值与美元币值稳定之间的特里芬难题依然存在，美元仍然难以真实准确地反应国际贸易活动。而全球性数字货币可以相对真实地反应全球贸易活动。由于美国在价值链中居于上游地位，因此在中美贸易中，美国尽管表现为贸易额的逆差，但是却是贸易利益的顺差。全球性数字货币主要用于国际贸易的结算过程。因此中美在双边贸易中通过全球性数字货币进行贸易结算，可以将美元从国际贸易中剥离出来，从而避免出现上述的贸易失真情况。同时，全球性数字

---

① 周雪松：“用区块链思维看待中美贸易摩擦”，《中国经济时报》2018年3月28日.

② 刘伟：“从经济实力与国际货币体系看美国贸易逆差——基于马克思货币理论”，《华南师范大学学报（社会科学版）》2013年第4期，第91—96、160页.

货币的建立需要一系列的规则设计和标准制定，中美双方在参与制定的过程中，可以进行充分地协商和交流，避免全球性数字货币出现大的波动。

第三，中美可以利用区块链可溯源的优势，强化两国在知识产权保护和科技领域的合作。美国在知识产权保护的问题中频繁依据其国内法案对中国实施制裁，这属于美国单边主义的范畴。一些国内学者在分析这一问题时，主张增强国内的反制措施来保障我国企业的权益，避免美国方面的无端指责。还有观点主张联合其他国家共同抵制美国技术霸权的行为。[①] 但是从长期来看，与美国的冲突、对立会阻碍我国科技的长期发展。通过建立全球性数字货币，可以将两国的一些重要资产通过上链的形式进行数字化处理。区块链技术令 IP 永久保存、不可篡改、可追溯的特性对于知识产权治理可以形成巨大的助力。通过知识产权的上链，区块链技术可以在每一次访问中为相应区块增加时间戳。[②] 这不仅可以实现交易信息的溯源，也可以降低知识产权维权中的取证难度和维权成本。同时，在智能合约的有效监控下，中美双方可以将现有的相关法律法规通过技术的形式进行自动处理。在资产上链的前提下，一旦交易一方出现违约的情况，智能合约可以进行自动化的处理。这既满足了美国公平贸易的要求，扩大了双方合作的空间，又有助于中国完善相关的法治建设和政策执行，提升对外开放的质量。

结语

全球贸易治理体系在全球经济变局和新技术变革的背景下，需要进行深层次的改革。美国以“美国优先”为主导的变革方案，背离了全球贸易治理的主要轨道，也与美国自第二次世界大战后推动的自由贸易理念相违背。欧盟的改革方案具有一定的实践意义，但是其改革方案忽视了发展中国家的利益，造成发展中国家和发达国家的冲突加剧。美国和欧盟的方案以冲突秩序观为立场，难以从根本上摆脱全球治理的二元观念。中国在新一轮技术革命的背景下所倡导的“人类命运共同体”理念，在全球贸易治理中显得格外重要。多中心、共识和开放的区块链技术，是“人类命运共同体”理念和全球共治思想的技术表

---

① 王金强：“知识产权保护与美国的技术霸权”，《国际展望》2019 年第 4 期，第 115—134 页.

② 华劼：“区块链技术与智能合约在知识产权确权和交易中的运用及其法律规制”，《知识产权》2018 年第 2 期，第 13—19 页.

达和技术支持。区块链技术也有助于中美两国实现贸易关系从紧张对立的状态向良性有序的合作框架转变。

当前全球贸易治理体系面临的巨大变革，正是全球治理体系改革的一部分。美元体系下的全球贸易治理的冲突逻辑强调不同国家间的博弈，这与经济全球化的潮流相背离。未来全球治理体系的变革，首先是联合国的变革，而全球贸易治理体系变革的关键，则是 WTO 体系的改革。在区块链技术的帮助下，未来的联合国和 WTO 等世界组织可以进一步实现自身的权威化和民主化。在主要贸易大国的推动下，新型的、超主权的全球性数字货币可以将全球治理各参与方的资产映射到数字货币上，通过程序化的语言进行规范和管理。在区块链多中心的架构下，WTO 作为主要的中心节点可以汇集全球多方力量，形成主权国家、非政府组织、民间企业等多方力量共同参与的新体系。多方力量可以共同参与全球贸易治理体系的建设，并在全球治理过程中发挥重要功能。

结 语

科技政治学：智能革命时代的新变化与新议题

人工智能作为一种新兴科技对政治将会产生深刻影响，这一点已经受到学术界的广泛关注。本章则希望将人工智能放到更加广阔的时间和空间维度中考察。正在发生的第四次工业革命往往被定义为智能革命。人工智能是智能革命的关键技术之一。同时，在这次革命中还包括区块链、量子计算、大数据等相关技术。智能革命对未来人类社会将形成更加全面且重构性的影响。两百多年来中国首次与西方发达国家一起站在第四次工业革命的门槛上。这其中最为关键的问题就是科技与政治的关系。关于两者关系的研究已经出现在政治哲学、比较政治和国际关系的研究之中，然而已有研究都存在一些不足，并且没有以一种整体的方式呈现出来。因此，本章就希望讨论这样一种可能性，即在智能革命背景下新科技政治学的必要性及核心议题。本章在第一部分和第二部分先回溯关于科技和政治关系的研究，分别从政治哲学、比较政治和国际关系等已有学科的角度来加以讨论。在第三部分，笔者则讨论政治学思维对于智能革命的特殊意义，并在其基础上引出新科技政治学的必要性和基本价值定位。在第四部分，笔者则聚焦新科技政治学可能涉及的一些关键议题。

一、政治哲学中的科技与政治关系

在近代思想史上，对科技与政治关系首先做出重要论述的是马克思（Karl Marx）。马克思对两者关系的讨论采用了一种辩证法思维。一方面，马克思看到了科技力量使用背后的资本作用，并对运用科技力量的资本主义制度展开了激烈批判。马克思指出：“科学和技术使执行职能的资本具有一种不以它的一定量为转移的扩张能力。”[①] 同时，马克思也看到了科学技术蕴含的巨大潜能。在他勾画的社会图景中，随着生产力的高度发达，未来理想的社会形态由此诞生。[②] 马克思所关注的核心是科学技术作为第一生产力所蕴含的未来社会意义。在马克思之后，另一位讨论科技与政治关系的重要思想家是海德格尔（Martin Heidegger）。海德格尔更多从西方的末世论观念出发，表达了对科技发展的一种较为悲观的态度，即人类社会的命运最终被现代技术掌控和安排。[③] 海德格尔在西方哲学史上具有重要地位，对当代西方的政治哲学家产生巨大影响。

西方马克思主义学者继承了马克思关于科技的批判性立场，但是多数西方马克思主义者并未完全继承马克思关于未来社会的一种乐观态度，而是对未来科技导致的结果采取了较为悲观的态度。卢卡奇（Georg Lukács）认为，随着劳动过程越来越合理化和机械化，工人的活动逐渐失去了自主性，从而越来越失去自由意志。[④] 卢卡奇批判了现代化过程中机器对人的物化，这一观点被后来的西方马克思主义者承袭。[⑤] 对于科技发展，马尔库塞（Herbert Marcuse）和哈贝马斯（Jürgen Habermas）同样表现出相对悲观的立场。马尔库塞认为，在科技的影响之下，人们都会变成单向度的人，这是工业化背景下的一种典型特征。由于工业革命的强大塑造能力，个人在工业革命背景之下的空间极小，因此个体完全变成了结构的囚徒。[⑥] 哈贝马斯则把科技看成一种新型的意识形态。人们在思考问题时很容易假借科技之名，然而科技本身成为意识形态并导致了科技异化。[⑦] 西方学者在马克思关于科技异化的思想基础上，又与海德格尔式的悲观情绪相结合，对未来科技发展形成一种相对悲观的整体性认识。

除了西方马克思主义者之外，其他的左翼学者对科技的发展同样采取较为

① 《马克思恩格斯全集》第23卷，北京：人民出版社，2012年版，第664页.

② 《马克思恩格斯全集》第45卷，北京：人民出版社，1985年版，第397—398页.

③ [德] 马丁·海德格尔：《演讲与论文集》，孙周兴译，北京：生活·读书·新知三联书店，2005年版，第39页.

④ [匈] 格奥尔格·卢卡奇：《历史与阶级意识》，杜章智、任立、燕宏远译，北京：商务印书馆，1996年版，第151页.

⑤ 董金平：“加速主义与数字平台——斯尔尼塞克的平台资本主义批判”，《上海大学学报》2018年第35卷第6期，第55—65页.

⑥ [美] 赫伯特·马尔库塞：《单向度的人》，刘继译，上海：上海译文出版社，1989年版，第3页.

⑦ [德] 尤尔根·哈贝马斯：《作为“意识形态”的技术与科学》，李黎、郭官义译，上海：学林出版社，1999年版，第69—72页.

强烈的批判态度，代表性学者包括阿伦特（Hannah Arendt）、福柯（Michel Foucault）、阿甘本（Giorgio Agamben）和贝克（Ulrich Beck）等。阿伦特在《人的条件》一书中描述了人在未来科技发展之中的一种无助心态。同时，这本书也表达了对冷战时期（特别是在核战争的条件下）美苏科技竞争的一种悲观和绝望。她认为，劳动对劳动对象的加工只是为其最终的消灭做准备。科技的发展导致人陷入劳动的全面性束缚，使得人最终被物所控制。[①] 福柯则用监视社会等概念来表达对科技力量发展的一种强烈反抗。[②] 在福柯看来，科技力量完全变成了一种新的规训技术，而个体自由在新的科技结构之下越来越局促。[③] 福柯将科技对身体的约束进一步概括为其重要的生命政治思想。生命政治的核心内涵是与生命相关的科学技术产生了严重的政治后果，即对个体的自由形成压制。福柯的这一思想又影响了之后的阿甘本。阿甘本进一步用强批判的思维来分析处于边缘状态的赤裸生命，即在新的技术条件下一种被例外性的国家权力压制的个体生命状态。[④] 乌尔里希·贝克的风险社会思想同样是西方学者关于科技与政治关系的重要表述。在贝克看来，科技的发展并不一定会导致风险的减少，反而使风险进一步增加，社会越来越呈现出风险社会的特征。贝克认为："在现代化进程中，生产力的指数式增长，使危险和潜在的威胁的释放达到了一个我们前所未知的程度。"。[⑤] 贝克的思想一方面是西方整个基督教末世论的延伸，同样在某种意义上也继承了海德格尔的悲观论特征。

整体来看，马克思对科技发展的未来结果采取了一种辩证法思维，但西方许多研究者（特别是西方左翼的批评家）更多把科技的发展看成是完全糟糕的境况，同时跟海德格尔为代表的悲观末世论结合起来。因此，在西方的文献中，可以明显看到学者们对科技发展的一种自然抵触，并且这种抵触延伸到社会大众，出现了思想界和企业界之间的对立。在西方，科技发展更多由企业来主导，而科技巨头往往从过度乐观的视角来描述科技发展的前景。西方思想界

① ［德］汉娜·阿伦特：《人的境况》，王寅丽译，上海：上海人民出版社，2009年版，第72页.

② ［法］米歇尔·福柯：《规训与惩罚》，刘北成、杨远婴译，上海：上海人民出版社，1999年版，第235页.

③ 陈炳辉："福柯的权力观"，《厦门大学学报》2002年第4期，第89页.

④ 高奇琦："填充与虚无：生命政治的内涵及其扩展"，《政治学研究》2016年第1期，第28页.

⑤ ［德］乌尔里希·贝克：《风险社会》，何博闻译，南京：译林出版社，2004年版，第15页.

则更多对科技采取批判的态度，这就使得两者形成了二元紧张关系。

近年来，在西方兴起了一些新思想流派来系统地讨论科技与政治之间的关系。其中具有代表性的流派主要有三个。

一是斯尔尼塞克的平台资本主义。斯尔尼塞克认为资本主义现在愈加表现出一种平台特征。数据是21世纪资本主义的新材料，平台是数字化的基础设施。[1] 这一分析范式对亚马孙、脸书、谷歌、苹果、微软等大公司的平台经济及其日益增长的强大影响有较强的解释力。在新的经济形态之下，平台与参与者之间的剥削关系似乎被隐藏起来。人们更多看到的是平台与参与者之间的合作关系。然而，在斯尔尼塞克看来，这种关系的资本主义本质仍然没有变，只不过更换了一种形式，这使得其更具有隐蔽性。斯尔尼塞克和威廉姆斯还共同提出了左翼加速主义概念。他们认为，伴随着科技革命的发生，资本主义的结构愈加成为科技发展的限制，同时科技革命也加速了资本主义结构瓦解的速度。[2]

二是乔蒂·狄恩的交往资本主义。狄恩的交往资本主义概念受到哈贝马斯的影响。狄恩认为，存在两个政治，一个是新媒体上的政治，另一个是政府的决策政治。在狄恩看来，前一种政治是幻象，其背后的核心力量就是交往资本主义。交往资本主义的内核是流量。狄恩认为，传播的内容是不重要的，关键的是在传播中形成强大的循环和相互交错的影响力。在狄恩看来，政治也是一种流量，而流量就意味着权力。[3] 特朗普的推特治国便是这种流量政治的代表性案例。特朗普经常会越过白宫相关的行政组织，自己直接发推特来跟社会大众沟通，这种形式实际上就是一种新型权力的展示。特朗普向社会大众展示的是自己与社会公众直接沟通的能力。

三是斯拉沃热·齐泽克的后政治范式。齐泽克认为，伴随着新科技革命的发生，政治越来越表现出后政治的特征。当代的许多决策都似乎超越了意识形态的划分，而专家知识和自由协商程序成为政治活动的核心内容，而政治原本

① ［加］尼克·斯尔尼塞克：《平台资本主义》，程水英译，广州：广东人民出版社，2018年版，第97页.

② 蓝江："新共产主义之势——简论乔蒂·狄恩的《共产主义地平线》"，《教学与研究》2013年第9期，第85—86页.

③ Jodi Dean, "Communicative Capitalism: Circulation and the Foreclosure of Politics," *Cultural Politics*, Vol. 1 No. 1, 2005, p. 53.

的意识形态特征逐渐退却。[①] 狄恩的流量政治与齐泽克的后政治概念有很强的内在关联性。只不过，齐泽克的后政治将政治的主导力量定义为程序和技术，而狄恩的流量政治则把这种决定力量看成是经济行为和技术。

目前这三大流派的思想更多继承了西方左翼的批判风格，对科技的进一步发展充满了深深的怀疑。然而，从建设性的角度去思考科技和政治的关系，用政治对科技的强大力量进行重塑并进行资源的再分配，这些建设性内容似乎并不是西方政治哲学中关于科技政治讨论的关键问题。整体来看，从近代以来，尽管马克思在一开始讨论两者关系时采用了辩证法，但是在之后的西方左翼学者更多对两者关系采取了强批判态度。这种强批判态度对于我们深刻理解两者关系是有帮助的，但是对于充分运用科技潜能并且推动科技对社会的改变，这种态度却无济于事。

二、比较政治学中的科技政治学

对于科技与政治关系的研究，比较政治和国际政治学者都有一些成果。比较政治主要从发展的角度来看待科技。科技是发展的重要要素。无论是对于经济发展还是整体性的社会发展，科技都是原动力。因此，在比较政治中，会就科技进步与国家发展之间的关系做深入研究。在国际关系的研究中，科技也会被看成是国家实力的重要组成部分。科技进步可以改变武装力量间的实力对比，对战争形态和国际格局都会产生非常复杂且深刻的影响。具体而言，比较政治与国际关系关于两者间关系的研究可以分为如下五大领域。

第一，科技进步和经济社会发展。比较政治经济学与发展经济学有很强的交叉性。发展经济学在研究经济增长的问题时，将科技作为研究中的重要变量。例如，与罗伯特·索洛（Robert Solow）将技术进步看成是经济增长的外生变量不同，保罗·罗默（Paul Romer）等则将知识作为经济增长的内生变量。[②] 罗默认为，在资本与劳动要素之外，人力资本和新思想可以作为影响经

---

① Slovaj Žižek, *The Relevance of the Communist Manifesto*, Cambridge: Polity Press, 2019, p. 10. 黄炜杰：“价值形式、现实的抽象与象征秩序——从阿多诺到齐泽克的政治经济学批判”，《学习与探索》2020 年第 1 期，第 30 页.

② 陈雁、张海丰：“超越新古典技术追赶理论：演化经济学的视角”，《经济问题探索》2018 年第 2 期，第 186—190 页.

济增长的新要素。[①] 罗默的研究成果对比较政治经济学产生了重要影响。在比较政治经济学家看来，技术进步是工业化的重要驱动力，也是国家实现经济社会发展的必要条件。罗伯特·吉尔平（Robert Gilpin）对代表性国家的技术发展模式进行了类型学的划分：第一种是以美国为代表的大而全模式，第二种是以瑞士、荷兰为代表的小而精模式，第三种是二战结束初期以日本为代表的技术依赖模式。[②] 佩蕾丝（Carlota Perez）对技术进步、金融资本以及社会制度三者间关系进行分析。佩蕾丝认为，技术进步带来巨大的财富创造潜力，但是技术进步的潜力需要在一套新的社会—制度框架上加以实现。金融资本在促进技术进步的过程中，通过完善新技术需要的社会-制度框架来发挥新技术的潜力。[③]

第二，科技进步与国家产业政策。这其中具有代表性的研究是克里斯托夫·弗里曼提出的国家创新体系。弗里曼在研究日本快速发展的案例时，认为日本短时间的急速进步是因为其有一整套有效的制度安排来推动科技发展。弗里曼将这一套制度安排总结为国家创新体系，即公共部门和私人部门组成的一个能够在互动中引入、改进和扩散新技术的网络。[④] 理查德·纳尔森（Richard Nelson）分析了美国的国家创新体系，认为这一体系不仅包括提供公共知识的大学，也包括各类政府基金以及社会计划。这些机制可以保障知识被公众知晓，并且以公私合作的方式有效地解决创新过程中知识的创造和扩散问题。[⑤] 此外，纳尔森的研究还指出，知识的非排他性和非竞争性使其具有很强的公共产品特性和正外部性。[⑥] 全球化时代的知识流动对国内的科技创新带来了机遇与挑战。斯维尔·赫斯塔德（Sverre Herstad）等人认为，为了应对全

① Paul Romer, "Increasing Returns and Long-Run Growth," *Journal of Political Economy*, Vol. 94, No. 5, 1986, pp. 1002 - 1037.

② Robert Gilpin, "Technological Strategies and National Purpose," *science*, Vol. 169, No. 3944, 1970, pp. 441 - 449.

③ [英] 卡萝塔·佩蕾丝：《技术革命与金融资本——泡沫与黄金时代的动力学》，田方萌、胡叶青、刘然、王黎民译，北京：中国人民大学出版社，2007 年版，第 2 页.

④ [英] 克里斯托夫·弗里曼：《技术政策与经济绩效：日本国家创新系统的经验》，张宇轩译，南京：东南大学出版社，2008 年版.

⑤ [美] 理查德·纳尔森："美国支持技术进步的制度"，载 [意] 乔瓦尼·多西、[英] 克里斯托夫·弗里曼等编：《技术进步与经济理论》，北京：经济科学出版社，1992 年版，第 380—390 页.

⑥ Richard Nelson, "The Simple Economics of Basic Scientific Research," *Journal of Political Economy*, Vol. 67, No. 3, 1959, pp. 297 - 306.

球化时代知识流动引发的挑战，公共政策需要维持国内的知识网络，为国内的内部研发提供激励，以增加吸收知识和传播知识的能力。①

第三，科技进步与利益集团。一些学者研究了国内政治与科技进步之间的关系，并聚焦于军工复合体这一西方最为重要的利益集团形式。查尔斯·米尔斯（Charles Mills）认为，美国的经济、军事与政治的精英紧密结合在一起，共同组成美国的核心权力结构。② 具体而言，军工复合体主要是国防科研机构、国防部门以及军工企业之间形成一个庞大利益集团。政客为了获得选票，会不断建设本地区的军工企业以及军事基地，以增加本地区的就业规模。军队为了提升武器装备，会不断促进科技研发，而军工企业以及国防科研机构则获得了更多的国家拨款、产品订单以及科研经费。③ 约翰·福斯特和罗伯特·麦切斯尼的研究指出，在数字经济时代，美国的军工复合体与垄断金融资本通过数字技术结合在一起，而资本主义由此发展到监控式资本主义。④

第四，科技进步、暴力体系与对外扩张。威廉姆·麦克尼尔以全球史的视角对不同文明发展中科技、文化与宗教之间的关系进行分析，探究技术进步与武装力量的改变以及社会发展之间的关系。⑤ 本尼迪克特·安德森在《想象的共同体》一书中，认为18世纪末到19世纪初在新技术的基础上发展形成了印刷资本主义，从而促进了民族国家的形成。⑥ 卡洛·希波拉（Carlo Cipolla）通过对枪炮、帆船与帝国的研究，分析了15—18世纪欧洲扩张与技术进步的关系。⑦ 杰弗里·帕克（Geoffrey Parker）对16—19世纪军事发展与西方兴起

① Sverre Herstad, Carter Bloch, Bernd Ebersberger and Els van de Velde, "National Innovation Policy and Global Open Innovation: Exploring Balances, Tradeoffs and Complementarities," *Science and Public Policy*, Vol. 37, No. 2, 2010, pp. 113 - 124.

② [美] 查尔斯·米尔斯：《权力精英》，许荣、王崑译，南京：南京大学出版社，2004年版，第5—7页.

③ Charles Dunlap, "The Military-Industrial Complex," *The Modern American Military*, Vol. 140, No. 3, 2011, pp. 135 - 147.

④ [美] 约翰·福斯特、罗伯特·麦切斯尼，刘顺、胡涵锦译："监控式资本主义：垄断金融资本、军工复合体和数字时代"，《国外社会科学》2015年第1期，第4—13页.

⑤ William McNeill, *The Pursuit of Power Technology, Armed Force and Society Since A. D. 1000*, Chicago: University of Chicago Press, 1984.

⑥ [美] 本尼迪克特·安德森：《想象的共同体》，吴叡人译，上海：上海人民出版社，2005年版，第6—7页.

⑦ Carlo Cipolla, *Guns, Sails, and Empires: Technological Innovation and the Early Phases of European Expansion, 1400 - 1700*, Kansas: Sunflower University Press, 1985.

的研究表明，任何未能跟上技术领域革新的组织在战争中都面临被抛弃的境地。[①] 丹尼尔·海德里克的成果则系统分析了科技在欧洲19世纪殖民扩张中的重要作用。[②] 沃伦·钱（Warren Chin）认为，核革命使得技术在战争中变得越来越重要。技术发展减少了战争的可能，但是产生的军备竞赛带来了新的技术，这些又构成了新的冲突形式和冲突可能。[③]

第五，科技发展与国际秩序。杰弗里·埃雷拉指出，技术进步不仅是国内变革的重要因素，也是影响国际体系的重要因素。[④] 核武器的快速发展对全球的国际关系格局产生重大影响。肯尼思·沃尔兹（Kenneth Waltz）认为，核武器的战略意义在于维护和平。他认为，核武器的威慑力以及核武器的扩散在某种意义实际上有利于世界和平。[⑤] 史蒂夫·韦伯（Steve Weber）认为，核武器的发展并没有直接改变国际关系格局，但是核武器使得大国（特别是核大国）行为更加理性。冷战中后期，一些学者就开始讨论信息技术发展对冷战后全球权力格局的影响。[⑥] 例如，罗伯特·基欧汉（Robert Keohane）和约瑟夫·奈（Joseph Nye）讨论了信息时代下权力与相互依赖的问题。[⑦] 苏珊·斯特兰奇认为，信息技术的发展导致了国家的消退以及全球经济权力的分散。[⑧]

结合第一部分和第二部分的回溯性研究可以发现，关于科技与政治的关系，政治哲学、比较政治和国际政治等政治学的分支领域都有许多研究成果。

---

① Geoffrey Parker, *The Military Revolution: Military Innovation and the Rise of the West*, Cambridge: Cambridge University Press, 1996, pp. 163 - 172.

② ［美］罗伯特·吉尔平：《世界政治中的战争与变革》，上海：上海人民出版社，2007年版，第62—65页。Daniel Headrick, "The Tools of Imperialism Technology and the Expansion of European Colonial Empires in the Nineteenth Century," *The Journal of Modern History*, Vol. 51, No. 2, 1979, pp. 231 - 263.

③ Warren Chin, "Technology, War and the State: Past, Present and Future," *International Affairs*, Vol. 95, No. 4, 2019, pp. 765 - 783.

④ Geoffrey Herrera, *Technology and International Transformation: The Railroad, the Atom Bomb, and the Politics of Technological Change*, New York: State University of New York Press, 2006.

⑤ Kenneth Waltz, "Nuclear Myths and Political Realities", *The American Political Science Review*, Vol. 84, No. 3, 1990, pp. 731 - 745.

⑥ Steve Weber, "Realism, Detente, and Nuclear Weapons", *International Organization*, Vol. 44, No. 1, 1990, pp. 55 - 82.

⑦ ［美］罗伯特·基欧汉、约瑟夫·奈：《权力与相互依赖》，门洪华译，北京：北京大学出版社，2012年版，第243—246页.

⑧ Susan Strange, *The Retreat of the State: The Diffusion of Power in the World Economy*, Cambridge: Cambridge University Press, 1996.

然而，这三大领域的研究是相对孤立的。与政治哲学的成果相比，比较政治和国际关系对两者关系的研究相对比较客观，也更多从实证的角度来切入。然而，从整体上来理解，科技与政治的关系更加需要一种新的政治价值作为引领，这就需要三大领域的内容进行融通，特别是要将这种关于科技政治的实证研究抽象到某个政治价值层面。因此，需要从更加整体的角度来系统研究科技与政治的关系。目前中国与西方发达国家一起站在第四次工业革命即智能革命的门槛上。在这一背景下，系统梳理科技与政治的关系，以及充分运用政治学的宏观思维对科技革命进行完整和准确的把握就具有重要意义。

三、智能革命中的政治价值引领

目前正处在第四次工业革命即智能革命的开端。在智能革命的浪潮之下，智能社会正在逐步形成，这对于整个社会科学意味着巨大的机遇和挑战。一些传统的社会特征正在发生颠覆性的变化，因此社会科学的核心知识需要重新构建。同时，智能革命对人类社会造成的颠覆性影响及其应对措施不能完全由工程师和企业家来主导。社会科学学者应该充分参与到这一过程当中。因此，如何整体上理解科技与政治的关系对于正确地把握智能革命的方向、推动人工智能和区块链等科技的健康发展具有重要的意义。

在社会科学各学科中，政治学对于智能革命至关重要。政治学的研究范式和方法有其独特之处。

第一，政治学的思维更加宏观。与社会学的微观视角不同，政治学对问题的把握和研究更具有整体性。政治学更加关心国家与社会的整体关系，关心科技背后的意识形态竞争等问题。相比较而言，法学更关心相关的法律规范；经济学主要关心智能革命对企业治理和经济社会结构等方面的影响；教育学关注在智能革命背景下教育模式可能会发生的变迁。总之，不同的学科所关注的重点不同。政治学由于其特殊的研究领域和聚焦点，会更加关注国家安全、意识形态、国家结构、国家与社会关系、政企关系等更为宏观且极为重要的问题。而这些问题的回答对于国家在整体上推动智能革命的发展具有重要意义，可以使得智能革命更加有利于政治稳定和政权巩固。

第二，在实践中已经出现了大量案例越来越指向科技政治这一主题，例如近年来两个重要的国际事件——中美贸易争端和新冠疫情，这两个事件都反映了科技与政治的特殊关系。中美贸易争端看似是围绕着贸易问题展开，但实际上更多是围绕着高科技以及背后的政治角逐展开。从贸易摩擦一开始，中兴和华为等高科技企业都成为美国聚焦的重点，之后围绕5G展开的舆情也充分反映了这一点。[①] 疫情不仅仅是卫生治理的问题，同时很强烈地反映出科技和政治的复杂关系，即卫生技术与各国政治的关联。在全球疫情面前，国家之间、特别是大国之间的积极互动和合作共享就显得至关重要。要高效应对疫情，就需要各国共同努力创造有利的国际政治环境，建立健康的全球卫生治理体系。[②]

第三，正确的政治价值可以保障智能革命的顺利开展。对待智能革命，我们应该采取一个相对温和的态度，既不能像西方那样极其悲观地看待智能革命带来的颠覆性甚至毁灭性影响，也不能无视智能革命对社会发展所蕴含的潜在风险。我们应该从相对温和和中立的角度客观分析智能革命给社会造成的系统性影响，同时我们也应该运用谨慎原则以及预防性措施来防止智能革命中可能会出现的颠覆性错误。之前在科技发展中已经出现过一些教训。当一些舆情事件出现时，很有可能会对科技发展造成相对负面的影响。例如，之前国家在转基因食品方面的技术已经做了大量投入，但是由于反对转基因的舆情出现之后，转基因相关技术就面临困难的发展境地。另外，基因编辑技术对于人类克服一些重要疾病具有重要意义，同时这一技术也被看成是未来生物技术中最具前景的领域。然而，“贺建奎事件”的出现就使得刚刚进入快速发展阶段的基因编辑技术遭遇困难。这一舆情事件在很大程度上对于基因相关技术的发展产生非常负面的影响。在智能革命发生过程中，同样有这类风险。例如，一些业内人士认为，中国人可能并不像西方人那么注重隐私，但这仅仅是一个简单的判断。因此，未来风险就在于，一旦某个舆情事件激发人们关于数据隐私的某个痛点，就可能会酿成重要的舆情事件，那么就会反过来对人工智能（特别是人脸识别相关技术）的发展可能形成阻碍。

能否采用正确的政治价值来引领科技的整体发展，其中就涉及如何正确看待西方思想家的观点这一问题。改革开放之后，大量西方思想家的观点被引入

① 高奇琦：“人工智能、四次工业革命与国际政治经济格局”，《当代世界与社会主义》2019年第6期，第16—17页.

② 晋继勇：“新冠肺炎疫情防控与全球卫生治理——以世界卫生组织改革为主线”，《外交评论》2020年第3期，第44页.

进来。左翼思想家由于和我国的政治立场较为接近，因此左翼主义思想家的观点在学术研究中往往被大量引用。然而，左翼思想家更多是一种批判思维，而非建设性思维。[①] 换言之，西方主义思想家的观点对于我们剖析西方社会往往具有很强的针对性，也更为犀利，然而西方左翼思想家的思想很难用于社会治理。这就使得我们在研究科技与政治相关的问题时缺乏重要的理论工具。目前，中国在推动智能革命方面越来越走到世界的最前列，那么我们这种对基础理论工具的缺乏就越来越明显，即出现了基础理论的供给不足。在这样的背景下，构建新科技政治学就显得极为必要。新科技政治学的核心内容应围绕着科技政治的整体关系形成一系列基础理论和观点。这些观点一方面要在马克思辩证思维的基础上形成，同时要结合中国的经验和实践，还需要对未来中国推进智能革命提供一定的借鉴和参考。这里的新科技政治学不仅是学理性的理论知识，还应具备指导实践的功能。

在中国的语境下，新科技政治学的核心问题应是如何将科技的巨大潜能转化为社会的整体利益。这一理论的出发点应基于共同体主义，而不是西方的个体主义，我们需要从共同体的整体利益出发来思考科技的巨大潜能。这一点马克思已经有充分论述。未来的理想社会形态就建立在科技的高度发达和生产力的巨大提升的背景之下。[②] 改革开放以来，科学技术作为第一生产力这一观点成为贯穿中国经济和社会发展的主线。正因为如此，我国对科技发展及其对未来社会的影响在整体上采取了相对乐观的态度。无论是在国家投入，还是人才政策等各个方面，都向科技发展进行了足够倾斜，而且举国上下也逐渐形成了重视科技的整体背景。这一点与西方社会对未来科技发展时刻抱有强烈质疑的悲观观点完全不同。

新科技政治学采取的价值观不同于目前西方主流科技政治理念中的悲观论和末世论。西方社会对未来科技发展的担忧在很大程度上基于基督教的末世论文化。同时，西方近当代的思想家把这种末世论文化以更为学理的形式展现出来，这就构成了今天西方思想界关于科技发展整体上比较悲观的学术态度。因此，也就出现了诸如哈贝马斯、贝克等思想家为代表的悲观派。这些学术观点又通过各种方式如指标化进入公共政策的各个领域，同时还会对西方的社会运

① 陈学明："西方左翼思想家对当今资本主义民主制度的批评"，《马克思主义研究》2007 年第 8 期，第 81 页.

② 刘日明："马克思的现代技术之思"，《学术月刊》2020 年第 4 期，第 30 页.

动形成影响。西方在20世纪60年代之后发生了大规模的社会运动，其中很大一部分是围绕着科技展开的，例如环保运动、反核运动等。这些运动的思想武器便是之前论述的西方左翼思想家的观点。另外，西方的文化作品如好莱坞的影片对这种悲观观点做了进一步阐发。这使得这类观点在西方社会大众中具有强大的影响力，并成为西方社会的一种普遍心态。也正是在这样一种普遍心态之下，西方人对科技发展会自然地产生一种抵触。换言之，在科技发展导致的风险并不明确的时候，人们会自然地认为它会导致一种糟糕的结果。

这一点也可以解释欧洲和美国在科技发展上的不同结果。近代以来，欧洲一直是科技发展的重要阵地，但是在第三次信息革命中，欧洲的发展明显落后于美国，这其中非常重要的原因是欧洲的左翼思想和强批判态度在欧洲社会大众中不断地沉淀下来并成为普遍的社会心理。换言之，当一个全新的科技产品在社会应用时，社会大众可能会采取相对消极的、抵抗的态度，而不是积极地拥抱这一产品。这种结构性的力量会使某些开明的、引领新潮的社会精英和经济精英受挫。精英所发挥的作用往往是在社会趋势的基础上顺势而为。从新结构政治学的角度来看，当整个社会结构对科技发展不友好时，少数精英的努力无法改变整体社会结构的。

与欧洲左翼思想的结构性统治不同，美国的思想更多基于实用主义。实用主义哲学是美国20世纪初以来的一个主导性思维。硅谷创新文化的产生受到两大思潮的重要影响：一是多元主义，即允许不同的文化特征存在；二是实用主义，即把这种多样性的文化转化为解决社会问题的基础。同时，美国的国家力量在科技发展中也扮演了关键性角色。例如，美国国防部高级研究计划局在科技创新活动中发挥了重要作用。因为欧洲更多受到了西方左翼思想的束缚，而美国在创新活动和相关思维上更加活跃，这使得美国的科技创新（特别是在第三次工业革命中）要远远地优于欧洲。这种结构性力量非常重要。例如，在第一次工业革命发生之时，中国还处于清王朝的后期，尽管有一些开眼看世界的社会精英已经了解到西方工业革命的进展，并希望在中国推动铁路的建设，但是受到各方力量的阻挠。其中，在社会大众中普遍有一种观点认为，修建铁路会对清王朝统治的龙脉造成不利影响。这些保守且错误的观点使得当时的少数精英根本无法推动相关的工业化进程。

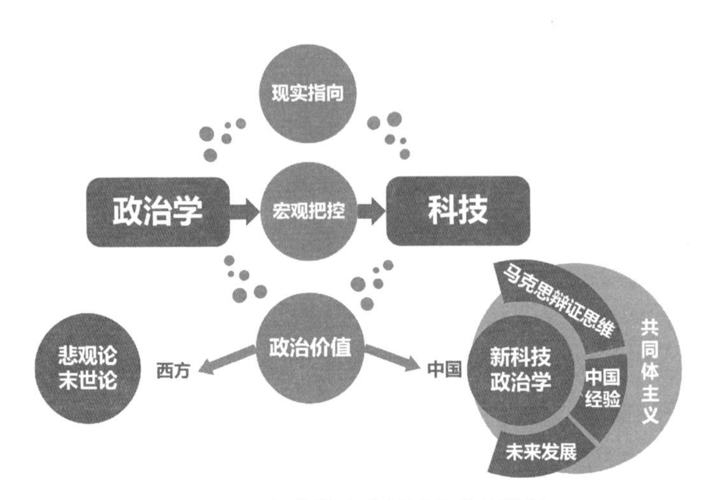

图 11.1 智能革命中的政治价值引领

四、新科技政治学的核心议题

在智能革命的背景下，要推动新科技政治学的构建。首先，新科技政治学要新在核心思维的创新上。在智能革命的背景下，科技治理的核心思维要体现在如下两方面：一方面，要正确地看待科技发展对人类社会的整体性积极影响，即要深刻地认识到科技对社会发展的巨大赋权能力。许多社会问题的解决都需要在科技上寻找解决方案。另一方面，要通过建立相关制度对科技产生的消极影响加以限制。例如，科技发展中可能进一步加剧贫富分化，也可能会导致弱势群体的进一步边缘化。因此，需要构建整体性的制度对弱势群体进行保障性赋权。政治学有其特定的研究议题。例如，何种政治制度是最好的政治制度？如何通过政治制度来释放社会的活力？新科技政治学需要围绕上述重要问题展开，并将研究进一步细化。因此，新科技政治学的“新”还应该体现在新议题上。在智能革命的历史背景之下，围绕科技和政治的关系，可以形成如下研究议题。

第一，科技与政治制度。在新的科技条件下，何种政治制度是更加理想的制度？政治制度如何进一步释放科技的潜能，同时又可以保障弱势群体在科技发展中的利益。其次，科技发展对政治制度的影响是复杂而深刻的。一方面，新技术的出现与新观念的输入可能会引起政治力量的重新组合和对原有制度的改变。[①] 另一方面，科技能够帮助政治决策进一步的科学化、理性化和透明化，避免政治决策的盲目性及其在实施过程中导致的冲突性。[②]

第二，科技民主。民主是政治学中的核心议题。民主体现在社会生活的方方面面。民主的本质是社会大众的自主决策。在智能革命的背景下，民主问题会变得非常显著。例如，如何在算法愈加主导的社会中更多发挥人的自主性，这涉及算法民主的问题。如何打开算法的黑箱？如果算法黑箱不能打开的话，就会出现算法专断的问题。另外，如何在算法设计的过程中，把民众的意愿注入其中。民众不仅是算法应用的对象，同时也应该成为算法规则制定的参与者。譬如，在未来无人驾驶相关的规则制定中，民众从一开始就需要被前置到规则的制定过程，而不是规则制定好之后再请社会大众进行确认。这都反映的是与民主相关的重要问题。

第三，科技革命中的国家与社会关系。这其中的一个关键问题是，在智能革命的背景下，国家能力是得到增强还是减弱。按照西方左翼思想家的观点，在智能革命的背景下，国家力量很可能会进一步加强，而社会则可能会进一步边缘化。对于西方左翼的观点，我们应更多将其看成是一种提醒，而不能简单地全盘接受。我们应该通过更加主动的行动对科技的未来影响加以建构。具体而言，一方面，我们仍然需要用更加严谨和科学的方法去观察这样一种正在发生的趋势。另一方面，我们同样要从应然的角度来去思考如何在智能革命的背景下进一步强化社会的力量，以保证社会对强大国家权力的一种柔性平衡。

第四，国家与科技企业的关系。这一点在智能革命中同样非常重要。超级企业往往是高科技发展的重要推动者。超级企业在智能等相关技术方面具有绝对掌控力，这就意味着形成一种极度的信息不对称状态。由于算法知识的高门槛，绝大多数的普通民众对算法及其结构可能完全不了解。在这种情况下，如何能保证民众对算法构架的充分参与？其中最为重要的关系是国家与企业的关系。国家在某种意义上是民众的代理人。国家可以通过专业机构（例如公共性质的科研院所）充分地介入超级企业在算法结构的设计过程中。这样可以保证超级企业的健康发展，同时也可以保证这些企业更多服务于社会大众的利益，而不是仅仅服务于股东的利益。

---

① 肖文海：“新技术革命与下层制度对上层制度创新的张力”，《当代财经》2006年第6期，第7页.

② 李汉林：《科学社会学》，北京：中国社会科学出版社，1987年版，第283页.

第五，全球科技治理。尽管目前民族国家仍然是治理的最重要单元，但是伴随着全球化的进一步发展，治理单元也在逐渐扩展，因此，建立在世界主义观念上的全球治理就会变成重要问题。正如贝克所指出的："政治行动和政治科学如果没有世界主义的概念形式和观念形式，就是瞎子点灯。"[①] 如何在全球层面进行科技治理的协调就会变得至关重要。例如，近年来出现的西方科技霸权行为，即西方出于自身私利而不愿意将高科技技术共享给发展中国家，这会成为发展中国家未来科技进步的重要阻碍。如何在全球层面进行更大范围的科技合作，使得科技对人类社会的影响逐步外溢到发展中国家。如何通过全球合作让发展中国家在科技的影响之下逐步改善生存状态，以至于让整个人类社会都获得更好的发展机会。这些都是全球科技治理要思考的重要问题。

第六，科技与政治文化。未来智能革命的发生会对公民的政治文化形成何种影响？智能技术的重要内涵是基于程序的技术，这对于提高公民素质和增强公民遵纪守法的素养具有重要意义。但同时，我们也看到在各种数据平台之上也出现了一种新兴的数字民族主义的潮流。另外，这些新变化对政治秩序和政治稳定又会产生何种影响？这都需要我们进行深入和全面的研究。当然，由于智能革命正在发生之中，而对这些问题的研究似乎又不能用传统的经验主义方法。对于这些新问题的研究既有巨大挑战，同时又蕴含了极其深刻的社会意义。

这些议题是在智能革命背景下形成的新议题。但同时，这些议题与传统议题也存在千丝万缕的联系。因此，在相关研究中，不仅要深挖新议题背后新时代的结构性变化，同时还要探究新议题与传统议题的联系，并从历史、现实和未来结合的综合视角去深刻研究智能革命对政治结构的复杂影响。科技政治是政治学中的一个研究领域，也是一种思维方式。科技政治原本是马克思在分析政治经济问题中的一个重要维度，然而在西方的发展过程中，科技政治在政治哲学上更多表现为一种批判思维。在比较政治和国际政治的研究中，科技政治则成为政治经济学讨论中的一个细小分支。

---

① ［德］乌尔里希·贝克：《全球化时代的权力与反权力》，蒋仁祥、胡颐译，桂林：广西师范大学出版社，2004年版，第113页.

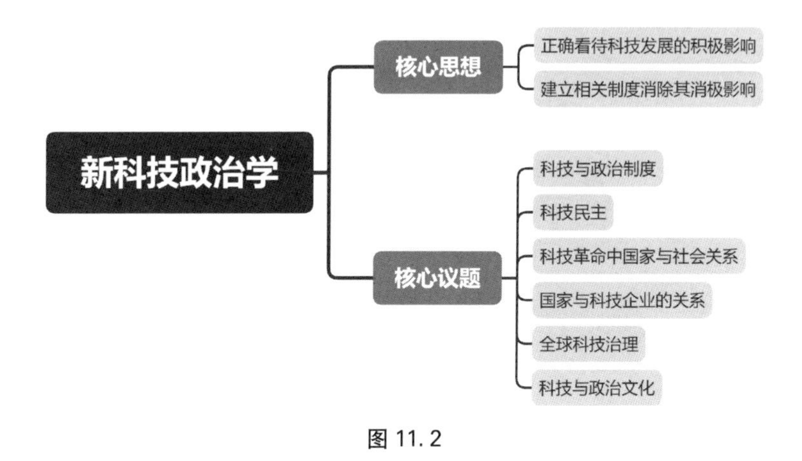

图 11.2

结语

在目前智能革命和中美战略竞争的双重背景下，科技政治变得愈加重要。一方面，我们要把握智能革命的节奏，推动人工智能、区块链等新兴技术的健康发展，就需要有政治学的整体思维。另一方面，政治学作为一个传统学科，同样需要回应这些新兴技术给政治结构带来的变迁。因此，需要将科技政治研究进一步理论化和学理化。如果有可能，还需要将科技政治逐步作为政治学下设的新兴二级学科逐步加以建设，这样才能从学科和内容上对政治学作进一步的发展。同时，这种学科发展也会使得政治学对越来越重要的现实问题给予足够的回应。

中华民族要实现伟大复兴，就需要在新的智能革命中有足够的话语权，那么科技和政治的关系就会变得至关重要。一方面要充分运用科技革命带来的巨大变革潜能，进一步完善中国特色社会主义制度和推动国家治理体系和治理能力的现代化。另一方面还要充分运用中国特色社会主义制度的内在优越性，对科技革命的发展进行前瞻性的判断。我们既要推动智能革命的技术进步，还要对其可能产生的消极影响加以限制。智能革命对人类社会的影响非常巨大，有极大促进生产力的巨大潜能，同时也可能会导致结构性失业、贫富极化以及弱势群体边缘化等一系列重大问题。通过政治制度的建设对这些问题进行有效地解决，才能推动智能革命进一步的健康发展。

后　记

这是我第五本关于人工智能的著作。在《人工智能：驯服赛维坦》中，我试图对未来人工智能的发展进行一种总体画像，并将未来深刻影响人类生活的智能综合体称为“赛维坦”。在《人工智能：走向赛托邦》中，我试图从自己的政治学专业出发，对未来智能时代的理想政治形态进行分析，并将这样一种理想的形态称之为“赛托邦”。第三本《人工智能 III：大智若愚》是一本科普的小册子，专门是给中学生读的。在第四本《人工智能治理与区块链革命》中，我尝试将人工智能和区块链这两大新兴的数字技术结合起来讨论。

这本《人工智能的治理之道》则是在第四本著作基础上的进一步拓展。在第四本书中，笔者已经提出，伴随着人工智能带来的一系列革命性影响，一系列跟治理相关的问题正在初步显现，这也成为目前人类社会中需要面对的一些困难问题，而区块链恰恰可以提供一种新的思维方式，对人工智能革命可能会带来的隐私、安全、公平等问题可能会提供一些突破性的思路。在这本《人工智能的治理之道》中，笔者将沿着这一思路进一步做阐发。在这本著作中，笔者更多地运用自己的政治学专业知识，尝试讨论人工智能相关的一系列治理问题，并试图从区块链的角度来思考未来国家治理和科层制的发展趋势以及全球秩序重构等问题。

该书的绝大多数内容发表在国内的一些学术期刊上，在此特别向支持发表的期刊和编辑老师致谢。我的一些同事和同学参与了部分内容。导语发表在《中国社会科学报》2021 年 1 月 15 日。第一章发表在《政治学研究》2021 年第 3 期。第二章发表在《国际展望》2021 年第 4 期（与陈志豪合作）。第三章发表在《探索与争鸣》2021 年第 8 期（与张宪丽合作）。第四章发表在《人民论坛》2020 年第 Z2 期。第五章发表在《华中科技大学学报（社会科学版）》2021 年第 4 期（与张鹏合作）。第六章发表在《上海师范大学学报》2021 年第

1 期。第七章发表在《学习与探索》2021 年第 6 期（与周荣超合作）。第八章发表在《中国行政管理》2021 年第 7 期。第九章发表在《世界经济与政治》2020 年第 10 期。第十章发表在《天津社会科学》2020 年第 5 期（与杨宇霄合作）。第十一章发表在《探索》2020 年第 9 期。

这里特别向《中国社会科学报》的刘倩老师、《政治学研究》的王炳权老师和刘杰老师、《世界经济与政治》的袁正清老师、徐进老师和主父笑飞老师、《中国行政管理》的解亚红老师、《国际展望》的孙震海老师、《探索与争鸣》的叶祝弟老师和杜运泉老师、《人民论坛》的孙娜老师、《华中科技大学学报》的吴兰丽老师和王婷婷老师、《上海师范大学学报》的苏建军老师、《学习与探索》的张磊老师和巩村磊老师、《天津社会科学》的赵景来老师和杨晓丽老师、《探索》的蒋英洲老师等诸位主编和编辑老师致谢。

这些年在研究人工智能的过程中得到许多学界前辈和同仁的支持和帮助。他们包括：中科院褚君浩院士、中国科学院张旭院士、中国工程院翁史烈院士、中国工程院杨胜利院士、国新办原主任赵启正先生、清华大学苏世民学院院长薛澜教授、总参第四部原副部长郝叶力将军、中国社会学会会长李友梅教授、中国科学院自动化研究所复杂系统管理与控制国家重点实验室主任王飞跃研究员、科技部新一代人工智能发展研究中心副主任李修全研究员、北京大学信息科学技术学院黄铁军教授、清华大学公共管理学院教育部长江学者苏竣教授、北京大学软件与微电子学院创始院长陈钟教授、中国社科院哲学所科学技术和社会研究中心主任段伟文研究员、复旦大学应用伦理学研究中心主任王国豫教授、上海交通大学中国法与社会研究院院长季卫东教授、上海大学战略研究院院长李仁涵教授、上海社科院哲学所副所长成素梅教授、浙江大学科学技术与产业文化研究中心副主任张为志教授、上海大学社会科学学院王天恩教授、中山大学哲学系熊明辉教授、上海市科学学研究所科技发展研究中心主任王迎春教授、汇真科技李利鹏董事长、上海交通大学凯原法学院杨力教授、复旦大学大数据学院吴力波教授、上海财经大学长三角与长江经济带发展研究院院长张学良教授、上海对外经贸大学人工智能与管理变革研究院院长齐佳音教授。

这里要特别感谢褚君浩院士。这套丛书是由褚院士主持的。感谢褚院士提供的出版机会。我在人工智能领域一直得到褚院士的支持和帮助。这里特别加以致谢。

我的专业训练来自政治学。政治学领域的前辈学者近年来越来越重视对人工智能等新科技的研究。华中师范大学徐勇教授、南开大学朱光磊教授、吉林大学周光辉教授、中国社科院杨海蛟教授、中国人民大学杨光斌教授、中国政法大学蔡拓教授、北京大学王正毅教授、清华大学任剑涛教授、中山大学肖滨教授、浙江师范大学刘鸿武教授、清华大学景跃进教授、清华大学杨雪冬教授、中央党校吴志成教授、天津师范大学佟德志教授、吉林大学刘雪莲教授、中国社科院袁正清教授、清华大学赵可金教授等师长前辈一直指导和激励我在这个新兴领域展开研究。

在此，笔者要特别感谢我的四位授业恩师：俞可平教授、沈丁立教授、李路曲教授和丁建顺教授。四位老师或是从专业精神、或是从人文理想方面都一直激励和鞭策我前进。这里还要特别感谢徐达华先生。徐先生是我生命中的贵人。徐先生特别强调中华文明和希腊罗马文明之间的比较，这使我更加深刻地认识到人工智能的发展对人类社会文明变迁所蕴含的巨大历史意义。

笔者还要对华东政法大学各方面的领导表示感谢。华东政法大学的郭为禄书记、叶青校长、应培礼副书记、闵辉副书记、张明军副校长、唐波副书记、陈晶莹副校长、周立志副校长在工作上给予我非常多的指导和帮助。学校各职能部门和各学院的领导如虞洵主任、曲玉梁部长、戴莹部长、刘丹华部长、夏菲处长、杨忠孝处长、洪冬英院长、周立表处长、韩强处长、屈文生处长、孙黎明处长、李翔书记、陈金钊院长、崔永东主任、阙天舒书记等都对我帮助多多。这里一并表示由衷地感谢。

感谢政治学研究院的团队，包括王金良副教授、游腾飞副教授、严行健副教授、吉磊老师、朱剑老师、杜欢老师、曾森老师。我们的研究院像一个年轻的大家庭。在理想和信念的支撑下，在团结和紧张的气氛下，大家在困难中快乐地前行。我们院的博士生和硕士生也是这个大家庭的成员，他们承担了院里大量的行政工作和数据整理工作。这些研究生主要包括周荣超、金华、蔡聪裕、陈志豪、张鹏、杨宇霄、李阳、束昱、蒙诺羿、汤孟南、贾艺琳、孙介楣、杨姣、王锦瑞、刘芝佑、梁子晗、隋晓周、田月、梁兴洲、仲新宇、史可钦、唐淑婷等。这里要特别感谢杨宇霄。宇霄帮我做了许多协调性工作和文字格式的校对工作。同时感谢田月、仲新宇、史可钦、唐淑婷，她们为本书各章绘制了结构图和思维导图。

我要特别感谢我的好朋友谷宇教授。谷教授是中国政治思想史领域的专家。谷教授对我学习中的启发主要在国学领域。

感谢我的妻子、女儿和父母。妻子经常会从自己的专业知识出发，与我讨论人工智能相关的问题，总会让我有一些书本之外的深入思考。妻子有自己的专业工作，然而她为家里付出了太多。言语难以表达我对妻子付出的感谢。女儿对人工智能有很强的兴趣，但似乎对人工智能也充满了警惕。这种警惕偶尔也会启发到我。感谢生我养我的父母，他们一直都在默默地支持着我。

在这本著作的编辑和出版过程中，笔者得到了上海科学技术文献出版社的张树老师和王珺老师的鼎力帮助。他们对学术问题的宏观视野、严谨的编辑态度、对文字精准的要求，让我受益匪浅。在这本书出版的过程中，由于我的工作失误，给图书的编辑增加了一些工作量，在此特别致歉！

在此，我谨向所有曾经给予我支持和帮助的老师、领导、同仁、朋友和家人，一并表示衷心地感谢！

高奇琦

2021 年 9 月 25 日